Die Grundlagen der Tragflügel- und Luftschraubentheorie

Von

H. Glauert
M. A., Fellow of Trinity College
Cambridge

Übersetzt von

Dipl.-Ing. **H. Holl**
Danzig

Mit 115 Textabbildungen

Berlin
Verlag von Julius Springer
1929

ISBN-13: 978-3-642-47176-6 e-ISBN-13: 978-3-642-47494-1
DOI: 10.1007/ 978-3-642-47494-1

Softcover reprint of the hardcover 1st edition 1929

Vorwort zur deutschen Ausgabe.

Bei der Übersetzung bestand keine Veranlassung, von der englischen Fassung abzuweichen. Es wurden lediglich einige Anmerkungen zugefügt, die die Sachlage noch etwas genauer erklären sollen oder zum Hinweis auf deutsche Verhältnisse dienen. (Es sind dies die Anmerkungen ohne Literaturhinweis.) Dagegen bereitete die Wahl der Bezeichnungen etwas mehr Schwierigkeiten. Es wurden schließlich die Vorschläge des Hydraulikausschusses (Wasserkraft 1926, S. 239 ff.) als Richtlinien gewählt, wodurch wohl eine größere Einheitlichkeit der Bezeichnungen erreicht wurde.

Für tatkräftige Förderung bei der Übersetzung bin ich meinem verehrten Lehrer, Herrn Prof. Dr.-Ing. Flügel, Danzig, zu großem Dank verpflichtet.

Langfuhr, im März 1929.

H. Holl.

Vorwort zur englischen Ausgabe.

Eine Tragflügeltheorie hat das Ziel, die am Tragflügel auftretenden Kräfte zu erklären und vorauszubestimmen. In den letzten Jahren ist nun eine befriedigende Theorie entwickelt worden für die Auftriebskraft im gewöhnlichen Arbeitsbereich unterhalb des kritischen Anstellwinkels und für den Anteil des Widerstandes, der von der Zähigkeit der Luft unabhängig ist. Man hat auch schon beträchtliche Einsicht in das Wesen des Zähigkeitswiderstandes und in das Verhalten eines Tragflügels bei und über dem kritischen Winkel gewonnen, jedoch ist die Theorie bis jetzt noch unvollständig. Das Problem der Luftschraube ist wesentlich ein Teil der Tragflügeltheorie, denn die Blätter einer Luftschraube sind Tragflügel, welche schraubenförmige Wege beschreiben; man hat auch durch Anwendung der Grundgesetze der Tragflügeltheorie eine befriedigende Theorie der Luftschraube entwickelt.

Der Zweck dieses Buches ist eine Darstellung der Tragflügel- und Luftschraubentheorie in einer Form, welche sich auch für Leser eignet, die keine hydrodynamischen Vorkenntnisse besitzen. Die ersten fünf Kapitel geben eine kurze Einführung in die Teile der Hydrodynamik, welche zur Entwicklung einer Tragflügeltheorie nötig sind. Die folgenden Kapitel behandeln der Reihe nach den Auftrieb eines Tragflügels in zweidimensionaler Strömung, die Wirkung der Zähigkeit und ihre Bedeutung in der Tragflügeltheorie und die Theorie des Tragflügels von endlicher Spannweite. Die letzten drei Kapitel sind der Entwicklung der Luftschraubentheorie gewidmet.

Mit Rücksicht auf den Zweck des Buches wurden schwierige mathematische Entwicklungen nach Möglichkeit vermieden; in einigen wenigen Fällen wurden Ergebnisse ohne Beweis angeführt unter Hinweis auf bekannte Lehrbücher oder auf Originalarbeiten über den Gegenstand.

Farnborough, April 1926.

H. Glauert.

Inhaltsverzeichnis.

Abkürzungen.

Bei den Literaturangaben wurden folgende Abkürzungen benützt:

RM = Reports and Memoranda of the Aeronautical Research Committee.

NACA = Reports of the National Advisory Committee for Aeronautics (U. S. A.).

ZFM = Zeitschrift für Flugtechnik und Motorluftschiffahrt.

ZAMM = Zeitschrift für angewandte Mathematik und Mechanik.

I. Einführung.

1.1.

Es ist eine Tatsache alltäglicher Erfahrung, daß ein Körper, der durch eine Flüssigkeit bewegt wird, eine resultierende Kraft erfährt, die in den meisten Fällen im wesentlichen ein Widerstand gegen die Bewegung ist. Es gibt jedoch eine Art von Körpern, bei denen die senkrecht zur Bewegungsrichtung ausgeübte Kraft viele Male größer ist als die der Bewegung entgegenwirkende Komponente, und die Möglichkeit des Fliegens eines Flugzeugs beruht auf der Verwendung eines Körpers dieser Art für die Tragflächen.

Eine Tragfläche oder ein Tragflügel besitzt eine Symmetrieebene durch den Halbierungspunkt seiner Spannweite; die Bewegungsrichtung wie auch die Wirkungslinie der resultierenden Kraft liegen gewöhnlich in dieser Ebene. Der Querschnitt eines Tragflügels in einer zur Symmetrieebene parallelen Ebene ist von länglicher Form mit einem gerundeten Kopf und einem ziemlich scharfen Hinterende. Es ist gewöhnlich möglich, eindeutig eine Doppeltangente an die Unterfläche des Tragflügelquerschnittes zu ziehen, und man bezeichnet dann die Projektion des Tragflügelquerschnittes auf diese Tangente als Flügelsehne. In den Fällen, wo diese eindeutige Doppeltangente nicht vorhanden ist, erfordert die Sehne eine besondere Definition, und man definiert sie dann häufig als die Verbindungslinie der Krümmungsmittelpunkte der Vorderkante und der Hinterkante des Profils[1]. Als Anstellwinkel α des Tragflügels bezeichnet man den Winkel zwischen der Sehne und der Bewegungsrichtung relativ zur Flüssigkeit, und als Druckpunkt C bezeichnet man den Punkt, in welchem die Wirkungslinie

[1] In Deutschland pflegt man in solchen Fällen die Sehne zu definieren als die Projektion des Flügelquerschnittes auf die Tangente an die Unterfläche des Flügels in der Hinterkante.

der resultierenden Kraft P die Sehne AB schneidet (Abb. 1). Die resultierende Kraft zerlegt man in zwei Komponenten, den Auftrieb P_a senkrecht zur Bewegungsrichtung und den Widerstand P_w parallel zu dieser, aber der Bewegung entgegenwirkend. Es ist üblich, die Vorderkante A der Sehne als Bezugspunkt zu benützen.

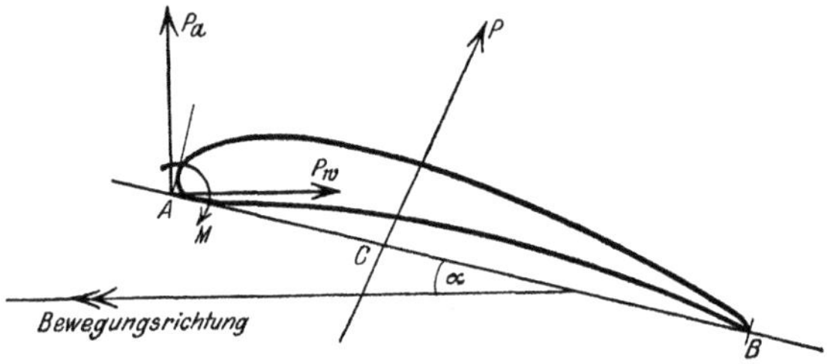

Abb. 1.

Die resultierende Kraft hat dann ein Moment um diesen Punkt, dessen Drehsinn positiv gerechnet werden soll, wenn es den Anstellwinkel zu vergrößern sucht. Die Größe dieses Momentes ist

$$M = -AC\,(P_a \cos\alpha + P_w \sin\alpha)\,,$$

worin AC die Entfernung des Druckpunktes von der Sehnenvorderkante bedeutet.

Die auf einen Tragflügel von gegebener Form bei einem bestimmten Anstellwinkel ausgeübte Kraft hängt hauptsächlich ab von der Dichte ϱ der Flüssigkeit, der Relativgeschwindigkeit w_0 zwischen Tragflügel und Flüssigkeit und einer den Tragflügel kennzeichnenden Länge l. Diese drei Größen können eindeutig in der Form $l^2 \varrho\, w_0^2$ zusammengestellt werden, damit sie die Dimension einer Kraft ergeben; man kann dann dimensionslose Auftriebs- und Widerstandsbeiwerte definieren als Quotienten aus den Kraftkomponenten und diesem Produkte. Die Auftriebs- und Widerstandsbeiwerte eines Tragflügels sind definiert durch die Gleichungen

$$P_a = \zeta_a \cdot F \cdot \varrho \frac{w_0^2}{2}\,,$$

$$P_w = \zeta_w \cdot F \cdot \varrho \frac{w_0^2}{2}\,.$$

Dabei bedeutet F die größte Projektion des Tragflügels, die sich bei einem rechteckigen Tragflügel als Produkt aus Sehne und

Spannweite ergibt. Die entsprechende Definition für den Momentenbeiwert ist

$$M = \tfrac{1}{2}\zeta_m \cdot t \cdot F \cdot \varrho\, w_0^2,$$

worin t die Flügelsehne bezeichnet. Diese Definitionen sind nicht einheitlich, so benützt z. B. das britische Standardsystem nur $\varrho\, w_0^2$ statt des Staudrucks $\frac{1}{2}\varrho\, w_0^2$, so daß die Beiwerte nur halb so groß werden wie oben.

Auftriebs- und Widerstandsbeiwerte eines Tragflügels sind abhängig vom Anstellwinkel; Abb. 2 zeigt die Kurven für einen typischen Tragflügel; der Widerstand ist dabei fünfmal so groß aufgetragen wie der Auftrieb. Der Auftriebsbeiwert ändert sich in einem gewissen Bereich linear mit dem Anstellwinkel und erreicht ein Maximum ungefähr beim „kritischen“ Anstellwinkel[1]. Der geradlinige Teil der Auftriebskurve stellt den praktisch wichtigen Arbeitsbereich eines Tragflügels dar; in diesem Bereich ist der Widerstand klein im Vergleich zum Auftrieb; wenn man sich jedoch dem kritischen Winkel nähert, wächst der Widerstand rasch an.

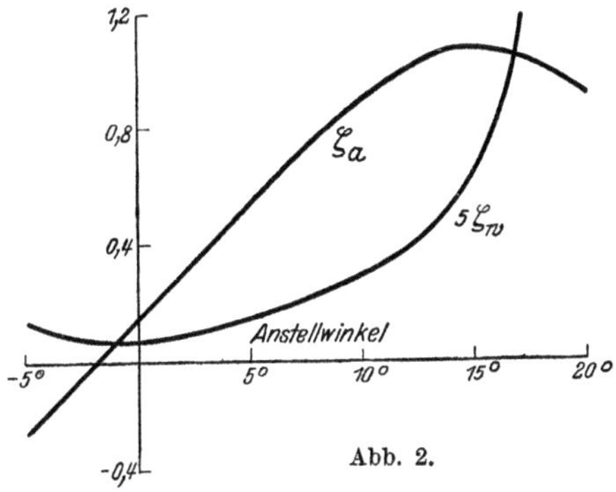

Abb. 2.

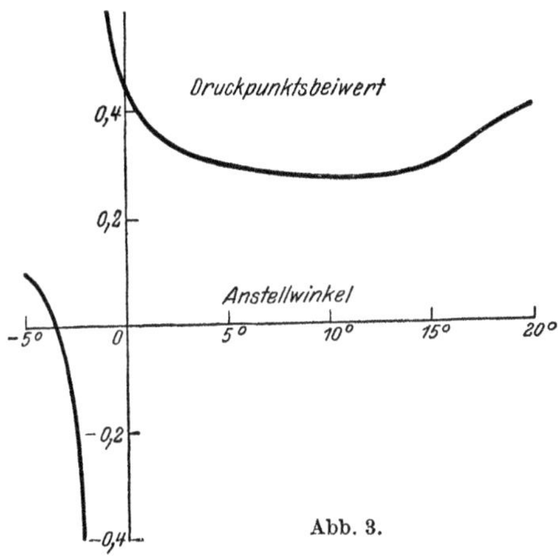

Abb. 3.

Abb. 3 zeigt die Veränderung der Lage des Druckpunktes, und zwar ist die Entfernung des Druckpunktes von der Vorder-

[1] Als „kritischer“ Anstellwinkel soll der Anstellwinkel bezeichnet werden, bei dem die Strömung auf der Saugseite (unter intensiver Wirbelbildung) abreißt.

kante des Tragflügels in Bruchteilen der Sehnenlänge ausgedrückt. Analytisch ergibt sich dieser Druckpunktskoeffizient zu

$$\frac{AC}{AB} = -\frac{\zeta_m}{\zeta_a \cos\alpha + \zeta_w \sin\alpha} = \sim -\frac{\zeta_m}{\zeta_a}.$$

Theorie und Experiment stimmen darin überein, daß der Momentenbeiwert sich unterhalb des kritischen Winkels linear mit dem Auftriebsbeiwert ändert. Der Druckmittelpunkt eines Profils rückt normalerweise mit abnehmendem Anstellwinkel nach hinten und geht gegen Unendlich bei dem negativen Anstellwinkel, für den $(\zeta_a \cos\alpha + \zeta_w \sin\alpha)$ verschwindet, d. h. wenn die resultierende Kraft parallel zur Sehne ist. Dieser Anstellwinkel ist ungefähr gleich dem Winkel, bei dem der Auftrieb verschwindet.

Die Hauptaufgabe der Tragflügeltheorie ist, den Auftrieb und den Widerstand, welche ein Tragflügel erfährt, zu erklären und vorauszusagen; es ist auch in den letzten Jahren eine befriedigende Theorie für den gewöhnlichen Arbeitsbereich unterhalb des kritischen Anstellwinkels entwickelt worden. Die Bestimmung des maximalen Auftriebes eines Tragflügels und des kritischen Winkels, bei dem er eintritt, ist noch nicht möglich, obgleich man schon etwas Einsicht in die Ursache der Erscheinung gewonnen hat.

1.2. Die Entwicklung der Tragflügeltheorie.

Die Erklärung der Auftriebskraft eines Tragflügels hängt wesentlich von der Art der Flüssigkeit ab, und die Schwierigkeit einer befriedigenden Theorie ist verknüpft mit der Schwierigkeit einer einfachen und zuverlässigen Erfassung der wesentlichen Flüssigkeitseigenschaften.

Ein früher Versuch, die auf eine schräg angeströmte, ebene Platte ausgeübte Kraft zu bestimmen, stammt von Newton, der annahm, daß die Flüssigkeit aus einer großen Anzahl fester Körperchen bestehe. Diese Körperchen sollten unelastisch sein, so daß beim Auftreffen auf die Platte die senkrechte Geschwindigkeitskomponente zerstört wird. Die Flüssigkeitsmasse, welche in der Zeiteinheit auf eine Platte mit der Fläche F und dem Anstellwinkel α auftrifft, ist $F\varrho\, c_0 \sin\alpha$, die Geschwindigkeit senkrecht zur Platte ist $c_0 \sin\alpha$. Damit würde die Platte eine Kraft senkrecht zu ihrer Oberfläche erfahren von der Größe

$$P = F \cdot \varrho\, c_0^2 \sin^2\alpha.$$

Wenn man die Körperchen als vollkommen elastisch annimmt, wird diese Kraft doppelt so groß; in beiden Fällen ist jedoch die durch diese Theorie gegebene Kraft für kleine Anstellwinkel zu klein. Die Schätzung des Widerstandes einer ebenen Platte, die senkrecht zur Stromrichtung gestellt wird, ist befriedigender und gibt die richtige Größenordnung.

Eine bessere Einsicht in die Bewegung einer Flüssigkeit erzielt man, wenn man die Flüssigkeit als zusammenhängendes homogenes Medium betrachtet. Ein wesentliches Kennzeichen einer Flüssigkeit ist, daß sie im Gleichgewichtszustand keine Schubspannungen übertragen kann; wenn sich jedoch benachbarte Schichten relativ zueinander bewegen, dann treten Schubspannungen auf und hemmen die Bewegung. Diese Eigenschaft kommt von der inneren Reibung oder Zähigkeit der Flüssigkeit. Die Zähigkeit der Luft ist klein und kann in vielen Fällen vernachlässigt werden; manchmal ist jedoch die Zähigkeit von grundlegender Bedeutung; sie scheint in allen Fällen einen bestimmenden Einfluß auf das auftretende Strombild auszuüben, auch wenn die Strömung sich genau so vollzieht wie in einer reibungsfreien Flüssigkeit. Eine weitere Eigenschaft einer Flüssigkeit ist ihre Kompressibilität, die für die gewöhnlichen Flüssigkeiten vernachlässigbar, für ein Gas jedoch von Wichtigkeit ist. Die Luftdichte muß im allgemeinen als eine Funktion von Temperatur und Druck betrachtet werden; jedoch sind die Druckänderungen bei der Umströmung eines Körpers gewöhnlich genügend klein, um die Annahme konstanter Luftdichte zu rechtfertigen. Diese Annahme verliert jedoch ihre Gültigkeit, wenn die Strömungsgeschwindigkeit ihrer Größe nach der Schallgeschwindigkeit vergleichbar wird; dann muß man die Kompressibilität berücksichtigen.

Diese Erwägungen führten dazu, die Luft als ideale Flüssigkeit zu betrachten, d. h. als zusammenhängendes, inkompressibles, reibungsfreies Medium. Auf diesen Begriff gründet sich die Theorie der Flüssigkeitsbewegung, deren Ergebnisse in vielen Fällen von großem Wert sind. Leider führt diese Theorie zu dem erstaunlichen Schluß, daß ein Körper, der sich durch eine ideale Flüssigkeit bewegt, überhaupt keine resultierende Kraft erfährt.

Einen Versuch, diese Kluft zwischen Theorie und Tatsachen zu überbrücken, unternahmen Helmholtz und Kirchhoff; sie nahmen an, daß die Strömung nicht um die ganze Oberfläche herumgeht, sondern daß hinter dem Körper ein Totwassergebiet bleibt. Diese Methode der unstetigen Strömung[1] ist auf eine geneigte ebene Platte in zweidimensionaler Strömung, die einem Tragflügel von unendlicher Spannweite entspricht, angewandt wordeu und ergibt eine resultierende Kraft senkrecht zur Oberfläche von der Größe

$$P = \frac{\pi \sin \alpha}{4 + \pi \sin \alpha} F \cdot \varrho c_0^2 .$$

Diese Kraft gibt für kleine Anstellwinkel und auch für die senkrecht zum Strom gestellte Platte die richtige Größenordnung, aber die wirklichen Zahlenwerte stimmen nicht gut mit Versuchsergebnissen überein.

Eine Auftriebskraft kann man auch in einer idealen Flüssigkeit erhalten, wenn man annimmt, daß die Strömung das Bestreben hat, um den Körper herum zu zirkulieren. Auf diesem Begriff fußt die heutige Tragflügel- und Luftschraubentheorie. Die Entwicklung der Theorie für einen Tragflügel mit unendlicher Spannweite, die einer zweidimensionalen Strömung entspricht, verdanken wir in erster Linie Kutta[2] und Joukowski[3]. Die Ausdehnung auf den allgemeinen, dreidimensionalen Fall, die den von Lanchester[4] vorgeschlagenen allgemeinen Umrissen folgt, verdanken wir Prandtl[5]. Diese Theorie liefert Ergebnisse, die mit den Versuchen in gutem Einklang stehen; es bleibt jedoch die Schwierigkeit, den Ursprung der Zirkulation zu erklären. In einer idealen Flüssigkeit könnte diese Zirkulation nicht entstehen, und man muß sie der Wirkung der Zähigkeit in den Anfangsstadien der Bewegung zuschreiben.

Die allgemeine Tragflügeltheorie ergibt eine Widerstandskraft, den induzierten Widerstand, der mit dem Auftrieb des Tragflügels

---

[1] Wegen der Ableitung der Theorie s. Lamb (deutsch v. Friedel: Hydrodynamik, § 73ff.

[2] Auftriebskräfte in strömenden Flüssigkeiten. Illustr. aeronaut. Mitt. 1920. — Über eine mit den Grundlagen des Flugproblems in Beziehung stehende zweidimensionale Strömung. Sitzungsber. d. k. bayr. Akad. d. Wiss. 1910.

[3] Über die Konturen der Tragflächen der Drachenflieger. ZFM 1910.

[4] Aerodynamik (deutsch v. C. u. A. Runge) 1909. Ein Bericht über diese Theorie in einer weniger entwickelten Form wurde im Jahre 1894 von Lanchester der Birmingham Natural History and Philosophical Society gegeben.

[5] Tragflügeltheorie. Göttinger Nachr. 1918 u. 1919.

verknüpft ist; für zweidimensionale Bewegung wird jedoch dieser induzierte Widerstand Null, und man muß wieder auf die Zähigkeit der Flüssigkeit zurückgreifen, um die kleine Widerstandskraft (den Profilwiderstand) zu erklären, die tatsächlich noch vorhanden ist. Die Entwicklung der Tragflügeltheorie gründet sich deshalb in erster Linie auf die Annahme, daß die Luft eine vollkommene Flüssigkeit ist; die Zähigkeit wird dann an einer späteren Stelle eingeführt, um den Ursprung der Zirkulation und das Vorhandensein des Profilwiderstandes zu erklären.

1.3. Atmosphärische Beziehungen.

Wenn auch die Kompressibilität der Luft in den meisten Aufgaben über die Umströmung eines Körpers vernachlässigt werden kann, so kann man die Luftdichte doch nicht als absolute Konstante betrachten, sondern muß sie als Funktion von Druck und Temperatur nach folgendem physikalischen Gesetz ansetzen:

$$\frac{p}{p_0} = \frac{\varrho}{\varrho_0} \cdot \frac{T}{T_0},$$

worin p den Druck, ϱ die Dichte und T die absolute Temperatur darstellen.

In der Atmosphäre sind Druck und Dichte durch folgende Gleichung mit der Höhe über dem Erdboden verknüpft:

$$\frac{dp}{dh} = -g\varrho.$$

Um jedoch den Zustand in beliebiger Höhe bestimmen zu können, muß man auch den Zusammenhang zwischen Temperatur und Höhe kennen. Dieser Zusammenhang wird an verschiedenen Orten und zu verschiedenen Zeiten verschieden sein, jedoch haben viele Länder eine Normalatmosphäre als Vergleichsgrundlage angenommen. Diese Normalatmosphäre wird definiert durch einen Druck auf dem Erdboden von 760 mm Quecksilber und das Temperaturgesetz

$$t = 10 - 0{,}005\, h,$$

worin t die Temperatur in Grad Celsius und h die Höhe in Metern ist. Dieses Gesetz gibt die mittleren Verhältnisse in Mitteleuropa wieder und gilt bis hinauf zu der Höhe, wo die Temperatur infolge der Annäherung an die isotherme Schicht nicht mehr fällt. Die Abhängigkeit von Druck und Temperatur von der Höhe in dieser

Tabelle 1. Normalatmosphäre.

Höhe m	Druck $\frac{p}{p_0}$	Dichte $\frac{\varrho}{\varrho_0}$	Temperatur °C
0	1	1	10
1000	0,890	0,906	5
2000	0,784	0,812	0
3000	0,695	0,733	— 5
4000	0,610	0,657	—10
5000	0,533	0,585	—15
6000	0,465	0,520	—20
8000	0,354	0,412	—30
10000	0,267	0,324	—40

Normalatmosphäre ist durch Tabelle 1 gegeben. Wenn eine Druckänderung so rasch vor sich geht, daß zwischen benachbarten Flüssigkeitsteilchen kein Wärmeaustausch stattfindet, so gehorchen Druck und Dichte dem adiabatischen Gesetz

$$\frac{p}{p_0} = \left(\frac{\varrho}{\varrho_0}\right)^{\varkappa},$$

wo $\varkappa$ das Verhältnis der beiden spezifischen Wärmen des Gases ist, das für Luft den Zahlenwert 1,4 besitzt. Das adiabatische Gesetz wäre in der Atmosphäre erfüllt, wenn der Temperaturgradient 10° C auf 1000 m betrüge; wenn der Temperaturgradient diesen Wert überschreitet, sind die Luftverhältnisse instabil, und es entstehen Konvektionsströmungen.

1.4. Einheiten.

Man benützt gewöhnlich das technische Maßsystem, dessen Zeiteinheit die Sekunde, dessen Längeneinheit das Meter und dessen Krafteinheit das Kilogramm ist. Für die entsprechende Masseneinheit ist der Name „ein Newton" vorgeschlagen worden.

In englischen Werken ist es üblich, in British Engineering Units zu rechnen und als Zeiteinheit die Sekunde, als Längeneinheit den Fuß und als Krafteinheit das englische Pfund zu nehmen. Man braucht dann auch eine neue Masseneinheit, die durch die Bedingung definiert ist, daß die Einheit der Kraft an der Masseneinheit die Einheit der Beschleunigung hervorbringt. Diese Masseneinheit heißt slug, und zwar hat ein Körper, der W englische Pfund wiegt, eine Masse von $\frac{W}{g}$ slugs (wobei $g = \sim 32{,}2$).

Die wichtigsten Beziehungen zwischen den zwei Maßsystemen sind folgende:

Länge:	1 Fuß	= 0,3048 m
Kraft:	1 lb	= 0,4536 kg
Masse:	1 slug	= 1,488 Newton,

und die Normaldichte der Luft auf dem Erdboden ist 0,125 Newton pro Kubikmeter oder 0,00237 slugs pro Kubikfuß.

II. Die Bernoullische Gleichung.

2.1. Stromlinien und stationäre Bewegung.

Wenn sich ein Körper mit der gleichförmigen Geschwindigkeit w_0 in einer bestimmten Richtung durch eine Flüssigkeit bewegt, so sind die Strömungsverhältnisse genau dieselben, als wenn der Körper in einer gleichförmigen Strömung mit der Geschwindigkeit w_0 in Ruhe wäre; es ist gewöhnlich bequemer, die Aufgabe in der zweiten Form zu betrachten. Im allgemeinen werden wir also den Körper als ruhend ansehen und die Strömung relativ zum Körper betrachten. Eine Darstellung der Strömung um einen Körper erhält man, wenn man die Stromlinien zeichnet, die durch die Vorschrift definiert sind, daß die Richtung der Stromlinie in irgendeinem Punkt die Bewegungsrichtung des Flüssigkeitselements an dieser Stelle angibt. Im allgemeinen wird sich die Form der Stromlinien mit der Zeit verändern; dann fallen die Stromlinien nicht mit den Bahnen der Flüssigkeitsteilchen zusammen. Häufig ändert sich das Strombild jedoch nicht mit der Zeit, und die Geschwindigkeit ist in jedem Punkt der Strömung nach Größe und Richtung konstant. Die Strömung heißt dann stationär, und die Stromlinien fallen mit den Bahnen der Flüssigkeitsteilchen zusammen. Die Stromlinien, die durch eine kleine geschlossene Kurve hindurchgehen, bilden eine zylindrische Fläche, die man Stromröhre nennt; da nun die Stromlinien die Bewegungsrichtung der Flüssigkeit darstellen, so kann keine Flüssigkeit durch den Mantel einer Stromröhre hindurchtreten. Die Theorie der Strömung um einen Tragflügel oder eine Luftschraube wird fast vollständig als stationäre Strömung entwickelt, und wenn nicht anders angegeben, soll die Flüssigkeit als inkompressibel und reibungsfrei betrachtet werden.

2.2. Die Bernoullische Gleichung.

Bei stationärer Bewegung besteht ein einfacher Zusammenhang zwischen Druck und Geschwindigkeit in irgendeinem Punkt einer Stromlinie. Die Bewegungsgleichung für ein kleines Flüssigkeitsteilchen einer Stromlinie ist

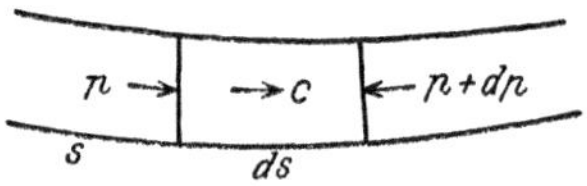

Abb. 4.

$$\varrho F c \frac{dc}{ds} = -F \frac{dp}{ds},$$

worin F die Querschnittsfläche der Stromröhre an dem betrachteten Punkt und s eine längs der Stromröhre gemessene Koordinate sind. Wenn man längs der Stromröhre integriert, erhält man allgemein

$$\frac{1}{2} c^2 + \int \frac{dp}{\varrho} = \text{konst.},$$

und für eine inkompressible Flüssigkeit:

$$p + \tfrac{1}{2} \varrho c^2 = H.$$

Dieses Ergebnis wird als Bernoullische Gleichung bezeichnet; die Größe H, die längs einer Stromlinie konstant ist, heißt Bernoullische Konstante oder Gesamtdruck. Im allgemeinen kann H für verschiedene Stromlinien verschiedene Werte annehmen; wenn jedoch die Stromlinien von einem Gebiet konstanten Druckes und konstanter Geschwindigkeit ausgehen, so hat H offenbar überall denselben Wert. Wenn sich der Wert von H für verschiedene Stromlinien ändert, so ist dies mit dem Auftreten von Wirbeln in der Flüssigkeit verknüpft (s. 4.3.2); in einer wirklichen Flüssigkeit können solche Änderungen des Wertes von H durch die Wirkung der Zähigkeit erzeugt werden.

Die Bernoullische Gleichung zeigt, daß der Druck in der Flüssigkeit dort am größten ist, wo die Geschwindigkeit einen Kleinstwert besitzt, und daß H den in irgendeinem Punkt erreichbaren maximalen Druck bedeutet. Dieser maximale Druck tritt immer an einem bestimmten Punkt des Vorderendes eines Körpers auf, wo die Flüssigkeit zum Stillstand kommt und der Strom sich teilt, um an der Oberfläche des Körpers entlang zu fließen. Die Messung der Geschwindigkeit eines Luftfahrzeugs beruht auf diesem Ergebnis, da das normale Staurohr den Unterschied zwischen Gesamtdruck und hydrostatischem Druck mißt.

Das Instrument muß mit seiner Achse parallel zur Richtung der Stromlinien an die Meßstelle gebracht werden und bestimmt dann die dort vorhandene Relativgeschwindigkeit. Diese Geschwindigkeit kann jedoch von der des Luftfahrzeugs abweichen infolge der Störung der allgemeinen Strömung durch das Luftfahrzeug.

Der Querschnitt einer Stromröhre ist mit der Geschwindigkeit durch die Bedingung verknüpft, daß $\varrho \cdot c \cdot F$ konstant bleiben muß, da durch die Oberflächen der Stromröhre keine Flüssigkeit hindurchfließt. Für eine inkompressible Flüssigkeit ist F also umgekehrt proportional c, und die Stromröhre zieht sich bei wachsender Geschwindigkeit zusammen. Die Geschwindigkeit kann jedoch nicht unbegrenzt wachsen, da der Druck negativ werden würde, wenn die Geschwindigkeit den Wert $\sqrt{\frac{2H}{\varrho}}$ überschreitet, und da eine Flüssigkeit ja keine negativen Drücke aufnehmen kann.

Um eine zahlenmäßige Abschätzung dieser Grenzgeschwindigkeit für Luft bei normalen Verhältnissen zu bekommen, wollen wir für den Wert H den normalen Luftdruck 760 mm Hg einsetzen; dann erhalten wir für die Grenzgeschwindigkeit 410 m/sec. Diese Geschwindigkeit ist größer als die Schallgeschwindigkeit; die Annahme, daß die Luft als inkompressible Flüssigkeit betrachtet werden könne, wird also bereits bei viel kleineren Geschwindigkeiten ungültig.

2.3. Die Schallgeschwindigkeit.

Wenn an irgendeinem Punkt einer inkompressiblen Flüssigkeit eine Störung, etwa eine plötzliche Druckerhöhung, auftritt, so pflanzt sie sich momentan durch die ganze Flüssigkeit hindurch fort; in einer kompressiblen Flüssigkeit wandert die Störung in Form einer Druckwelle mit einer bestimmten Geschwindigkeit, nämlich der Schallgeschwindigkeit, durch die Flüssigkeit.

Wir wollen die eindimensionale Bewegung längs eines geraden Rohres von konstantem Querschnitt F betrachten. Wenn ξ die Verschiebung der Teilchen zur Zeit t bezeichnet, deren ungestörte Lage durch die Koordinate x bestimmt wird, dann wird die ursprünglich zwischen x und $x + dx$ gelegene Flüssigkeit zur Zeit t zwischen den Grenzen

$$x + \xi \qquad \text{und} \qquad x + \xi + \left(1 + \frac{\partial \xi}{\partial x}\right) dx$$

liegen.

Die Kontinuitätsgleichung, welche aussagt, daß die Masse eines Flüssigkeitselementes konstant bleiben muß, lautet deshalb:

$$\varrho\left(1+\frac{\partial\xi}{\partial x}\right)=\varrho_0,$$

worin ϱ_0 die Dichte der ungestörten Flüssigkeit ist. Wenn wir $\varrho=\varrho_0\,(1+s)$ setzen, wird für kleine Störungen die Kontinuitätsgleichung

$$s=-\frac{\partial\xi}{\partial x}.$$

Die Bewegungsgleichung für die Bewegung der Flüssigkeit längs der Röhre ist

$$\varrho_0\cdot F\cdot d\,x\,\frac{\partial^2\xi}{\partial t^2}=-F\,\frac{\partial p}{\partial x}\,d\,x$$

oder

$$\varrho_0\,\frac{\partial^2\xi}{\partial t^2}=-\frac{\partial p}{\partial x}.$$

Nun ist aber der Druck eine Funktion der Dichte, und für solche kleinen Störungen können wir setzen

$$p=p_0+\left(\frac{dp}{d\varrho}\right)_0(\varrho-\varrho_0)=p_0+s\,\varrho_0\left(\frac{dp}{d\varrho}\right)_0.$$

Hieraus folgt

$$\varrho_0\,\frac{\partial^2\xi}{\partial t^2}=-\frac{\partial s}{\partial x}\,\varrho_0\left(\frac{dp}{d\varrho}\right)_0=\frac{\partial^2\xi}{\partial x^2}\,\varrho_0\left(\frac{dp}{d\varrho}\right)_0.$$

Dafür können wir schreiben

$$\frac{\partial^2\xi}{\partial t^2}=c_s^2\,\frac{\partial^2\xi}{\partial x^2},$$

wenn

$$c_s^2=\left(\frac{dp}{d\varrho}\right)_0$$

gesetzt wird.

Die Lösung der Differentialgleichung für ξ ist

$$\xi=f\,(x-c_s t)+F\,(x+c_s t).$$

Sie stellt zwei Wellen dar, die mit der Geschwindigkeit c_s in entgegengesetzten Richtungen laufen. Diese Geschwindigkeit c_s ist unabhängig von der Art oder Periode der Störung und stellt die Schallgeschwindigkeit in der Flüssigkeit dar.

Wenn die Temperatur eines Gases konstant bleibt, sind Druck und Dichte durch das Boylesche Gesetz verknüpft:

$$\frac{p}{p_0} = \frac{\varrho}{\varrho_0}.$$

Die Schallgeschwindigkeit ist dann $\sqrt{\frac{p_0}{\varrho_0}}$, und für den Normalzustand erhält man hieraus 288 m/sec. Dieser Wert liegt erheblich unter dem experimentell bestimmten Wert; die schlechte Übereinstimmung ist der Tatsache zuzuschreiben, daß die Temperatur während der Störung nicht konstant bleibt. Die Druckschwankungen gehen so rasch vor sich, daß dabei kein Wärmeaustausch zwischen benachbarten Flüssigkeitsteilchen stattfindet; Druck und Dichte sind deshalb durch das adiabatische Gesetz verknüpft:

$$\frac{p}{p_0} = \left(\frac{\varrho}{\varrho_0}\right)^{\varkappa},$$

wobei für Luft $\varkappa = 1{,}4$ ist. Die Schallgeschwindigkeit ist deshalb $\sqrt{\varkappa \frac{p_0}{\varrho_0}}$; der entsprechende numerische Wert ist 342 m/sec, was mit den experimentellen Bestimmungen gut übereinstimmt.

Allgemein ist $\frac{p_0}{\varrho_0}$ proportional der absoluten Temperatur T; der gegebene Zahlenwert von c_s entspricht der normalen Bodentemperatur von 15° C. Für irgendeine andere Temperatur wird

$$c_s = 20{,}1 \sqrt{T}\ [\mathrm{m/sec}],$$

wobei T die absolute Temperatur ist.

2.4. Die Bernoullische Gleichung in einer kompressiblen Flüssigkeit.

Die allgemeine Form der Bernoullischen Gleichung ist

$$\frac{1}{2} c^2 + \int \frac{dp}{\varrho} = \text{konst}.$$

In einem kompressiblen Gas sind Druck und Dichte durch das adiabatische Gesetz verknüpft:

$$\frac{p}{p_0} = \left(\frac{\varrho}{\varrho_0}\right)^{\varkappa}.$$

Durch Integration der Bernoullischen Gleichung erhält man daher:

$$\frac{1}{2} c^2 + \frac{\varkappa}{\varkappa - 1} \cdot \frac{p}{\varrho} = \frac{1}{2} c_0^2 + \frac{\varkappa}{\varkappa - 1} \cdot \frac{p_0}{\varrho_0}.$$

Wir wollen zunächst den Druck betrachten, welcher an einem Staupunkt auftritt, wo die Flüssigkeit, etwa an der Nase eines Körpers, zum Stillstand gebracht wird. Wenn wir $c_0 = 0$ setzen, dann ist der Staudruck p_0 durch die Gleichung bestimmt:

$$\frac{p_0}{p} \cdot \frac{\varrho}{\varrho_0} = 1 + \frac{1}{2} \frac{\varkappa - 1}{\varkappa} \frac{\varrho c^2}{p} = 1 + \frac{\varkappa - 1}{2} \cdot \frac{c^2}{c_s^2},$$

wo c_s die dem Druck p und der Dichte ϱ des ungestörten Stromes entsprechende Schallgeschwindigkeit ist; denn es ist

$$c_s^2 = \frac{dp}{d\varrho} = \varkappa \cdot \frac{p}{\varrho}.$$

Ferner ist

$$\frac{p_0}{p} \frac{\varrho}{\varrho_0} = \left(\frac{p_0}{p}\right)^{\frac{\varkappa - 1}{\varkappa}};$$

hieraus ergibt sich schließlich

$$p_0 = p \left(1 + \frac{\varkappa - 1}{2} \cdot \frac{c^2}{c_s^2}\right)^{\frac{\varkappa}{\varkappa - 1}}.$$

Diese Gleichung tritt an die Stelle der einfacheren Form

$$p_0 = p + \tfrac{1}{2} \varrho c^2,$$

die wir für eine inkompressible Flüssigkeit erhielten.

Wenn die Geschwindigkeit c klein gegen die Schallgeschwindigkeit c_s ist, kann man den Ausdruck für den Staudruck p_0 in eine Reihe entwickeln:

$$\begin{aligned} p_0 &= p \left(1 + \frac{\varkappa}{2} \frac{c^2}{c_s^2} + \frac{\varkappa}{8} \frac{c^4}{c_s^4} + \cdots\right) \\ &= p + \frac{1}{2} \varrho c^2 \left(1 + \frac{1}{4} \left(\frac{c}{c_s}\right)^2 + \cdots\right). \end{aligned}$$

Wir können hieraus ablesen, daß der Staudruck größer wird als in einer inkompressiblen Flüssigkeit. Die Geschwindigkeit eines Luftfahrzeugs wird nun durch ein normales Staudruckgerät nach der Gleichung

$$c' = \sqrt{\frac{2(p_0 - p)}{\varrho}}$$

bestimmt; die Geschwindigkeit wird also etwas überschätzt werden, wenn die Kompressibilität der Luft vernachlässigt wird. Die Größe dieses Fehlers gibt Tabelle 2 an; man sieht, daß der Fehler für gewöhnliche Fluggeschwindigkeiten unter 1% bleibt und für 480 km/st nur 2% ausmacht.

Tabelle 2.

$\frac{c}{c_s}$	0,1	0,2	0,5	1,0
$\frac{p_0}{p}$	1,007	1,028	1,187	1,893
$\frac{c'}{c}$	1,001	1,005	1,032	1,129

Die Querschnittsänderung einer Stromröhre wird durch die Kontinuitätsgleichung bestimmt:

$$\varrho c F = \text{konst.}$$

Wir erhalten hieraus

$$\frac{1}{F} \cdot \frac{dF}{dc} + \frac{1}{\varrho} \frac{d\varrho}{dc} + \frac{1}{c} = 0 .$$

Wenn wir auch die Bernoullische Gleichung differenzieren, bekommen wir

$$c + \frac{\varkappa}{\varkappa - 1} \left(\frac{1}{\varrho} \frac{dp}{d\varrho} - \frac{p}{\varrho^2} \right) \frac{d\varrho}{dc} = 0$$

oder

$$c + \frac{c_s^2}{\varrho} \frac{d\varrho}{dc} = 0 ,$$

wenn c_s die Schallgeschwindigkeit an der betreffenden Stelle bezeichnet.

Hieraus folgt:

$$\frac{dF}{dc} = - \frac{F}{c} \left(1 - \frac{c^2}{c_s^2} \right) .$$

Diese Gleichung zeigt, daß sich die Stromröhre zusammenzieht, wenn die Geschwindigkeit zunimmt, solange die Strömungsgeschwindigkeit kleiner als die Schallgeschwindigkeit an der betreffenden Stelle ist, und daß sie sich ausdehnt, wenn die Strömungsgeschwindigkeit diesen Wert überschreitet. Es folgt hieraus, daß sich das Strombild um einen Körper sehr erheblich verändern muß, wenn die Geschwindigkeit sich der Schallgeschwindigkeit nähert oder sie überschreitet.

Der Querschnitt einer Stromröhre hat einen Kleinstwert, wenn die Geschwindigkeit gleich der Schallgeschwindigkeit an der betreffenden Stelle ist. Die kennzeichnenden Größen in irgendeinem Punkt der Stromröhre können zweckmäßig als Vielfache ihres Wertes im kleinsten Querschnitt, der durch den Index m bezeichnet werden soll, ausgedrückt werden. Druck, Dichte und Schallgeschwindigkeit sind durch die Gleichung verknüpft:

$$\left(\frac{p}{p_m}\right)^{\frac{\varkappa-1}{\varkappa}} = \left(\frac{\varrho}{\varrho_m}\right)^{\varkappa-1} = \left(\frac{c_s}{c_{s_m}}\right)^2,$$

und die Beziehung zwischen Geschwindigkeit und Schallgeschwindigkeit an einer bestimmten Stelle ergibt sich aus der Bernoullischen Gleichung zu:

$$(\varkappa - 1)\, c^2 + 2\, c_s^2 = (\varkappa + 1)\, c_{s_m}^2 .$$

Schließlich ist der Querschnitt der Stromröhre:

$$\begin{aligned}\left(\frac{F_m}{F}\right)^{\varkappa-1} &= \left(\frac{\varrho\, c}{\varrho_m\, c_{s_m}}\right)^{\varkappa-1} \\ &= \frac{c_s^2}{c_{s_m}^2}\left(\frac{c}{c_{s_m}}\right)^{\varkappa-1} \\ &= \frac{\varkappa+1}{2}\left(\frac{c}{c_{s_m}}\right)^{\varkappa-1} - \frac{\varkappa-1}{2}\left(\frac{c}{c_{s_m}}\right)^{\varkappa+1}.\end{aligned}$$

Diese Gleichungen führen zu dem interessanten Schluß, daß es für die Geschwindigkeit eine obere Grenze gibt:

$$\frac{c_{\max}}{c_{s_m}} = \sqrt{\frac{\varkappa+1}{\varkappa-1}} = 2{,}45\,,$$

die der Bedingung entspricht, daß Druck, Dichte und örtliche Schallgeschwindigkeit sämtlich auf Null abgesunken sind. Im anderen Grenzfall, wenn die Geschwindigkeit Null ist, ergeben die Gleichungen die Werte:

$$\frac{c_{s_0}}{c_{s_m}} = \sqrt{\frac{\varkappa+1}{2}} = 1{,}095\,,$$

$$\frac{p_0}{p_m} = \left(\frac{\varkappa+1}{2}\right)^{\frac{\varkappa}{\varkappa-1}} = 1{,}893\,,$$

$$\frac{\varrho_0}{\varrho_m} = \left(\frac{\varkappa+1}{2}\right)^{\frac{1}{\varkappa-1}} = 1{,}577\,.$$

In aeronautischen Problemen ist die Geschwindigkeit gewöhnlich genügend niedrig, um die Annahme zu rechtfertigen, daß die Luft eine inkompressible Flüssigkeit ist; im Falle einer mit hoher Winkelgeschwindigkeit rotierenden Luftschraube und gegebenenfalls in bestimmten Sonderfällen ist es jedoch notwendig, die Kompressibilität der Luft zu berücksichtigen. Die Kompressibilität kann auch die Strömung um einen Körper beeinflussen, der sich mit niederer Geschwindigkeit relativ zur Flüssigkeit bewegt, wenn die örtliche Geschwindigkeit in irgendeinem Gebiet einen hohen Wert erreicht.

III. Die Stromfunktion.

3.1.

Die Bestimmung der Strömung um irgendeinen Körper hängt ab von der Bestimmung der Größe und Richtung der Geschwindigkeit für alle Punkte der Flüssigkeit; man drückt diesen Geschwindigkeitsvektor zweckmäßig durch seine drei Komponenten (c_x, c_y, c_z) parallel zu den Achsen eines rechtwinkligen Koordinatensystems (x, y, z) aus. Das Problem nimmt eine einfachere Gestalt an, wenn der Körper ein unendlich langer Zylinder ist, dessen Mantellinien senkrecht zur Richtung der ungestörten Strömung verlaufen, und wenn die Strömung keine Komponente parallel zu diesen Mantellinien besitzt. Wir wählen die z-Achse parallel zu den Mantellinien, so daß an allen Punkten $c_z = 0$ wird; die Strömung wird dann in allen Ebenen, die zur Ebene $z = 0$ parallel sind, genau dieselbe sein. Es genügt deshalb, die Strömung in irgendeiner zu den Mantellinien senkrechten Ebene zu betrachten; das Problem wird so auf eine nur zweidimensionale Bewegung zurückgeführt. Um die physikalische Wirklichkeit zu bewahren, nimmt man an, daß diese Ebene in Richtung der z-Achse die Dicke Eins besitze, und daß Kurven, welche man auf der Ebene zieht, zylindrische Oberflächen der Länge Eins in dieser Richtung darstellen.

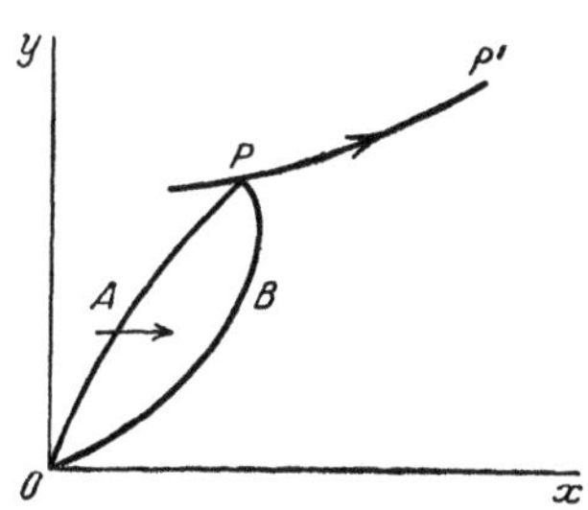

Abb. 5.

Die stationäre Bewegung einer vollkommenen Flüssigkeit kann man zweckmäßig durch Zeichnen der Stromlinien der Bewegung und durch Einführung der Stromfunktion Ψ bestimmen. Es sei irgendein Anfangspunkt O gegeben und Ψ sei der Fluß in der Zeiteinheit über die Kurve OAP (Abb. 5), die den Anfangspunkt mit irgendeinem Punkt P der Flüssigkeit verbindet. Der Fluß wird im Uhrzeigersinn um O als positiv angenommen, d. h. von links nach rechts über die Kurve, wenn man von O aus der Kurve entlang nach P blickt. Der Wert von Ψ hängt im allgemeinen nicht von der Kurve ab, die zwischen O und P gezogen ist; denn wenn OBP eine andere solche Kurve ist, so muß der Fluß über OBP gleich dem Fluß über OAP sein, wenn nicht in dem von beiden Kurven eingeschlossenen Gebiet Flüssigkeit entsteht oder verschwindet. Ψ ist also eine Funktion der Koordinate von P, und ihr Wert wird sich mit der Lage von P ändern. Die Wahl eines anderen Anfangspunktes O' würde den Wert von Ψ an allen Punkten nur um einen konstanten Betrag erhöhen, der gleich dem Fluß über irgendeine Kurve $O'O$ ist.

Es sei nun P' ein anderer Punkt der Stromlinie, welche durch P geht, und wir betrachten $OAPP'$ als die Kurve, welche P' mit dem Anfangspunkt verbindet. Da über die Stromlinie PP' kein Fluß vorhanden ist, so ist der Fluß über $OAPP'$ ebenso groß wie der über OAP, und der Wert von Ψ in P' ist derselbe wie sein Wert in P. Es folgt hieraus, daß der Wert von Ψ längs einer Stromlinie konstant ist, und man nennt Ψ deshalb die Stromfunktion. Die Bewegung der Flüssigkeit ist vollkommen bestimmt, wenn der Wert von Ψ als Funktion der Koordinaten für alle Punkte der Flüssigkeit bekannt ist. Die Gleichung irgendeiner Stromlinie ist $\Psi = C$, und man kann die Stromlinien zeichnen, indem man der Konstanten C verschiedene Werte erteilt. Zu diesem Zwecke ist es am besten, Ψ oder C Werte zu erteilen, die um jeweils gleiche Beträge ansteigen, so daß zwischen je zwei Stromlinien immer die gleiche Flüssigkeitsmenge fließt. Die senkrechte Entfernung zweier benachbarter Stromlinien ist dann umgekehrt proportional der Geschwindigkeit; starke Annäherung der Stromlinien in irgendeinem Bereich zeigt hohe Geschwindigkeit an.

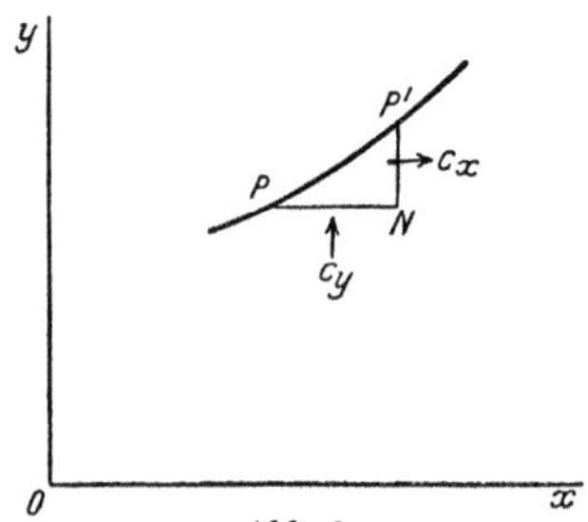

Abb. 6.

3.1.1. Die Geschwindigkeit der Flüssigkeit in irgendeinem Punkt kann auf einfache Weise aus der Stromfunktion bestimmt werden. Wenn P und P' zwei benachbarte Punkte auf verschiedenen Stromlinien darstellen (Abb. 6), so ist der Fluß über das Element PP' gleich dem Fluß über PN und NP', und kann in Übereinstimmung mit der Definition der Stromfunktion folgendermaßen ausgedrückt werden:

$$d\Psi = c_x\,dy - c_y\,dx\,.$$

Es gilt aber auch

$$d\Psi = \frac{\partial\Psi}{\partial x}dx + \frac{\partial\Psi}{\partial y}dy\,.$$

Hieraus ergibt sich:

$$c_x = \frac{\partial\Psi}{\partial y}\,,$$

$$c_y = -\frac{\partial\Psi}{\partial x}\,.$$

Allgemein erhält man die Geschwindigkeitskomponente in irgendeiner Richtung durch Differenzieren der Stromfunktion senkrecht dazu, und zwar nach links hin. In Polarkoordinaten sind deshalb die Radial- und Umfangskomponenten bzw.:

$$c_r = \frac{1}{r}\frac{\partial\Psi}{\partial\varphi}\,,$$

$$c_u = -\frac{\partial\Psi}{\partial r}\,.$$

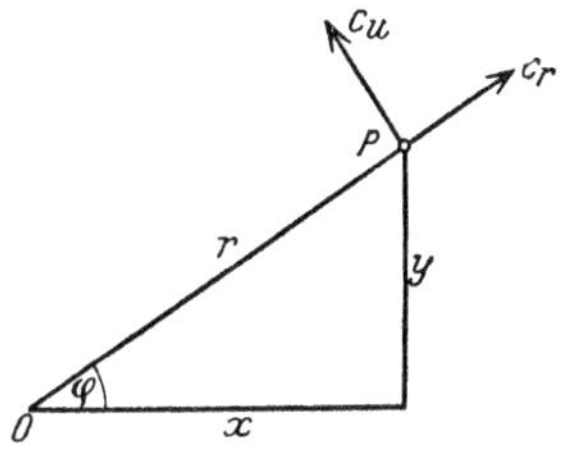

Abb. 7.

Da sowohl das kartesische wie auch das Polarkoordinatensystem in vielen Fällen zweckmäßig sind, sollen die Ergebnisse im allgemeinen in beiden Formen angegeben werden.

3.1.2. Die einfachsten Beispiele für die Stromfunktion entsprechen einer gleichförmigen Strömung parallel zu einer der Koordinatenachsen. Für eine Geschwindigkeit c_x parallel der x-Achse und für eine Geschwindigkeit c_y parallel zur y-Achse sind die Stromfunktionen bzw.:

$\Psi = c_x \cdot y = c_x \cdot r \sin\varphi$

und

$\Psi = -c_y x = -c_y \cdot r \cos\varphi$.

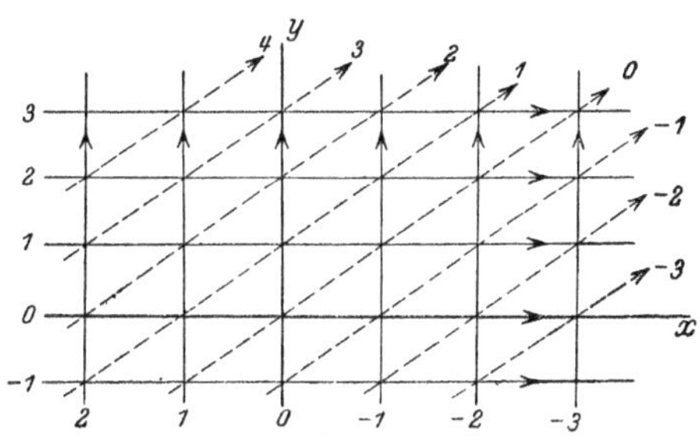

Abb. 8.

Abb. 8 zeigt die Stromlinien für gleichförmige Strömung parallel zu den Achsen für den Fall $c_x = 1{,}5\,c_y$; die Zahlen auf den Linien sind die Werte von Ψ. Die gestrichelten Linien sind durch die Punkte gezogen, welche einen konstanten Wert für die Summe der beiden Stromfunktionen ergeben und stellen eine gleichförmige Parallelströmung dar, die zu den Achsen geneigt ist. Man kann zwei Stromfunktionen immer auf diese Weise zusammensetzen, entweder analytisch oder graphisch, und zwar entspricht diese Methode dem Zusammensetzen der Geschwindigkeitskomponenten in jedem Punkt der Flüssigkeit. Durch passende Kombination gewisser einfacher Strombilder ist es möglich, eine Anzahl interessanter Ergebnisse abzuleiten, im besonderen die Strömung um einen Kreis, aus der die Strömung um irgendein Tragflügelprofil durch einen anderen analytischen Prozeß abgeleitet werden kann.

3.2. Quellen und Senken.

Die Entwicklung verschiedener Strombilder wird erleichtert durch den Begriff der Quellen und Senken. Eine Quelle ist ein Punkt, in dem Flüssigkeit in gleichmäßigem Strom zutage tritt, eine Senke ist eine negative Quelle oder ein Punkt, in dem Flüssigkeit verschwindet. Wenn die Strömung nicht gestört wird, wird die Flüssigkeit gleichmäßig nach allen Richtungen längs der Radiallinien nach außen fließen; bezeichnet m die Stärke der Quelle oder das in der Zeiteinheit ausfließende Flüssigkeitsvolumen, dann ergibt sich für die Radialgeschwindigkeit in der Entfernung r von der Quelle

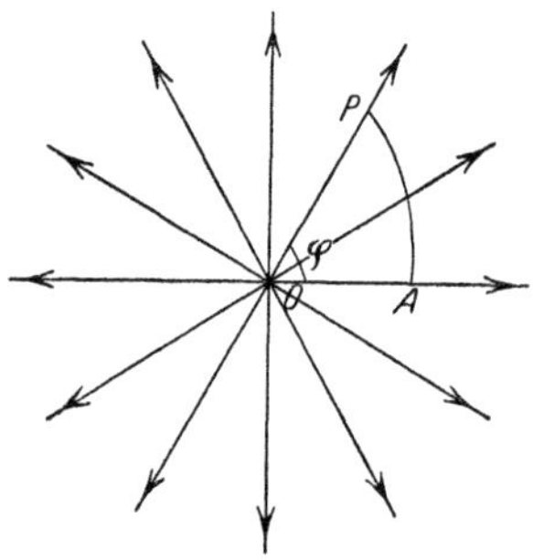

Abb. 9.

$$c_r = \frac{m}{2\pi r}.$$

Die Stromlinien sind die von der Quelle ausstrahlenden Geraden; der Wert der Stromfunktion wird längs jedes dieser Strahlen konstant sein. Es sei irgendein Strahl OA als Stromlinie $\Psi = 0$ angenommen. Wenn dann P ein Punkt auf dem Strahl ist, der einen Winkel φ mit OA bildet, dann wird der Fluß durch den Bogen AP durch $\frac{m}{2\pi}\varphi$ gegeben; das ist der Wert der Stromfunktion für den Strahl OP. Hieraus folgt:

$$\Psi = \frac{m}{2\pi}\varphi = \frac{m}{2\pi}\operatorname{arc\,tg}\frac{y}{x}.$$

Der Fall einer Quelle ist eine Ausnahme zu der allgemeinen Regel, daß die Stromfunktion an jedem Punkt einen eindeutigen Wert besitzt; denn wenn man eine Kurve wählt, welche die Quelle mehrmals vollständig umschlingt, dann ist es möglich, den Wert von Ψ um ein beliebiges Vielfaches von m zu vergrößern. Die Addition einer Konstanten zur Stromfunktion ändert jedoch das Strombild nicht, und wir können den Wert von Ψ eindeutig machen, wenn wir übereinkommen, daß φ immer zwischen den Grenzen $\pm\pi$ liegen soll.

3.3. Quellen im Parallelstrom.

Wir wollen jetzt den Fall betrachten, daß gleichzeitig eine Quelle im Ursprung von der Stärke m und eine gleichförmige Strömung mit der Geschwindigkeit $-c_0$ parallel zur x-Achse vorhanden sind. Die Stromfunktion für diese Strömung ist

$$\Psi = -c_0 \cdot y + \frac{m}{2\pi}\varphi,$$

d. h. die Summe der Stromfunktionen der beiden Einzelströmungen. Wenn wir $m = 2\,c_0 h$ schreiben, wird die Stromfunktion:

$$\Psi = c_0\left(h\frac{\varphi}{\pi} - y\right).$$

Sie enthält dann die beiden Parameter c_0 und h. c_0 ist die Geschwindigkeit des Parallelstroms, h ist eine Länge, deren Bedeutung im Laufe der Untersuchung klar werden wird.

Die Stromlinien der beiden Einzelströmungen sind bzw. die zur x-Achse parallelen Geraden und die vom Anfangspunkt ausgehenden Strahlen; die Stromlinien der kombinierten Strömung können sofort eingezeichnet werden als die Kurven, welche durch die Punkte hindurchgehen, in denen die Summe der beiden Stromfunktionen einen konstanten Wert hat.

Diese geometrische Methode ist in Abb. 10 für die Zahlenwerte $c_0 = 1$ und $h = 1$ durchgeführt. Die Stromlinie $\Psi = 0$ besteht aus dem positiven Teil der x-Achse und einer parabelähnlichen Kurve BAB'. Die Strömung der Quelle liegt vollständig innerhalb der Kurve BAB'; der Parallelstrom teilt sich im Scheitel A und fließt über und unter der Kurve vorbei. Nun kann man jede Stromlinie durch eine feste Begrenzung ersetzen, ohne daß dadurch das Strombild geändert würde, und man erhält eine interessante Deutung der Strömung, wenn man die Kurve xAB als eine solche Begrenzung ansieht. Der Parallelstrom fließt dann über eine horizontale Ebene, bis er auf die Begrenzung AB trifft, die ihn so ablenkt, wie die Stromlinien der Abb. 10 angeben. Mit

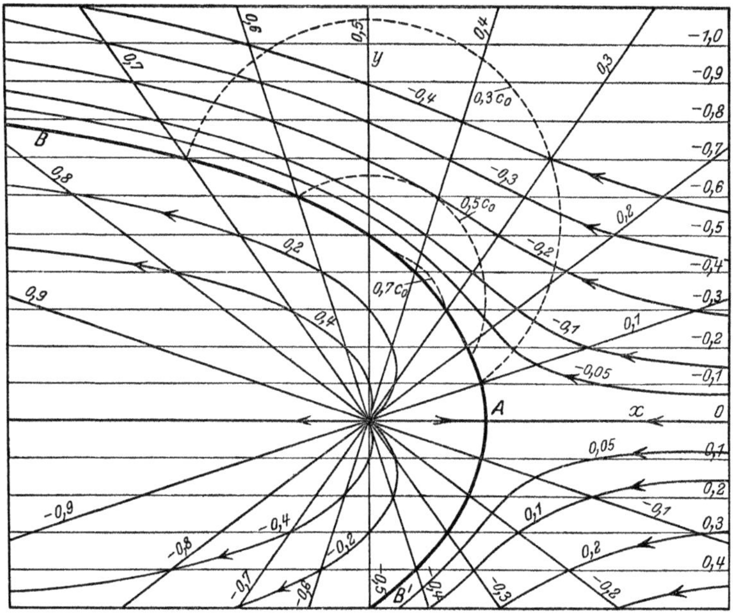

Abb. 10.

dieser Deutung wird die Quelle dem Bereich der Flüssigkeit entrückt und kann einfach als mathematischer Kunstgriff angesehen werden, um die Wirkung der Begrenzung darzustellen.

Die Form der Begrenzung wird durch die Gleichung $\Psi = 0$ gegeben und ergibt sich folglich zu

$$r \sin \varphi = y = h \frac{\varphi}{\pi},$$

wo φ Werte von 0 bis π annehmen kann. Der Parameter h stellt die maximale Höhe der Begrenzung dar, wenn r unendlich groß wird und φ gegen π geht. So bestimmen die Paramater c_0 und h die Windgeschwindigkeit bzw. die Höhe der Begrenzung; die Begrenzung hat immer dieselbe Form. Man kann jedoch auch andere Formen bekommen, wenn man statt der einen Quelle im Ursprung eine Anzahl von passend verteilten Quellen und Senken wählt.

Wir können die Strömung auch mit Hilfe der Geschwindigkeitskomponenten parallel zu den Achsen betrachten. Für die Quelle sind diese Geschwindigkeitskomponenten

$$c_x = \frac{m}{2\pi r}\cos\varphi = \frac{m}{2\pi}\cdot\frac{x}{r^2},$$

$$c_y = \frac{m}{2\pi r}\sin\varphi = \frac{m}{2\pi}\frac{y}{r^2},$$

und wir erhalten für die Strömung um die Begrenzung:

$$c_x = -c_0\left(1 - \frac{h}{\pi}\frac{x}{r^2}\right),$$

$$c_y = c_0\frac{h}{\pi}\frac{y}{r^2}.$$

Es ist uns jetzt möglich, die Lage des Scheitels A zu bestimmen, denn dieser ist ein Staupunkt der Strömung ($c_x = c_y = 0$). Die Koordinaten von A sind deshalb

$$x = \frac{h}{\pi}, \qquad y = 0.$$

Die Ausdrücke für die Geschwindigkeitskomponenten können wir auch benützen, um die Kurven konstanter Vertikalgeschwindigkeit, konstanter Neigung der Stromlinien oder mit ähnlichen Eigenschaften zu bestimmen. Die Kurven konstanter Vertikalgeschwindigkeit sind als Beispiel gewählt, da sie das Gebiet darstellen, in denen Segelflug möglich ist. Diese Kurven sind die Kreise

$$x^2 + y^2 = \frac{c_0}{c_y}\frac{h}{\pi}y,$$

die durch den Anfangspunkt gehen und deren Mittelpunkte auf der y-Achse liegen. Einige dieser Kreise sind in Abb. 10 gestrichelt eingezeichnet; sie bestimmen das für den Segelflug geeignetste Gebiet. Die maximale Vertikalgeschwindigkeit tritt auf der Oberfläche der Begrenzung auf und kann folgendermaßen bestimmt werden: Die Vertikalgeschwindigkeit in irgendeinem Punkt ist

$$c_y = \frac{c_0 h}{\pi}\frac{\sin\varphi}{r}.$$

Auf der Oberfläche der Klippe ist also

$$c_y = c_0 \frac{\sin^2 \varphi}{\varphi};$$

das ergibt einen Maximalwert von $c_y = 0{,}725\, c_0$ im Punkte $\varphi = 66{,}8^\circ$, $y = 0{,}37\, h$.

Dieses Beispiel wurde etwas genauer besprochen, um die Methode der Kombination zweier Strombilder und der Deutung der Ergebnisse als Strömung um eine feste Begrenzung zu zeigen. Die Quellen und Senken werden einfache analytische Kunstgriffe, um die Wirkung der festen Begrenzung darzustellen; diese Begrenzung muß immer so gewählt werden, daß sie alle Quellen und Senken einschließt.

3.4. Die Methode der Spiegelbilder.

Die Strömung zweier Quellen gleicher Stärke illustriert eine andere analytische Methode von einiger Wichtigkeit. Die Stromlinien von zwei gleichen Quellen in den Punkten A_1 und A_2 sind sehr einfach mit der gewöhnlichen graphischen Methode ableitbar und sind in Abb. 11 gezeichnet. Man kann zeigen, daß die Stromlinien in diesem Fall Hyperbeln sind, die durch die Punkte A_1 und A_2 hindurchgehen; ihre wichtigste Eigenschaft ist jedoch, daß die Mittelsenkrechte PQ auf A_1A_2 eine Stromlinie darstellt und durch eine feste Wand ersetzt werden kann.

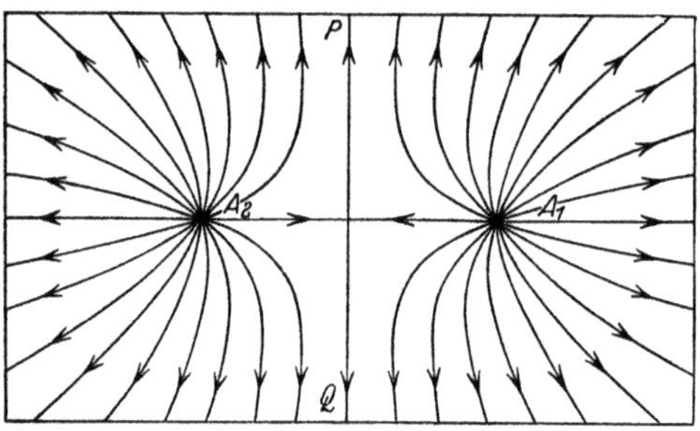

Abb. 11.

Die Stromlinien rechts von PQ stellen dann die Strömung einer Quelle in Gegenwart einer geradlinigen Begrenzung dar; der Einfluß dieser Begrenzung auf die Strömung der Quelle A_1 wurde analytisch erfaßt durch Einführung des Spiegelbildes A_2 der Quelle in bezug auf die Linie PQ.

Diese Methode der Spiegelbilder kann auch in verwickelteren Fällen verwendet werden. Statt der einzelnen Quelle A_1 kann man irgendein System von Quellen und Senken oder irgendeine geschlossene Kurve nehmen, die einen Körper darstellt. Die Strömung um diesen Körper in Gegenwart einer geradlinigen Begrenzung PQ kann man dann durch Hinzunahme des Spiegelbildes des Systems in bezug auf die Linie PQ erhalten, denn die entstehende Strömung wird dann offenbar symmetrisch in bezug auf die Gerade PQ und besitzt diese Gerade als Stromlinie. Die Methode der Spiegelung kann deshalb benützt werden, um die Strömung um einen Körper in Bodennähe zu erhalten.

3.5. Quelle und Senke im Parallelstrom.

Die Kombination einer Quelle mit einem Parallelstrom führte zu einer festen Begrenzung, die sich in der einen Richtung ins Unendliche erstreckt; wir können jedoch auch eine geschlossene Kurve bekommen, wenn wir eine Quelle und eine Senke gleicher Stärke verwenden. Als Koordinatenanfangspunkt sei der Punkt in der Mitte zwischen der Quelle A_1 und der Senke A_2 gewählt, die Gerade A_2A_1 sei die x-Achse. Die Stromfunktion in irgendeinem Punkt P ist für das System Quelle und Senke

$$\Psi = \frac{m}{2\pi}(\varphi_1 - \varphi_2) = \frac{m}{2\pi}\delta,$$

wobei φ_1 den Winkel xA_1P, φ_2 den Winkel xA_2P und δ den Winkel A_1PA_2 bezeichnen. Die Stromlinien sind also ein System von koaxialen Kreisen, die durch die Punkte A_1 und A_2 hindurchgehen. Wenn $2s$ die Entfernung zwischen Quelle und Senke bedeutet, so gilt auch

$$\operatorname{tg}\varphi_1 = \frac{y}{x-s},$$

$$\operatorname{tg}\varphi_2 = \frac{y}{x+s},$$

und hieraus ergibt sich

$$\operatorname{tg}\delta = \operatorname{tg}(\varphi_1 - \varphi_2) = \frac{2ys}{x^2+y^2-s^2},$$

$$\Psi = \frac{m}{2\pi}\operatorname{arc\,tg}\frac{2ys}{x^2+y^2-s^2}.$$

Wenn wir jetzt einen Parallelstrom mit der Geschwindigkeit $-c_0$ darüberlagern, so wird die Stromfunktion der kombinierten Strömung

$$\Psi = -c_0 y + \frac{m}{2\pi}\operatorname{arc\,tg}\frac{2ys}{x^2+y^2-s^2}.$$

Die Stromlinien dieser Strömung können mit der gewöhnlichen graphischen Methode konstruiert werden und sind in Abb. 12 für einen typischen Fall gezeichnet. Die Stromlinie $\Psi = 0$ besteht aus der x-Achse mit Ausnahme des Stückes A_1A_2 und einer ovalen Kurve, die man als feste Begrenzung annehmen kann. Die Gleichung dieser ovalen Kurve ist

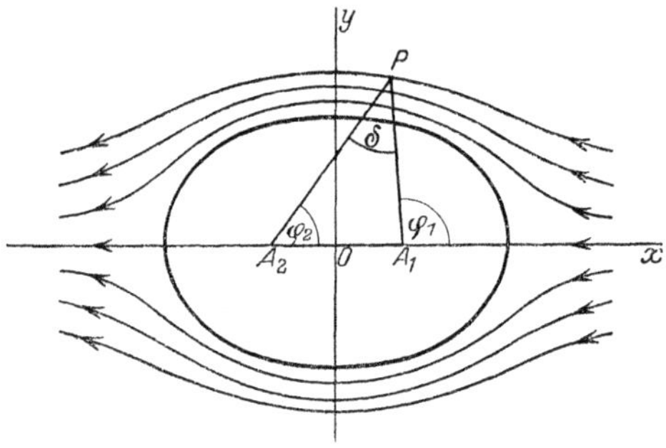

Abb. 12.

$$x^2 + y^2 - s^2 = 2ys \operatorname{ctg} \frac{2\pi c_0}{m} y .$$

Die Länge b der kleinen Halbachse der ovalen Kurve erhält man sofort aus dieser Gleichung als den Wert von y für $x = 0$:

$$b^2 - s^2 = 2bs \operatorname{ctg} \frac{2\pi c_0}{m} b .$$

Das können wir noch vereinfachen zu

$$\frac{b}{s} = \operatorname{ctg} \frac{\pi c_0 b}{m} = \operatorname{ctg} \left(\frac{\pi c_0 s}{m} \cdot \frac{b}{s}\right).$$

Die Länge a der großen Halbachse ist bestimmt durch die Bedingung, daß der Punkt $(a, 0)$ ein Staupunkt der Strömung ist. Die Geschwindigkeit in irgendeinem Punkt ist aber gleich der Summe aus der Parallelstromgeschwindigkeit $-c_0$ und den Komponenten, die von Quelle und Senke herrühren, also

$$c_x = -c_0 + \frac{m}{2\pi}\left(\frac{1}{a-s} - \frac{1}{a+s}\right)$$
$$= -c_0 + \frac{ms}{\pi(a^2 - s^2)} .$$

Im Staupunkt ist $c_x = 0$; hiermit folgt:

$$\frac{a^2}{s^2} = 1 + \frac{m}{\pi c_0 s} .$$

Die Form der ovalen Kurve hängt von dem einzigen Parameter $\frac{c_0 s}{m}$ ab; Tabelle 3 zeigt die Zusammenhänge zwischen den ver-

Tabelle 3.

$\frac{c_0 b}{m}$	$c_0 s$	$\frac{a}{s}$	$\frac{b}{s}$	$\frac{a}{b}$
0,4	1,231	1,122	0,325	3,45
0,3	0,413	1,331	0,727	1,83
0,2	0,145	1,786	1,376	1,30
0,1	0,032	3,285	3,078	1,07

schiedenen Größen. Bei den Rechnungen wurde von einer passenden Reihe von Werten für $\frac{c_0 b}{m}$ ausgegangen; dabei zeigt sich, daß das Verhältnis der Achsenlängen der ovalen Kurve dem Werte 1 zustrebt, wenn der Paramater $\frac{c_0 s}{m}$ gegen Null geht. Dieser Grenzfall entspricht einem unendlich nahen Aneinanderrücken von Quelle und Senke.

3. 6. Kreiszylinder.

Wir betrachten den Fall, daß Quelle und Senke sich einander nähern, während das Produkt aus Quellstärke und Abstand zwischen Quelle und Senke einen konstanten, endlichen Wert behält. Wenn wir schreiben

$$\mu = 2 m s,$$

wird die Stromfunktion für Quelle und Senke

$$\Psi = \frac{\mu}{4\pi s} \operatorname{arc\,tg} \frac{2 y s}{x^2 + y^2 - s^2},$$

und wenn s gegen Null geht, strebt die Stromfunktion der Grenze zu:

$$\Psi = \frac{\mu}{2\pi} \frac{y}{x^2 + y^2} = \frac{\mu}{2\pi r} \sin\varphi .$$

Diese Kombination einer Quelle und einer Senke, für welche s gegen Null geht, während μ endlich bleibt, heißt eine Doppelquelle von der Stärke μ; die Gerade, welche die Senke mit der Quelle verbindet, heißt Achse der Doppelquelle. Die einer Doppelquelle entsprechenden Stromlinien sind die Kreise, welche durch die Doppelquelle hindurchgehen und die Achse berühren.

Wir wollen jetzt dieser Strömung einen Parallelstrom in Richtung der x-Achse mit der Geschwindigkeit $-c_0$ überlagern; die Stromfunktion der kombinierten Strömung wird dann

$$\Psi = -c_0 y + \frac{\mu}{2\pi} \frac{y}{x^2 + y^2} .$$

Die Stromlinie $\Psi = 0$ besteht aus der x-Achse und dem Kreis

$$x^2 + y^2 = \frac{\mu}{2\pi c_0}.$$

Wenn wir schreiben

$$\mu = 2\pi a^2 c_0,$$

dann wird die Stromfunktion

$$\Psi = -c_0 y\left(1 - \frac{a^2}{r^2}\right) = -c_0\left(r - \frac{a^2}{r}\right)\sin\varphi,$$

und zwar stellt sie die Strömung um einen Kreiszylinder vom Radius a mit dem Mittelpunkt im Koordinatenanfangspunkt in einem Parallelstrom c_0 parallel zur negativen x-Achse dar. Die Stromlinien können wir durch unsere graphische Methode bekommen (Abb. 13).

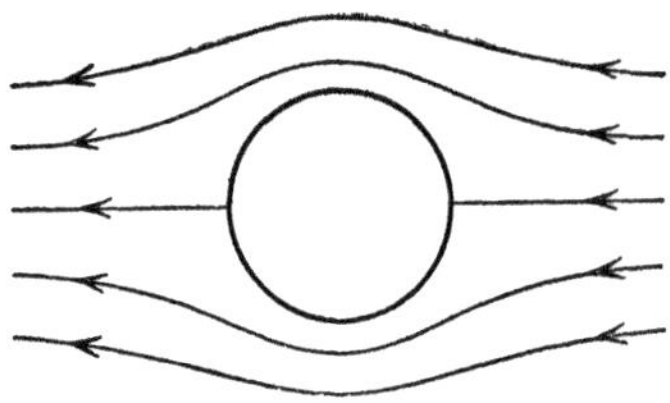

Abb. 13.

Die Geschwindigkeit in irgendeinem Punkt drückt man am bequemsten in Polarkoordinaten aus, und zwar ergeben sich die Radial- und Umfangskomponenten bzw. zu

$$c_r = \frac{1}{r}\frac{\partial\Psi}{\partial\varphi} = -c_0\left(1 - \frac{a^2}{r^2}\right)\cos\varphi,$$

$$c_u = -\frac{\partial\Psi}{\partial r} = c_0\left(1 + \frac{a^2}{r^2}\right)\sin\varphi.$$

Auf dem Umfang des Kreiszylinders ist die Radialkomponente c_r gleich Null und die Umfangskomponente

$$c_u = 2c_0\sin\varphi.$$

Das ergibt den Höchstwert $2c_0$, wenn $\varphi = \frac{\pi}{2}$.

Den Druck an irgendeiner Stelle der Flüssigkeit erhalten wir aus der Bernoullischen Gleichung zu

$$p = p_0 + \tfrac{1}{2}\varrho c_0^2 - \tfrac{1}{2}\varrho(c_r^2 + c_u^2).$$

Auf dem Umfang des Zylinders wird dies:

$$p = p_0 + \tfrac{1}{2}\varrho c_0^2(1 - 4\sin^2\varphi).$$

Der Druck ist symmetrisch in bezug auf die beiden Koordinatenachsen; es kann deshalb durch die Druckverteilung über die Oberfläche keine resultierende Kraft auf den Zylinder ausgeübt werden. Dieser Schluß steht im Widerspruch zur Erfahrung; Abb. 14 zeigt die theoretische Druckverteilung im Vergleich zu einer experimentell bestimmten Verteilung[1]. Die beobachtete und die berechnete Druckverteilung stimmen auf der Vorderseite des Zylinders überein, auf der Rückseite dagegen zeigen sie große Unterschiede. Diese Unstimmigkeit kommt daher, daß sich die Strömung von der Zylinderoberfläche ablöst und ein Wirbelgebiet bildet (s. Kap. VIII). Die theoretische Lösung ist jedoch wichtig als Grundlage der Strömung um einen Tragflügel, die man durch eine passende analytische Transformation daraus ableiten kann.

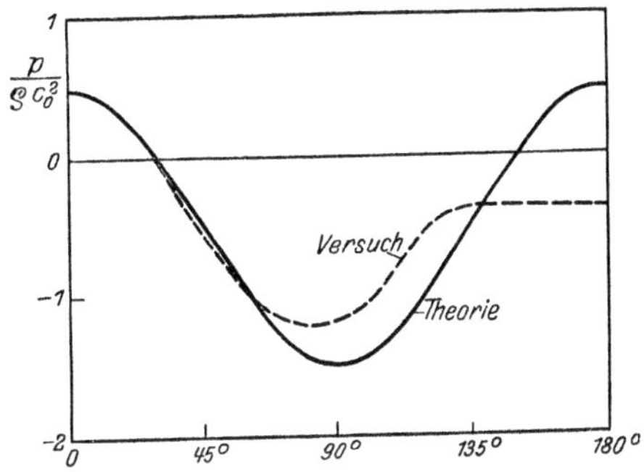

Abb. 14.

IV. Zirkulation und Rotation.

4.1. Zirkulation.

Die Untersuchungen des vorigen Kapitels führten zur Bestimmung der theoretischen Strömung um einen Kreiszylinder im Parallelstrom; es ist jedoch noch eine andere Strömung möglich, bei der die Flüssigkeit um den Zylinder kreist. Die einfachste Form einer solchen kreisenden Strömung ist diejenige, bei der die Geschwindigkeit nirgends eine Radialkomponente besitzt, während die Umfangskomponente c_u unabhängig vom Winkel φ ist und nur vom radialen Abstand r abhängt. Wenn

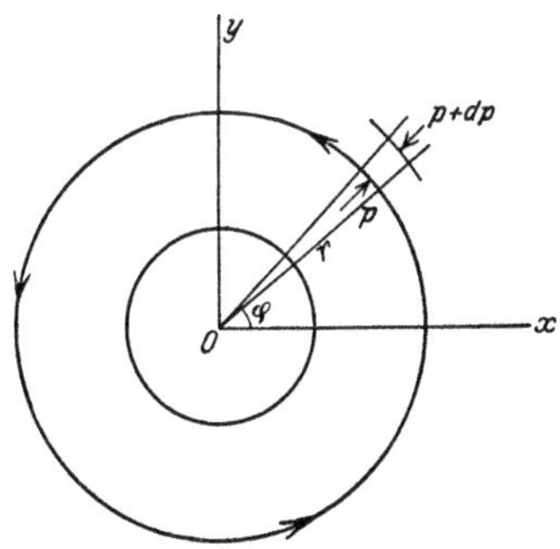

Abb. 15.

[1] Taylor, G. I.: Pressure distribution round a cylinder. RM1916, Nr. 191. Die in Abb. 14 gezeigten Ergebnisse beziehen sich auf einen Zylinder von 0,5 Fuß (15 cm) Durchmesser bei einer Geschwindigkeit von 55 f. p. s. [16,8 m/sec].

man das Gleichgewicht eines kleinen Flüssigkeitselements betrachtet, ergibt sich

$$dp = \varrho \frac{c_u^2}{r} dr,$$

damit der Druck auf die Begrenzung die Zentrifugalkraft ausgleicht. Wenn außerdem der Gesamtdruck H der Bernoullischen Gleichung

$$p + \tfrac{1}{2} \varrho c_u^2 = H$$

überall in der Flüssigkeit denselben Wert haben soll, so muß das Produkt $c_u r$ konstant sein. Diese Bedingung liefert den grundlegenden Fall der Zirkulationsströmung.

Um die Stromfunktion für diese um einen Zylinder kreisende Strömung zu bestimmen, haben wir die Gleichungen

$$\frac{1}{r} \frac{\partial \Psi}{\partial \varphi} = c_r = 0$$

$$-\frac{\partial \Psi}{\partial r} = c_u = \frac{Z}{2\pi r},$$

wobei Z eine Konstante ist. Hieraus folgt für die Stromfunktion:

$$\Psi = -\frac{Z}{2\pi} \ln r.$$

Die Stromlinien dieser Strömung sind die zum Kreiszylinder konzentrischen Kreise; das Integral über die Geschwindigkeit um den Umfang irgendeiner dieser Stromlinien hat den konstanten Wert Z, den man als Zirkulation der Strömung bezeichnet. Allgemeiner ist die Zirkulation um irgendeine geschlossene Kurve definiert als das Integral über die Tangentialkomponente der Geschwindigkeit längs der Kurve. Wenn c die resultierende Geschwindigkeit in irgendeinem Punkt P der geschlossenen Kurve C darstellt und α den Winkel zwischen der Richtung der Geschwindigkeit c und dem Element ds der Kurve bei P bezeichnet, dann wird die Zirkulation Z um die Kurve C

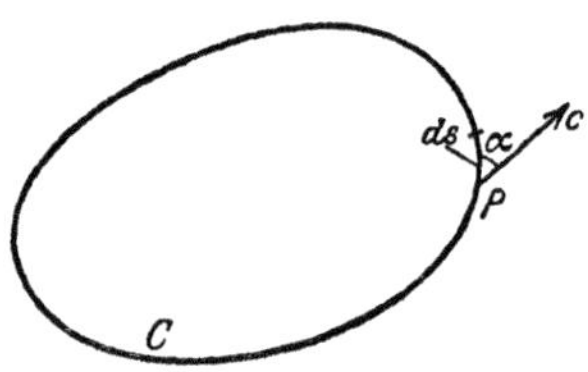

Abb. 16.

$$Z = \int_C c \cos \alpha \, ds.$$

Die Zirkulation soll entgegen dem Uhrzeigersinn als positiv gelten. Für den besonderen Fall der durch die Stromfunktion

$$\Psi = -\frac{Z}{2\pi}\ln r$$

bestimmten zirkulierenden Bewegung hat die Zirkulation für alle Kurven, die den Zylinder umschließen, den Wert Z, für alle anderen Kurven ist sie Null (s. 4.33).

4.2. Kreiszylinder mit Zirkulation.

Wenn man diese Zirkulationsströmung der Strömung eines Parallelstromes um einen Kreiszylinder (3.6) überlagert, dann wird die Stromfunktion:

$$\begin{aligned}\Psi &= -c_0 y\left(1-\frac{a^2}{r^2}\right)-\frac{Z}{2\pi}\ln r\,,\\ &= -c_0\left(r-\frac{a^2}{r}\right)\sin\varphi-\frac{Z}{2\pi}\ln r\,.\end{aligned}$$

Abb. 17 zeigt die Form der zugehörigen Stromlinien für einen verhältnismäßig kleinen Wert von Z. Die Wirkung der Zirkulation ist eine Vergrößerung der Geschwindigkeit über dem Zylinder und eine Verminderung auf der Unterseite. Es wird folglich der Druck auf der Oberseite herabgesetzt und auf der Unterseite vergrößert; der Zylinder erfährt also einen Auftrieb parallel zur y-Achse.

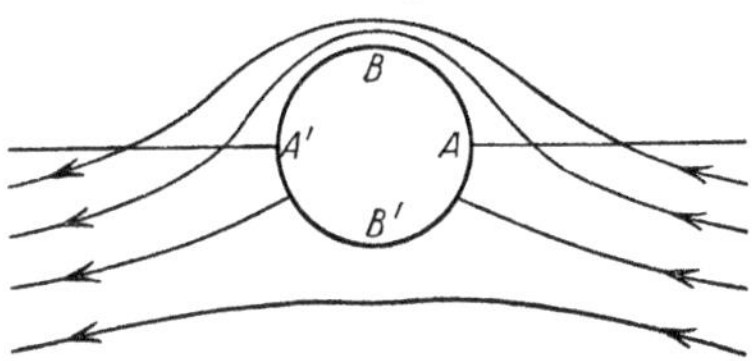

Abb. 17.

Die Radial- und Umfangskomponenten der Geschwindigkeit in irgendeinem Punkt sind bzw.

$$\begin{aligned}c_r &= \frac{1}{r}\frac{\partial\Psi}{\partial\varphi} = -c_0\left(1-\frac{a^2}{r^2}\right)\cos\varphi\,,\\ c_u &= -\frac{\partial\Psi}{\partial r} = c_0\left(1+\frac{a^2}{r^2}\right)\sin\varphi+\frac{Z}{2\pi r}\,.\end{aligned}$$

In einem Punkt der Zylinderoberfläche ist $c_r = 0$ und

$$c_u = 2\,c_0\sin\varphi+\frac{Z}{2\pi a}\,.$$

Die Zirkulation bewirkt ein Abwärtswandern der Staupunkte von A und A' gegen B'; die beiden Staupunkte fallen mit dem

Punkt B' zusammen, wenn die Zirkulation Z den Wert $4\pi a c_0$ hat. Wenn die Zirkulation diesen Wert überschreitet, entsteht eine Strömung, wie Abb. 18 zeigt; der Staupunkt liegt dann in der Flüssigkeit bei C. In diesem Fall kreist ein Teil der Flüssigkeit dauernd um den Zylinder und fließt nicht mit dem Hauptstrom stromabwärts.

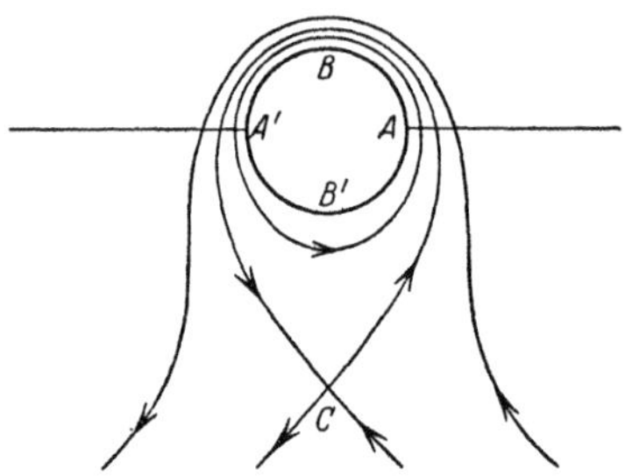

Abb. 18.

Der Druck in irgendeinem Punkt der Flüssigkeit ergibt sich aus der Bernoullischen Gleichung zu

$$p = H - \tfrac{1}{2}\varrho\,(c_r^2 + c_u^2)\,.$$

Hieraus folgt für einen Punkt der Zylinderoberfläche

$$p = H - \frac{1}{2}\,\varrho\left(2c_0\sin\varphi + \frac{Z}{2\pi a}\right)^2$$

$$= H - \frac{\varrho Z^2}{8\pi^2 a^2} - \frac{\varrho c_0 Z}{\pi a}\sin\varphi - 2\varrho c_0^2\sin^2\varphi\,.$$

Die Komponenten der infolge der Druckverteilung auf den Zylinder ausgeübten resultierenden Kraft sind

$$X = -\int_0^{2\pi} p\,a\cos\varphi\,d\varphi\,,$$

$$Y = -\int_0^{2\pi} p\,a\sin\varphi\,d\varphi\,;$$

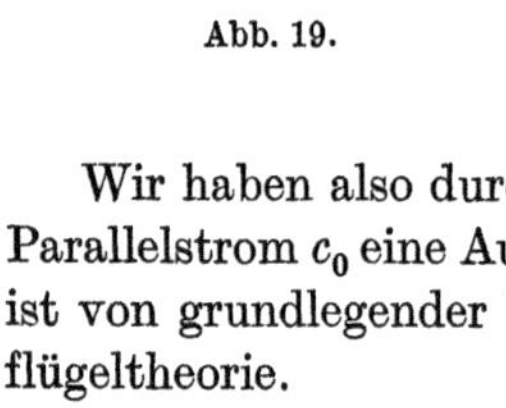

Abb. 19.

durch Integration erhalten wir

$$X = 0\,,$$

$$Y = \varrho c_0 Z\,.$$

Wir haben also durch Kombination der Zirkulation Z mit dem Parallelstrom c_0 eine Auftriebskraft $\varrho c_0 Z$ erhalten. Dieses Ergebnis ist von grundlegender Wichtigkeit für die Entwicklung der Tragflügeltheorie.

4.2.1. Eine tiefere Einsicht in die Wirkungsweise der Auftriebskraft erhalten wir, wenn wir die Verhältnisse in großem Abstand vom Zylinder betrachten. Wir wollen das Gleichgewicht der Flüssigkeit untersuchen, die zwischen der Zylinderoberfläche und einem großen, dazu konzentrischen Kreis vom Radius r eingeschlossen ist. Wenn c die Geschwindigkeit in irgendeinem Punkt des großen Kreises bezeichnet, dann ergibt sich der Druck aus der Gleichung

$$p = H - \tfrac{1}{2}\varrho c^2 ;$$

die Druckkräfte an dieser äußeren Begrenzung werden auf die im Inneren liegende Flüssigkeit eine Kraft mit folgenden Komponenten ausüben:

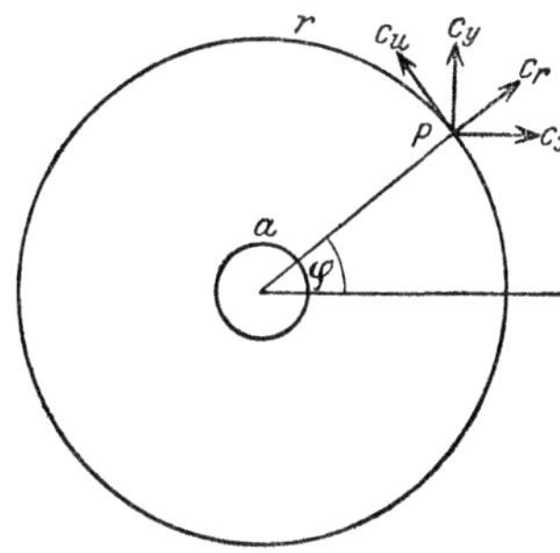

Abb. 20.

$$X_0 = -\int_0^{2\pi} p r \cos\varphi \, d\varphi = \tfrac{1}{2}\varrho \int_0^{2\pi} c^2 r \cos\varphi \, d\varphi ,$$

$$Y_0 = -\int_0^{2\pi} p r \sin\varphi \, d\varphi = \tfrac{1}{2}\varrho \int_0^{2\pi} c^2 r \sin\varphi \, d\varphi .$$

Nun ist

$$c^2 = c_r^2 + c_u^2 = c_0^2 \cos^2\varphi \left(1 - \frac{a^2}{r^2}\right)^2 + \left\{c_0 \sin\varphi \left(1 + \frac{a^2}{r^2}\right) + \frac{Z}{2\pi r}\right\}^2 .$$

Wenn aber r groß ist und gegen Unendlich strebt, genügt es, nur das von r unabhängige Glied und das Glied mit $\frac{1}{r}$ zu behalten, um die Kraftkomponenten X_0 und Y_0 zu bestimmen. Damit erhalten wir

$$c^2 = c_0^2 + \frac{c_0 Z \sin\varphi}{\pi r}$$

und hieraus

$$X_0 = 0 ,$$
$$Y_0 = \tfrac{1}{2}\varrho\, c_0 Z .$$

Hierzu müssen wir noch die Komponenten der Kraft dazuzählen, die infolge der Druckverteilung über die Zylinderoberfläche auf die Flüssigkeit ausgeübt werden. Damit bekommen wir für die resultierende Kraft, die auf die Flüssigkeit zwischen dem Zylinder und dem großen Kreis ausgeübt wird, die Komponenten

$$X_1 = X_0 - X = 0 ,$$
$$Y_1 = Y_0 - Y = -\tfrac{1}{2}\varrho\, c_0 Z .$$

Diese auf die Flüssigkeit ausgeübte resultierende Kraft wirkt senkrecht zur Richtung des ungestörten Stromes c_0 und muß gleich der Änderung des Impulses der Flüssigkeit sein. Die in der Zeiteinheit durch den großen Kreis bei P nach außen strömende Flüssigkeitsmenge ist $\varrho c_r r d\varphi$; die Komponenten des in der Zeiteinheit über diese Begrenzung getragenen Impulses sind also

$$J_x = \int_0^{2\pi} \varrho\, c_r\, c_x\, r\, d\varphi\,,$$

$$J_y = \int_0^{2\pi} \varrho\, c_r\, c_y\, r\, d\varphi\,.$$

Bis auf Größen der Ordnung $\frac{1}{r}$ sind die Geschwindigkeitskomponenten

$$c_r = -c_0 \cos\varphi\,,$$

$$c_u = c_0 \sin\varphi + \frac{Z}{2\pi r}\,,$$

$$c_x = c_r \cos\varphi - c_u \sin\varphi = -c_0 - \frac{Z}{2\pi r} \sin\varphi\,,$$

$$c_y = c_r \sin\varphi + c_u \cos\varphi = \frac{Z}{2\pi r} \cos\varphi\,.$$

Bei der Integration ergibt sich:

$$J_x = 0\,,$$

$$J_y = -\tfrac{1}{2} \varrho\, c_0 Z\,,$$

also dieselben Ausdrücke wie für die Komponenten der auf die Flüssigkeit ausgeübten Kraft.

Diese Untersuchung der Verhältnisse in großer Entfernung vom Zylinder zeigt, daß die auf den Zylinder ausgeübte Auftriebskraft in großer Entfernung vom Zylinder zur Hälfte als Impulsänderung und zur anderen Hälfte als Druckverteilung auf dem Umfang des großen Kreises auftritt.

4.3. Rotation.

Die Zirkulation um irgendeine geschlossene Kurve wurde definiert als das Integral über die Tangentialkomponente der Geschwindigkeit längs der Kurve. Wenn man als Kurve ein kleines

Rechteck mit zu den Koordinatenachsen parallelen Seiten wählt, dann ergibt sich der Wert der Zirkulation zu

$$dZ = \left(\frac{\partial c_y}{\partial x} - \frac{\partial c_x}{\partial y}\right) dx\, dy\,.$$

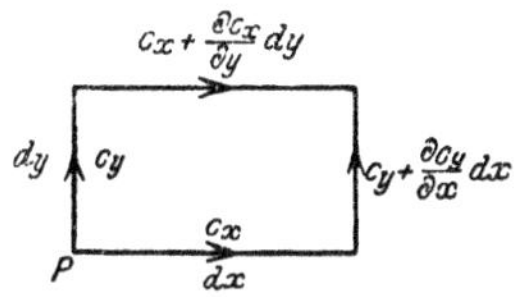

Abb. 21.

Wenn wir jetzt setzen

$$\omega = \frac{1}{2}\left(\frac{\partial c_y}{\partial x} - \frac{\partial c_x}{\partial y}\right)$$

und wenn dF die Fläche des Elements bezeichnet, wird die Zirkulation

$$dZ = 2\,\omega\, dF\,.$$

In dieser Form gilt die Gleichung für ein Element von beliebiger Form, und wenn man sie auf einen kleinen Kreis vom Radius r anwendet,

$$dZ = 2\,\omega\,\pi r^2 = 2\pi r\cdot\omega r\,,$$

so folgt daraus, daß ω die Winkelgeschwindigkeit des Elements um seinen Mittelpunkt darstellt. Es ist also der Wert von ω in irgendeinem Punkt P der Flüssigkeit gleich der Winkelgeschwindigkeit eines kleinen Elements, das den Punkt P umgibt. Die Rotation in irgendeinem Punkt der Flüssigkeit ist nun definiert als der Wert $2\,\omega$, und die Zirkulation um ein kleines Element ist dann das Produkt aus der Rotation und der Fläche des Elements. Ein Flüssigkeitsteilchen, welches eine Rotation besitzt, heißt Wirbelelement; die Stärke eines Wirbelelements wird durch die Zirkulation um das Wirbelelement definiert.

Durch die Stromfunktion ausgedrückt, ist

$$c_x = \frac{\partial \Psi}{\partial y}\,; \qquad c_y = -\frac{\partial \Psi}{\partial x}\,,$$

und damit wird die Rotation

$$2\,\omega = \frac{\partial c_y}{\partial x} - \frac{\partial c_x}{\partial y} = -\left(\frac{\partial^2 \Psi}{\partial x^2} + \frac{\partial^2 \Psi}{\partial y^2}\right) = -\nabla^2\,\Psi\,.$$

In Polarkoordinaten ist die Zirkulation um ein kleines Element

$$\left\{\left(c_u + \frac{\partial c_u}{\partial r}\, dr\right)(r + dr) - c_u r\right\} d\varphi - \frac{\partial c_r}{\partial \varphi}\, d\varphi\, dr$$

oder

$$\left(\frac{\partial c_u}{\partial r} + \frac{c_u}{r} - \frac{1}{r}\,\frac{\partial c_r}{\partial \varphi}\right) r\, d\varphi\, dr\,;$$

hieraus erhalten wir

$$2\omega = \frac{\partial c_u}{\partial r} + \frac{c_u}{r} - \frac{1}{r}\frac{\partial c_r}{\partial \varphi} = -\left\{\frac{\partial^2 \Psi}{\partial r^2} + \frac{1}{r}\frac{\partial \Psi}{\partial r} + \frac{1}{r^2}\frac{\partial^2 \Psi}{\partial \varphi^2}\right\}$$

oder

$$\nabla^2 \Psi = \frac{\partial^2 \Psi}{\partial r^2} + \frac{1}{r}\frac{\partial \Psi}{\partial r} + \frac{1}{r^2}\frac{\partial^2 \Psi}{\partial \varphi^2}.$$

Die durch irgendeine geschlossene Kurve begrenzte Fläche kann man durch eine doppelte Schar sich schneidender Geraden, die ein Netzwerk auf der Fläche bilden, in eine große Anzahl kleiner Elemente unterteilen. Die Summe der Zirkulationen um

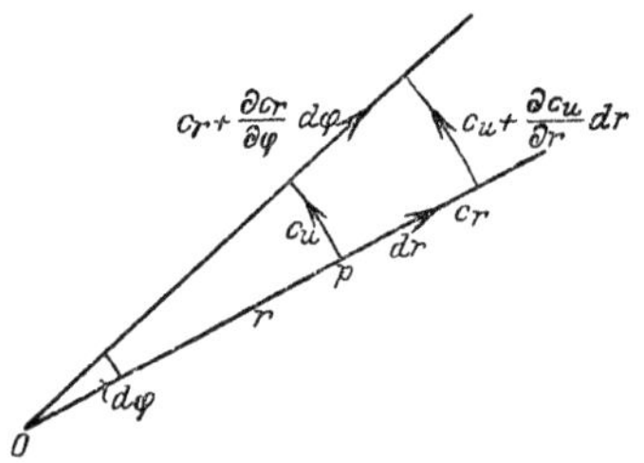

Abb. 22.

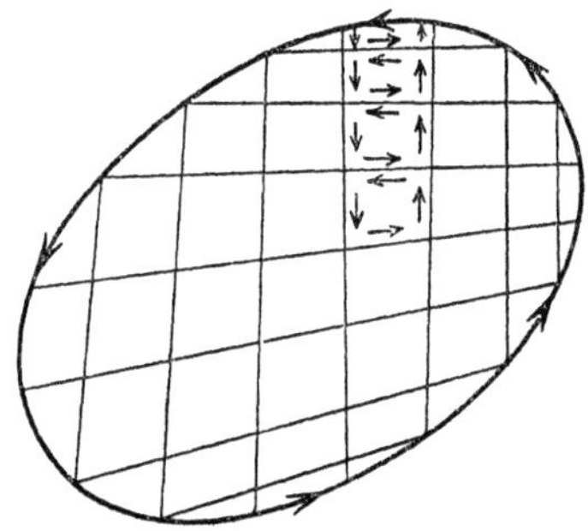

Abb. 23.

alle diese Elemente, im positiven Sinn gerechnet, ist gleich der Zirkulation um die Begrenzung der Fläche, denn der Anteil längs einer Geraden, die zwei Elementen gemeinsam ist, tritt zweimal mit entgegengesetztem Vorzeichen auf und fällt aus dem Ergebnis heraus. Es bleiben nur die Anteile längs der Begrenzung der Fläche, und diese liefern die Zirkulation um die geschlossene Kurve. Die Zirkulation um irgendein kleines Element ist aber gleich dem Produkt aus Rotation und Fläche des Elements; es ergibt sich also für jede einfach geschlossene Kurve die Zirkulation zu

$$Z = \iint 2\omega\, dF = \iint \left(\frac{\partial c_y}{\partial x} - \frac{\partial c_x}{\partial y}\right) dF,$$

wo das Doppelintegral über die von der Kurve eingeschlossene Fläche zu erstrecken ist. Dieses Ergebnis zeigt, daß die Zirkulation um irgendeine geschlossene Kurve gleich der Summe der von der Kurve eingeschlossenen Wirbelstärken ist.

4.3.1. Konstanz von Zirkulation und Rotation. Die Rotation irgendeines kleinen Elementes einer vollkommenen Flüssigkeit bleibt während der ganzen Bewegung konstant. Die Rotation in irgendeinem Punkt P der Flüssigkeit ist die doppelte mittlere Winkelgeschwindigkeit eines kleinen Elements, das den Punkt umgibt, und wenn man als Element einen kleinen Kreis mit dem Mittelpunkt in P wählt, so ist einleuchtend, daß der Druck auf die Begrenzung kein Moment um den Punkt P erzeugen kann, das die Winkelgeschwindigkeit veränderte. Folglich bleibt die Rotation des Flüssigkeitselements, das P umgibt, ungeändert, während es sich durch die Flüssigkeit bewegt. Änderungen der Rotation können nur durch Tangentialkräfte an den Grenzen eines Flüssigkeitselements hervorgebracht werden, und diese treten in einer vollkommenen Flüssigkeit nicht auf. In wirklichen, zähigkeitsbehafteten Flüssigkeiten kommen jedoch Tangentialkräfte vor, besonders da, wo die Flüssigkeit nahe an einem festen Körper vorbeistreicht. Auf diese Weise kann eine Rotation entstehen.

Da die Rotation der Flüssigkeitselemente in einer vollkommenen Flüssigkeit konstant ist, so folgt, daß die Zirkulation um eine geschlossene Kurve, welche sich mit der Flüssigkeit bewegt, ebenfalls konstant ist. Während sich die Kurve mit der Flüssigkeit bewegt, bleibt sie stetig und zusammenhängend und muß immer dieselben Flüssigkeitselemente umschließen, denn kein Flüssigkeitselement kann die Kurve überschreiten, ohne sie unstetig zu machen. Die Zirkulation um die Kurve zu irgendeinem Zeitpunkt ist aber gleich der Summe der von ihr umschlossenen Wirbelstärken, und die Rotation aller Flüssigkeitselemente bleibt während der ganzen Bewegung konstant. Die Zirkulation um irgendeine geschlossene Kurve, die sich mit der Flüssigkeit bewegt, muß also ebenfalls während der ganzen Bewegung konstant bleiben.

Wenn sich eine geschlossene Kurve durch die Flüssigkeit hindurchbewegt, wird ihre Zirkulation nicht konstant bleiben, sondern gleich der Summe der in einem bestimmten Augenblick eingeschlossenen Wirbelstärken sein; der Zuwachs der Zirkulation in irgendeinem Zeitraum wird gleich der Summe der Wirbelstärken sein, welche inzwischen über die Begrenzung der Kurve gewandert sind.

4.3.2. Die Bernoullische Gleichung. Die Änderung der Bernoullischen Konstanten oder des Gesamtdruckes H hängt eng mit der Rotation der Flüssigkeit zusammen. Wir wollen ein Flüssigkeitselement $PQQ'P'$ betrachten, dessen Seiten PQ und $P'Q'$ Elemente zweier benachbarter Stromlinien sind, während

PP' und QQ' dazu senkrecht stehen. Es sei $PQ = ds$, $PP' = dn$ und R der Krümmungsradius der Stromlinie.

Wir erhalten die Bernoullische Gleichung, wenn wir die Bewegung längs der Stromlinie verfolgen. Wenn c die Geschwindigkeit des Flüssigkeitselements bezeichnet, so gilt:

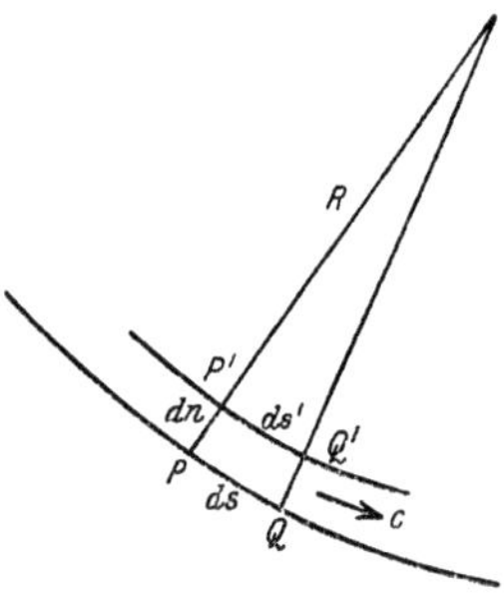

Abb. 24.

$$\varrho\, ds\, dn\, c \frac{\partial c}{\partial s} = -\frac{\partial p}{\partial s} ds\, dn$$

oder

$$\frac{\partial p}{\partial s} + \varrho c \frac{\partial c}{\partial s} = 0\,.$$

Hieraus folgt

$$p + \tfrac{1}{2}\varrho c^2 = H\,,$$

wobei H längs der Stromlinie konstant ist.

Senkrecht zur Stromlinie bekommen wir das Gleichgewicht zwischen Druck- und Zentrifugalkräften

$$\varrho\, ds\, dn \frac{c^2}{R} = -\frac{\partial p}{\partial n} dn\, ds$$

oder

$$\frac{\partial p}{\partial n} + \frac{\varrho c^2}{R} = 0\,.$$

Die Zirkulation um das Element ist nun

$$2\omega\, ds\, dn = c\, ds - \left(c + \frac{\partial c}{\partial n} dn\right) ds',$$

wobei

$$\frac{ds'}{ds} = \frac{R - dn}{R}\,.$$

Hieraus folgt, daß

$$2\omega = \frac{c}{R} - \frac{\partial c}{\partial n}\,.$$

Wenn wir hieraus den Krümmungsradius eliminieren, bekommen wir

$$\frac{\partial p}{\partial n} + \varrho c\left(2\omega + \frac{\partial c}{\partial n}\right) = 0$$

oder

$$\frac{\partial}{\partial n}(p + \tfrac{1}{2}\varrho c^2) = -2\omega\varrho c\,,$$

d. h.

$$\frac{dH}{dn} = -2\omega\varrho c\,.$$

Diese Gleichung bestimmt die Änderung der Bernoullischen Konstanten H, und zwar ergibt sich hieraus, daß ein konstanter Wert für H Wirbelfreiheit bedingt und umgekehrt.

4.3.3. Wirbelfreie Bewegung. Wenn die Rotation in allen Punkten der Flüssigkeit Null ist, dann heißt die Strömung wirbelfrei, denn die Winkelgeschwindigkeit irgendeines kleinen Elementes ist dann Null. Diese Strömung ist von besonderer Wichtigkeit, denn wenn die Bewegung zu irgendeinem Zeitpunkt wirbelfrei ist, so bleibt sie immer wirbelfrei; denn wie wir gezeigt haben, kann in einer vollkommenen Flüssigkeit keine Rotation entstehen.

In einer wirbelfreien Strömung hat die Bernoullische Konstante in der ganzen Flüssigkeit einen konstanten Wert, und die Stromfunktion Ψ erfüllt in allen Punkten der Flüssigkeit die Gleichung $\nabla^2\Psi = 0$. Die in Kap. III betrachteten Strömungen sind alle wirbelfrei, da die Stromfunktionen diese Bedingung erfüllen.

Wenn die Rotation in allen Punkten der Flüssigkeit Null ist, dann muß die Zirkulation um eine geschlossene Kurve, die nur Flüssigkeit einschließt, auch Null sein; wenn die Kurve jedoch einen Körper einschließt, ist eine besondere Betrachtung notwendig. Als wir die Zirkulationsströmung um einen Zylinder entwickelten, setzten wir voraus, daß der Gesamtdruck H durch die ganze Flüssigkeit hindurch konstant sei; hieraus folgt, daß die Bewegung wirbelfrei ist. Die Zirkulation um eine Kurve, welche nur Flüssigkeit einschließt, ist Null; die Zirkulation um irgendeine Kurve, die den Zylinder einschließt, hat jedoch den Wert Z. Nun wollen wir annehmen, daß der Kreiszylinder durch Flüssigkeit ersetzt werde, die mit der Winkelgeschwindigkeit

$$\omega = \frac{Z}{2\pi a^2}$$

rotiert, wobei a den Zylinderradius bezeichnet. Die Stromgeschwindigkeit wird auf dem Zylinderumfang stetig sein, die Bewegung außerhalb des Zylinders wird ungeändert bleiben. Der feste Körper ist jedoch durch rotierende Flüssigkeit ersetzt, die in allen Punkten die Rotation $2\,\omega$ besitzt. Es wird also jede Kurve, welche den Zylinder einschließt, die Zirkulation

$$Z = 2\omega\pi a^2$$

besitzen, die die gesamte Wirbelstärke darstellt, während jede geschlossene Kurve, welche den Zylinder nicht einschließt, die Zirkulation Null ergeben wird.

Aus dieser Betrachtung erhellt, daß eine wirbelfreie Strömung eine Zirkulation um den Körper besitzen kann und daß diese Strömung folgende Kennzeichen hat: Der Gesamtdruck H hat einen konstanten Wert, und die Rotation ist für alle Punkte der Flüssigkeit gleich Null; die Zirkulation ist Null für alle Kurven, welche nur Flüssigkeit umschließen und besitzt einen konstanten Wert für alle Kurven, die den Körper einschließen, und die Stromfunktion erfüllt die Gleichung $\nabla^2\Psi = 0$.

4.3.4. Wirbel. Die Zirkulation um ein kleines Flüssigkeitselement haben wir in der Form

$$Z = 2\omega F$$

ausgedrückt, wo F die Fläche des Elements und ω seine mittlere Winkelgeschwindigkeit sind. Der Begriff eines Wirbels entsteht dadurch, daß man sich vorstellt, daß die Fläche F auf Null abnimmt, während die Winkelgeschwindigkeit zunimmt und die Zirkulation Z konstant bleibt. Die Stärke des Wirbels ist einfach als die Zirkulation Z um den Wirbel definiert.

Die Stromfunktion für einen Wirbel folgt sofort aus der Zirkulationsströmung um einen Kreiszylinder

$$\Psi = -\frac{Z}{2\pi}\ln r\,.$$

Dieser Ausdruck enthält den Radius des Zylinders nicht und behält infolgedessen seine Gültigkeit, wenn die gesamte durch den Zylinder vertretene Wirbelstärke in der Mittellinie konzentriert wird. Die Stromlinien eines Wirbels sind die konzentrischen Kreise mit dem Wirbel als Mittelpunkt; die Strömung ist mit Ausnahme des Wirbels selbst in allen Punkten der Flüssigkeit wirbelfrei.

Die Geschwindigkeit in irgendeinem Punkt steht senkrecht zu der Verbindungslinie dieses Punktes mit dem Mittelpunkt und hat die Größe $\frac{Z}{2\pi r}$. Obgleich der Wirbel und die Geschwindigkeit eng zusammenhängen, kann man genau genommen doch keines von beiden als von dem andern verursacht bezeichnen. Die allgemeine Geschwindigkeitsverteilung, die zu einem Wirbel gehört, werden wir als sein Geschwindigkeitsfeld, die Geschwindigkeit in irgendeinem Punkt als die in diesem Punkt vom Wirbel induzierte Geschwindigkeit bezeichnen.

Wirbel können wir in der gleichen Weise wie Quellen und Senken zum Aufbau verwickelterer Strömungen benützen, und irgendeine passende Stromlinie kann dann wieder durch eine feste Begrenzung ersetzt werden. Diese Grenze soll alle Wirbel einschließen. Die äußere Strömung wird dann im ganzen Bereich der Flüssigkeit wirbelfrei sein. Als Beispiel betrachten wir zwei gleiche Wirbel mit entgegengesetztem Vorzeichen (ein Wirbelpaar), die auf der y-Achse in den Punkten $y = \pm s$ liegen. Die Stromfunktion dieser Strömung ist

$$\Psi = -\frac{Z}{2\pi} \ln \frac{A_1 P}{A_2 P},$$

und die Stromlinien sind die koaxialen Kreise, welche zwischen A_1 und A_2 hindurchgehen. Wenn wir jetzt s gegen Null gehen lassen, während $2\,Zs = \mu$ konstant bleibt, so kommen wir, ähnlich wie bei dem Fall einer Quelle und einer Senke, zu einem Doppelwirbel. Der Grenzwert der Stromfunktion ist

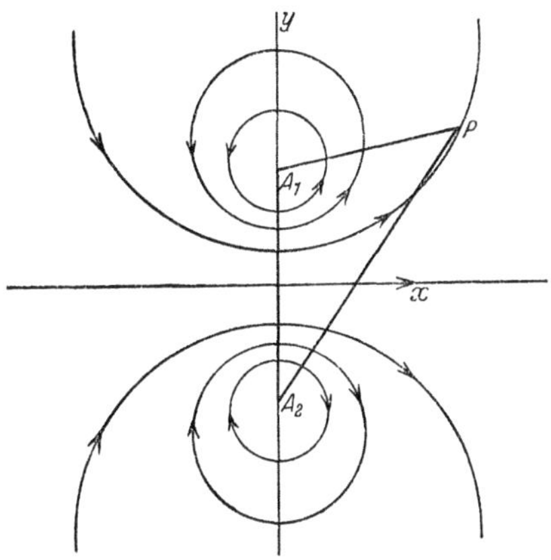

Abb. 25.

$$\Psi = \frac{\mu}{2\pi} \frac{y}{x^2 + y^2}.$$

Er ist identisch mit dem bei Quelle und Senke gefundenen Wert (3.6). Wenn wir einem Wirbelpaar einen Parallelstrom überlagern, erhalten wir eine Reihe von ovalen Körpern, ähnlich den in 3.5 behandelten, aber mit der großen Achse senkrecht zum Strom. Wenn man zu dem Fall eines Doppelwirbels übergeht, erhält man wieder die Strömung um einen Kreis. Die Zirkulation um den Kreis (4.2) bekommt man, wenn man einen Wirbel im Anfangspunkt hinzufügt.

4.3.5. Unstetigkeitsflächen. Der Begriff einer Unstetigkeitsfläche der Geschwindigkeit wurde von Helmholtz und Kirchhoff (s. 1.2) eingeführt, um die auf einen Körper ausgeübte Kraft zu erklären. Die Form und die Lage der Unstetigkeitsfläche bleiben relativ zum Körper fest; die Strömung erfolgt tangential zu dieser Fläche, wobei aber die Geschwindigkeit auf beiden Seiten der Fläche verschiedene Werte hat. Bei zweidimensionaler Bewegung wird aus der Unstetigkeitsfläche eine Unstetigkeitslinie.

Wir betrachten das kleine Rechteck mit den zwei Seiten AB und $A'B'$ von der Länge ds parallel zu einem Element der Unstetigkeitslinie und auf verschiedenen Seiten davon. Wenn c und c' die Geschwindigkeiten auf den beiden Seiten der Unstetigkeitslinie sind, dann ergibt sich die Zirkulation um das Elementarrechteck zu

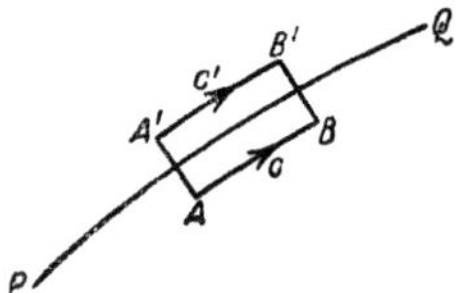

Abb. 26.

$$dZ = (c - c')ds,$$

denn längs der Seiten AA' und BB' ist keine Strömung vorhanden. Die Seiten AA' und BB' können unendlich klein gemacht werden; hieraus folgt, daß die Unstetigkeitslinie PQ aus einer Belegung von Wirbeln von der Stärke $(c - c')$ pro Längeneinheit bestehen muß. Diese Wirbel werden mit der Hauptmasse der Flüssigkeit mit der Geschwindigkeit $\frac{1}{2}(c + c')$ längs der Stromlinie PQ fortwandern. Die von den Wirbeln in einem Punkt in der Nähe der Unstetigkeitslinie induzierte Geschwindigkeit wird auf den beiden Seiten der Unstetigkeitslinie entgegengesetzt gleiche Werte $\pm \frac{1}{2}(c - c')$ besitzen.

Es folgt aus dieser Betrachtung, daß eine Unstetigkeitsfläche der Geschwindigkeit einer Wirbelfläche gleichwertig ist, und daß die Wirbel, welche diese Wirbelfläche bilden, zwischen den beiden Strömen verschiedener Geschwindigkeit ähnlich wie Kugellager wirken. Die von Helmholtz und Kirchhoff erstmalig untersuchten Strömungen mit Unstetigkeitsflächen stützen sich auf die Annahme, daß an den Seiten des Körpers Wirbelflächen entstehen, die ein Totwassergebiet einschließen.

V. Das Geschwindigkeitspotential und die Potentialfunktion.

5.1. Das Geschwindigkeitspotential.

Wir betrachten irgendeine Kurve OAP, die den Anfangspunkt O mit einem Punkt P der Flüssigkeit verbindet, und es sei Φ das Integral der Tangentialkomponente der Geschwindigkeit längs der Kurve von O nach P. Wenn c die resultierende Geschwindigkeit in einem Punkt der Kurve und α der Winkel zwischen der Richtung der Geschwindigkeit c und dem Element ds der Kurve sind, dann wird

$$\Phi = \int_{OAP} c \cos\alpha \, ds \, .$$

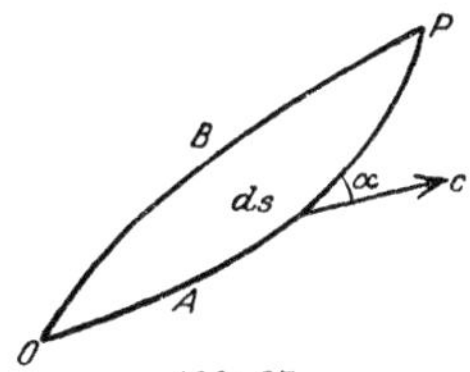

Abb. 27.

Im allgemeinen wird der Wert Φ von der Wahl der Kurve abhängen, die O mit P verbindet, denn wenn OBP eine zweite solche Kurve darstellt, so ist die Zirkulation um die geschlossene Kurve $OAPBO$:

$$Z = \Phi_{OAP} - \Phi_{OBP} \, .$$

Diese Zirkulation ist ihrerseits wieder gleich der Summe der von der Kurve eingeschlossenen Wirbelstärken. Bei wirbelfreier Bewegung, bei der die Rotation in allen Punkten der Flüssigkeit gleich Null ist, hat Φ im Punkt P einen eindeutigen Wert und heißt dann Geschwindigkeitspotential. Eine andere Wahl des Anfangspunktes vergrößert den Wert von Φ in allen Punkten nur um einen konstanten Betrag.

Das Integral für Φ kann auch in folgender Form ausgedrückt werden:

$$\Phi = \int_O^P (c_x dx + c_y dy) \, ,$$

wo c_x und c_y die Geschwindigkeitskomponenten parallel zu rechtwinkligen Koordinatenachsen sind; hieraus folgt

$$c_x = \frac{\partial \Phi}{\partial x} \, , \qquad c_y = \frac{\partial \Phi}{\partial y} \, .$$

Mit Hilfe der Stromfunktion ausgedrückt, gilt:

$$c_x = \frac{\partial \Psi}{\partial y} \, , \qquad c_y = -\frac{\partial \Psi}{\partial x} \, .$$

Das Geschwindigkeitspotential muß also die Gleichung erfüllen

$$\frac{\partial c_x}{\partial x} + \frac{\partial c_y}{\partial y} = 0$$

oder

$$\nabla^2 \Phi = \frac{\partial^2 \Phi}{\partial x^2} + \frac{\partial^2 \Phi}{\partial y^2} = 0 \, .$$

Diese Gleichung ist eine unmittelbare Folge der Stetigkeit der Strömung und ist als Kontinuitätsgleichung bekannt.

Der Fall einer wirbelfreien Strömung, die um einen Körper zirkuliert, bildet eine Ausnahme zu der Regel, daß das Geschwindigkeitspotential in jedem Punkt der Flüssigkeit einen eindeutigen Wert besitzt. Die Zirkulation ist Null für alle Kurven, welche nur Flüssigkeit einschließen; sie besitzt jedoch einen konstanten Wert Z für alle Kurven, die den Körper einmal umschließen. Es folgt hieraus, daß der Wert von Φ um Z zunimmt, wenn man um die Kurve $PABP$ (Abb. 28) herumgeht; Φ ist dann eine zyklische Funktion. Dieser besondere Fall ist dem ähnlichen Verhalten der Stromfunktion einer Quelle vergleichbar (s. 3.2).

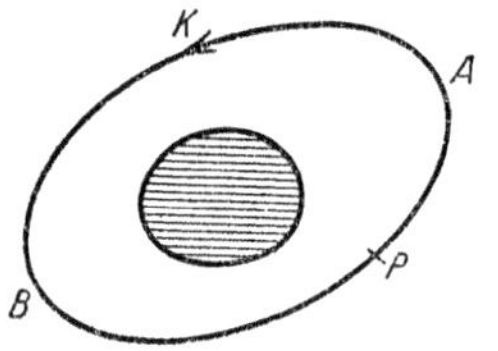

Abb. 28.

5.1.1. Die verschiedenen in Kap. III behandelten Strömungstypen können statt mit der Stromfunktion ebensogut mittels des Geschwindigkeitspotentials untersucht werden; irgendeine solche Strömung ist vollkommen bestimmt, wenn eine der beiden Funktionen bekannt ist. Die Ausdrücke für das Geschwindigkeitspotential und die Stromfunktion seien für die grundlegenden Strömungen hier noch einmal zusammengestellt:

Parallelstrom c_0 parallel zur x-Achse:

$$\Phi = c_0 x; \qquad \Psi = c_0 y;$$

Parallelstrom c_0 parallel zur y-Achse:

$$\Phi = c_0 y; \qquad \Psi = -c_0 x;$$

Quelle im Anfangspunkt:

$$\Phi = \frac{m}{2\pi} \ln r, \qquad \Psi = \frac{m}{2\pi} \varphi;$$

Doppelquelle im Anfangspunkt mit der Achse in Richtung der x-Achse:

$$\Phi = -\frac{\mu}{2\pi} \frac{x}{r^2}, \qquad \Psi = \frac{\mu}{2\pi} \frac{y}{r^2};$$

Wirbel im Ursprung:

$$\Phi = \frac{Z}{2\pi} \varphi, \qquad \Psi = -\frac{Z}{2\pi} \ln r;$$

Strömung parallel zur negativen x-Achse mit einer Zirkulation um einen Kreis vom Radius a mit dem Mittelpunkt im Anfangspunkt:

$$\Phi = -c_0 x\left(1 + \frac{a^2}{r^2}\right) + \frac{Z}{2\pi}\varphi\,,$$

$$\Psi = -c_0 y\left(1 - \frac{a^2}{r^2}\right) - \frac{Z}{2\pi}\ln\frac{r}{a}\,.$$

Diese Ausdrücke für die Stromfunktion sind schon weiter oben entwickelt worden, und man kann leicht nachprüfen, daß die entsprechenden Ausdrücke für das Geschwindigkeitspotential in allen Punkten zu denselben Werten der Geschwindigkeitskomponenten c_x und c_y führen und die Kontinuitätsgleichung erfüllen.

5.12. Durch konstante Werte des Geschwindigkeitspotentials können wir Äquipotentiallinien ziehen, und zwar schneiden diese Linien die Stromlinien unter rechten Winkeln. Wenn dn ein Element der Normalen zur Stromlinie in irgendeinem Punkt P ist und $d\Phi$ die zugehörige Änderung der Potentialfunktion darstellt, dann ist die Geschwindigkeit längs der Normalen gleich $\frac{\partial \Phi}{\partial n}$. Laut Definition gibt es jedoch keine Geschwindigkeitskomponente normal zu einer Stromlinie. Es kann also längs einer Normalen auch keine Änderung des Geschwindigkeitspotentials auftreten, und das Element dn ist infolgedessen ein Element der Äquipotentiallinie.

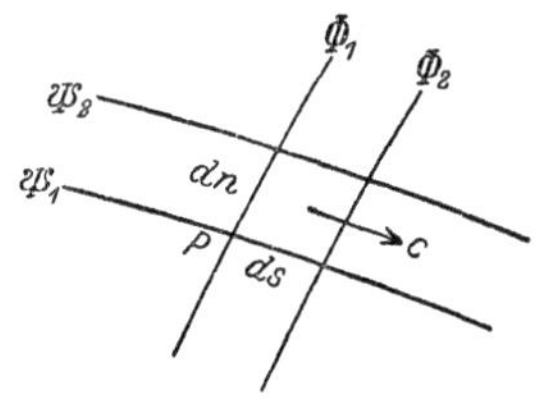

Abb. 29.

Wenn ds ein Element der Stromlinie und dn ein Element der Äquipotentiallinie im Punkt P bezeichnen, so liegt die Geschwindigkeit c in Richtung der Stromlinie und hat die Größe

$$c = \frac{\partial \Phi}{\partial s} = \frac{\partial \Psi}{\partial n}\,;$$

wenn die Stromlinien und die Äquipotentiallinien für gleiche Zuwüchse von Ψ und Φ gezeichnet sind, dann werden die zwischen zwei aufeinanderfolgenden Linien liegenden Abschnitte ds und dn von gleicher Länge sein. Es folgt also, daß die Stromlinien und die Äquipotentiallinien irgendeiner Strömung, wenn sie für gleiche kleine Zuwüchse von Ψ und Φ gezeichnet sind, das ganze Gebiet der Flüssigkeit in ein Netzwerk von kleinen Quadraten einteilen.

Wenn die Zuwüchse endlich sind, werden diese elementaren Quadrate verzerrt und ihre Seiten gekrümmt werden, aber die Winkel der einzelnen Flächen werden rechte Winkel bleiben.

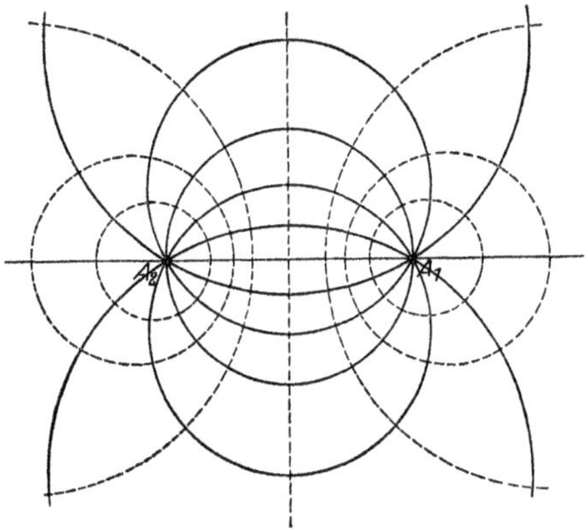

Abb. 30.

Abb. 30 zeigt eine Schar von Orthogonallinien für eine Quelle und eine Senke in den Punkten A_1 und A_2, wobei die Äquipotentiallinien durch die gestrichelten Kurven gegeben sind. Diese Figur können wir aber auch als die Strömung eines Wirbelpaares in den Punkten A_1 und A_2 deuten, wenn wir Strom- und Äquipotentiallinien vertauschen. Dieses Beispiel erläutert den allgemeinen Grundsatz, daß jedes System von Orthogonallinien zwei mögliche Strömungen darstellt, denn man kann jede Linienschar als die Stromlinien ansehen. Man muß jedoch dann die Randbedingungen der Strömung anpassen. Abb. 31 zeigt die Orthogonallinien für einen Kreis im Parallelstrom; wenn man dabei die gestrichelten Linien als Stromlinien ansieht, dann muß man den Umfang mit Quellen und Senken belegen, um die Randbedingungen zu erfüllen, denn die Flüssigkeit hat dann eine bestimmte Geschwindigkeit senkrecht zum Kreisumfang.

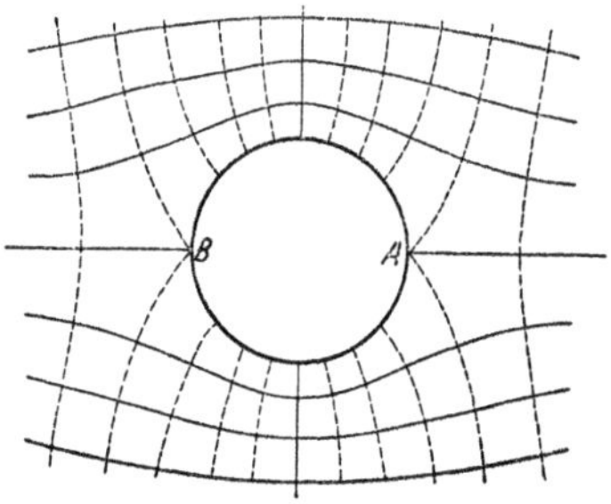

Abb. 31.

Abb. 31 zeigt uns noch etwas Wichtiges. Gewöhnlich schneiden sich Strom- und Äquipotentiallinien unter rechten Winkeln; das gilt aber nicht mehr in den Punkten A und B, die die Staupunkte der Strömung darstellen. Der Beweis, daß Strom- und Äquipotentiallinien sich unter rechten Winkeln schneiden, verliert hier seine Gültigkeit, denn der Wert von $\frac{\partial \Phi}{\partial s}$ ist in allen Richtungen gleich Null, und die Stromlinie kann im Staupunkt einen Knick haben. Später wird gezeigt werden, daß die Äquipotentiallinie in diesem Sonderfall gleiche Winkel mit den beiden Ästen der Stromlinie bildet.

5. 2. Die komplexe Veränderliche.

Die Koordinaten eines Punktes P haben wir entweder in kartesischen oder in Polarkoordinaten ausgedrückt. Es ist jedoch möglich, die beiden in jedem von diesen Systemen benützten Koordinaten zu einer einzigen komplexen Koordinate z zusammenzufassen, die durch die Gleichung

$$z = x + i y = r(\cos\varphi + i \sin\varphi)$$

definiert ist, wo $i = \sqrt{-1}$ ist und den gewöhnlichen algebraischen Regeln gehorcht. Nun ist

$$\frac{d}{d\varphi}(\cos\varphi + i\sin\varphi) = -\sin\varphi + i\cos\varphi$$
$$= i(\cos\varphi + i\sin\varphi)$$

oder

$$\frac{\frac{d}{d\varphi}(\cos\varphi + i\sin\varphi)}{\cos\varphi + i\sin\varphi} = i\,;$$

wenn wir wieder integrieren, wird:

$$\ln(\cos\varphi + i\sin\varphi) = i\varphi$$

oder

$$\cos\varphi + i\sin\varphi = e^{i\varphi}\,.$$

Die komplexe Koordinate des Punktes P kann man deshalb in der Form ausdrücken:

$$z = r e^{i\varphi}\,.$$

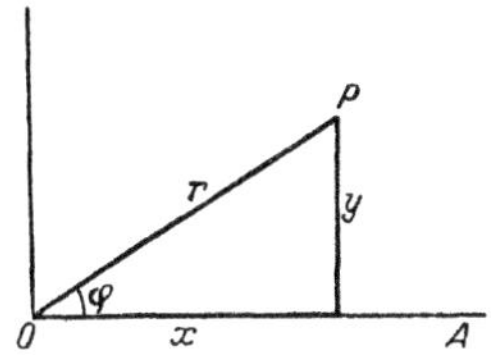

Abb. 32.

Die Koordinaten (x, y) oder (r, φ) definieren die Lage des Punktes P in bezug auf den Anfangspunkt O und die Achse OA (Abb. 32), die komplexe Koordinate z deuten wir jedoch zweckmäßiger als eine Darstellung des Vektors OP. Die Länge dieses Vektors ist gleich r und heißt der Modul von z. Man benützt dafür die verschiedenen Schreibweisen

$$r = \operatorname{mod} z = |z|\,.$$

Der Winkel φ, der die Richtung des Vektors angibt, heißt das Argument von z.

Wenn man z in der Form $(x + iy)$ ausdrückt, heißen x und y der reelle bzw. imaginäre Anteil von z; der Modul von z ist dann $\sqrt{x^2 + y^2}$. Wenn der Modul Null ist, muß offenbar sowohl x als auch y Null sein. Man kann nun jede Funktion $f(z)$ der komplexen Veränderlichen z in ihren reellen und ihren imaginären Anteil zerlegen und sie in der Form $(X + iY)$ ausdrücken, wo X und Y reell sind. Hieraus folgt, daß irgendeine komplexe Gleichung $f(z) = 0$ den beiden Gleichungen gleichwertig ist, die man erhält, wenn man den reellen und den imaginären Anteil für sich gleich Null setzt.

Die Multiplikation zweier komplexer Größen gibt

$$z_1 z_2 = r_1 r_2 e^{i(\varphi_1 + \varphi_2)}.$$

Dieses Produkt stellt einen Vektor dar, dessen Modul gleich dem Produkt der einzelnen Moduln und dessen Argument gleich der Summe der Argumente von z_1 und z_2 ist. Wenn man also irgendeine komplexe Zahl mit z multipliziert, so wird die Länge des Vektors um den Faktor $|z|$ oder r vergrößert und seine Richtung um den Winkel φ gedreht. Der Faktor $e^{i\varphi}$ dreht einen Vektor um den Winkel φ; setzt man $\varphi = \frac{\pi}{2}$, so sieht man, daß der Faktor i den Vektor um einen rechten Winkel dreht.

5.3. Die Potentialfunktion.

Es sei eine komplexe Funktion mit überall eindeutigem Differentialquotienten gegeben.

Es sei

$$f(z) = \xi + i\eta,$$

und

$$\frac{df}{dz} = p + iq.$$

Den Differentialquotienten können wir in folgenden Formen ausdrücken:

$$p + iq = \frac{df}{dz} = \frac{\partial f}{\partial x} = \frac{\partial \xi}{\partial x} + i\frac{\partial \eta}{\partial x}$$

$$= \frac{1}{i}\frac{\partial f}{\partial y} = -i\frac{\partial \xi}{\partial y} + \frac{\partial \eta}{\partial y}.$$

Hieraus ergibt sich

$$\frac{\partial \xi}{\partial x} = \frac{\partial \eta}{\partial y} = p\,,$$

$$\frac{\partial \xi}{\partial y} = -\frac{\partial \eta}{\partial x} = -q\,.$$

Aus diesen letzten Gleichungen folgt auch

$$\nabla^2 \xi = \nabla^2 \eta = 0\,.$$

Wenn wir diese Ergebnisse mit den Gleichungen vergleichen, die das Geschwindigkeitspotential Φ, die Stromfunktion Ψ und die Geschwindigkeitskomponenten c_x und c_y bei einer beliebigen wirbelfreien Strömung verknüpfen (5.1), so sehen wir, daß wir ξ und η durch Φ und Ψ, p und q durch c_x und $-c_y$ ersetzen können. Wenn also Φ und Ψ der reelle und imaginäre Anteil irgendeiner komplexen Funktion $f(z)$ sind, so stellen sie mögliche Formen des Geschwindigkeitspotentials und der Stromfunktion einer wirbelfreien Bewegung dar. Man schreibt gewöhnlich

$$w = \Phi + i\Psi = f(z)\,;$$

dann ist

$$\frac{dw}{dz} = c_x - i c_y\,.$$

Die komplexe Funktion w heißt die Potentialfunktion der Strömung, und jede beliebige wirbelfreie Strömung wird durch sie vollständig beschrieben.

5.31. Die Grundtypen von Strömungen, die in 5.11 zusammengestellt sind, können wir sofort durch die Potentialfunktion darstellen, die dafür folgende einfache Formen annimmt:

Parallelstrom c_0 in Richtung der x-Achse:

$$w = c_0 z;$$

Parallstrom c_0 in Richtung der y-Achse:

$$w = -i c_0 z;$$

Quelle im Ursprung:

$$w = \frac{m}{2\pi} \ln z;$$

Doppelquelle im Ursprung mit der Achse in Richtung der x-Achse:

$$w = -\frac{\mu}{2\pi z}\,;$$

Wirbel im Ursprung:

$$w = -i\frac{Z}{2\pi}\ln z;$$

Strömung in Richtung der negativen x-Achse mit Zirkulation um einen Kreis vom Radius a mit dem Mittelpunkt im Ursprung:

$$w = -c_0\left(z + \frac{a^2}{z}\right) - i\frac{Z}{2\pi}\ln\frac{z}{a}.$$

Diese Strömungstypen werden mit Hilfe der drei einfachen Funktionen z, $\frac{1}{z}$ und $\ln z$ der komplexen Veränderlichen z dargestellt. Durch passende Wahl der Ausdrücke kann man andere Strömungen bekommen.

Wir wollen als Beispiel die Strömung betrachten, die durch folgende Potentialfunktion dargestellt wird:

$$w = -c_0 z^2 = -c_0\{(x^2 - y^2) + 2ixy\}.$$

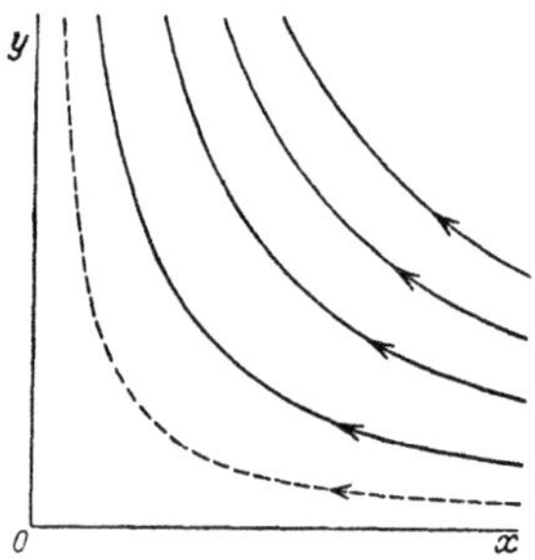

Abb. 33.

Die Stromlinien sind eine Schar von gleichseitigen Hyperbeln, deren Asymptoten die Achsen sind; wenn man die Achsen als feste Begrenzungen ansieht, bekommt man die Strömung in der Ecke zweier aufeinander senkrechter Wände.

Wenn wir allgemeiner folgende Potentialfunktion annehmen:

$$w = -c_0 z^n = -c_0 r^n(\cos n\varphi + i\sin n\varphi),$$

dann erhalten wir die Strömung in der Ecke zweier gerader Wände, die miteinander den Winkel $\alpha = \frac{\pi}{n}$ bilden. Abb. 34 zeigt die

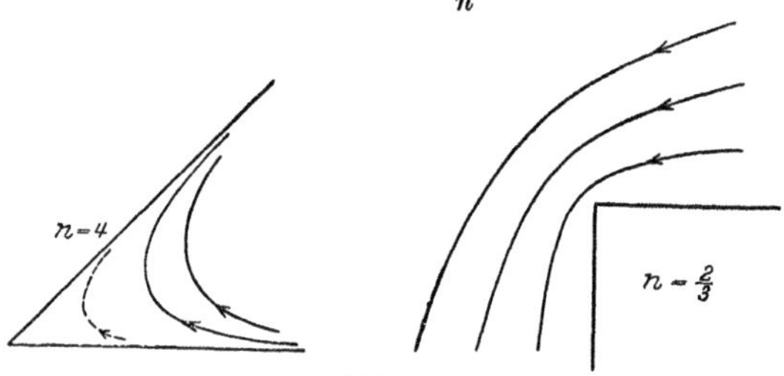

Abb. 34.

Strombilder für $n = 4$ und $n = \frac{2}{3}$, die die Strömung in einer scharfen Ecke bzw. um die Außenseite eines rechten Winkels darstellen.

Man kann jede komplexe Funktion als Potentialfunktion einer wirbelfreien Strömung deuten; die praktisch wichtigen Fälle sind jedoch die, bei denen die Strömung in großem Abstand vom Anfangspunkt in einen gleichförmigen Parallelstrom übergeht. Die Potentialfunktion wird dann so beschaffen sein, daß sie für große Werte von $|z|$ durch die Reihe

$$w = Az + B\ln z + \sum_{1}^{\infty} \frac{A_n}{z^n}$$

ausgedrückt werden kann, wobei die Koeffizienten A, B, A_n komplexe Zahlen sein können.

VI. Die Umformung eines Kreises in ein Tragflügelprofil.

6.1. Konforme Abbildung.

Wir wollen eine Funktion $f(z)$ der komplexen Veränderlichen z betrachten, die in jedem Punkt der z-Ebene einen eindeutigen Wert und einen eindeutigen endlichen Differentialquotienten besitzt, und es seien ξ und η die reellen und imaginären Anteile dieser Funktion:

$$\zeta = \xi + i\eta = f(z)\,.$$

Wir können die Kurven konstanter ξ und η auf der z-Ebene zeichnen; sie werden eine Doppelschar von Kurven bilden, die

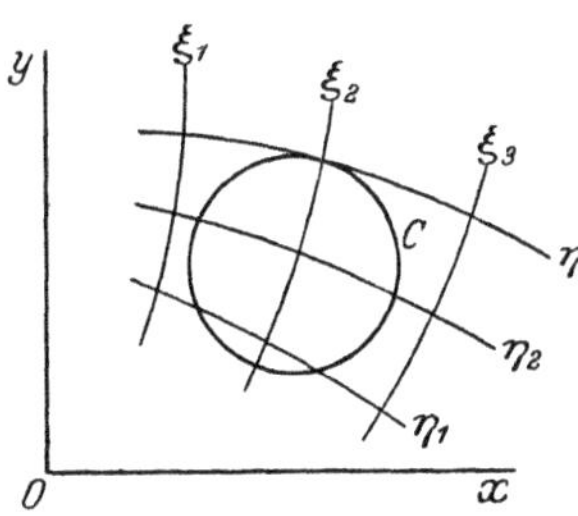

Abb. 35.

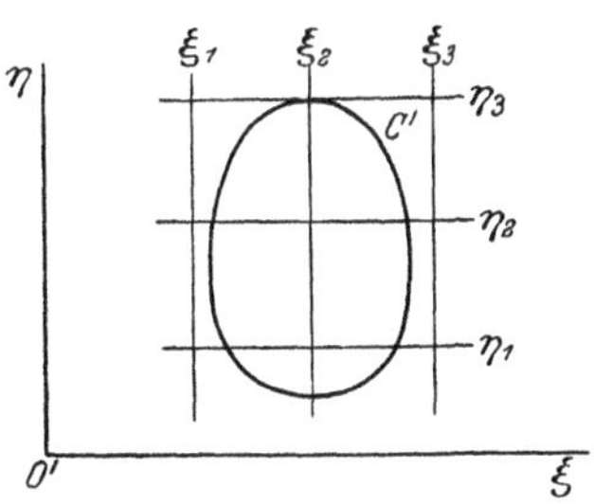

Abb. 36.

sich unter rechten Winkeln schneiden, da ja eben (s. 5.3) gezeigt wurde, daß ξ und η als Geschwindigkeitspotential und Stromfunktion einer wirbelfreien Bewegung aufgefaßt werden können. Andererseits können wir ξ und η als Abszisse und Ordinate eines neuen Koordinatensystems betrachten, für das ζ die komplexe

Veränderliche darstellt; wir können dann irgendeine Kurve C der z-Ebene in die neue ζ-Ebene übertragen. Bei diesem Vorgang wird das Netzwerk der Kurven auf der z-Ebene in ein Netz von zueinander senkrechten Geraden übergeführt, und die Kurve C der z-Ebene wird infolgedessen in einer verzerrten Form C' auf der ζ-Ebene erscheinen.

Es sei PQR ein Elementardreieck der z-Ebene und $P'Q'R'$ das entsprechende, durch eine solche Transformation in der Ebene erhaltene Dreieck. Ferner sei

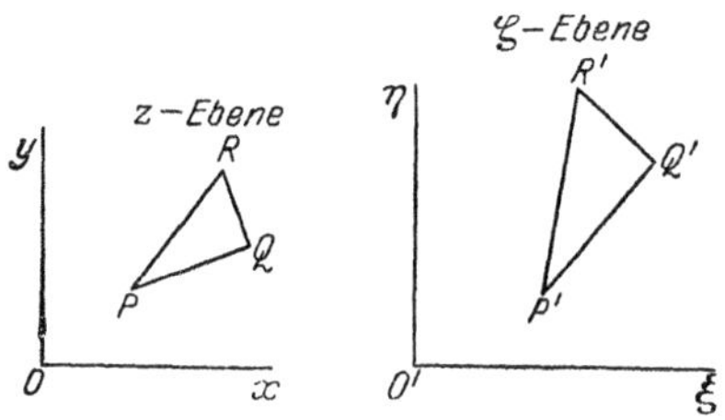

Abb. 37.

$$\frac{d\zeta}{dz} = f'(z) = a\,e^{i\alpha}.$$

Dann werden die elementaren Vektoren PQ (dz) und $P'Q'$ $(d\zeta)$ durch die Gleichung

$$d\zeta = a\,e^{i\alpha} dz$$

verknüpft sein; hieraus ergibt sich

$$|d\zeta| = a\,|dz|,$$

$$\arg d\zeta = \alpha + \arg dz.$$

Die Transformation bewirkt also eine Vergrößerung der Länge des Vektors PQ um den Faktor a oder $\left|\frac{d\zeta}{dz}\right|$ und eine Drehung des Vektors um den Winkel α oder $\arg \frac{d\zeta}{dz}$. Dabei ist jedoch die Bemerkung wichtig, daß die Transformation des Vektors PQ nicht von seiner Richtung, sondern nur von der Lage des Punktes P abhängt. Es folgt, daß das Elementardreieck PQR in ein ähnliches Dreieck transformiert wird, das um den Faktor a vergrößert und um den Winkel α gedreht ist. Eine solche Transformation, bei der die Form der Elementarfiguren erhalten bleibt, heißt konforme Abbildung.

6.1.1. Wir haben der Funktion $f(z)$ die Bedingung auferlegt, daß sie in jedem Punkt der z-Ebene einen eindeutigen Wert besitze; es wird also jeder Punkt eindeutig auf der ζ-Ebene dargestellt werden. Es können jedoch zwei oder mehr Punkte der z-Ebene durch denselben Punkt der ζ-Ebene dargestellt werden. So ergibt z. B. die Abbildung

$$\zeta = z^2$$

denselben Punkt der ζ-Ebene für die beiden Punkte $\pm z$ der z-Ebene. In diesem Falle ist es zweckmäßig, nur die obere Hälfte der z-Ebene zu betrachten, die dann auf die ganze ζ-Ebene abgebildet wird. Die Abbildung ist in Abb. 38 veranschaulicht, wo gleiche Buchstaben entsprechende Punkte bezeichnen; wie man

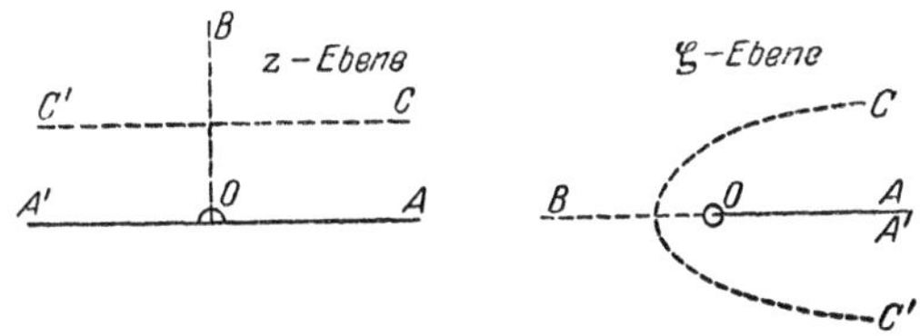

Abb. 38.

sieht, wird die reelle Achse AOA' der z-Ebene in sich selbst zurückgebogen, so daß sie nur den positiven Zweig der reellen Achse der ζ-Ebene gibt. Man kann leicht zeigen, daß die zu den Koordinatenachsen parallelen Geraden in Parabeln umgeformt werden, deren Achsen mit der reellen Achse der ζ-Ebene zusammenfallen.

Wir können jetzt die Abbildungsfunktion verallgemeinern, indem wir die Beschränkung fallen lassen, daß sie in der ganzen Ebene eindeutig sei; denn wir können ja auch die Abbildung eines begrenzten Bereichs der z-Ebene auf einen begrenzten Bereich der ζ-Ebene betrachten. Die Funktion $f(z)$ muß dann nur für diese abgegrenzten Bereiche einen eindeutigen Zusammenhang zwischen z und ζ liefern.

6.1.2. Singuläre Stellen. Das einfache Beispiel einer konformen Abbildung, das in Abb. 38 dargestellt ist, veranschaulicht noch einen weiteren wichtigen Punkt. Durch die konforme Abbildung wird der Winkel zwischen zwei sich schneidenden Linien nicht geändert; in dieser speziellen Abbildung ist jedoch der Winkel $\frac{\pi}{2}$ zwischen den Linien OA und OB der z-Ebene auf π in der ζ-Ebene angewachsen. Die Abbildung ist also im Punkt O nicht mehr konform.

Das Verhältnis zweier Linienelemente auf den beiden Ebenen ist $\left|\frac{d\zeta}{dz}\right|$; es besitzt im allgemeinen einen endlichen Wert. Wenn $\left|\frac{d\zeta}{dz}\right|$ gleich Null wird, dann zieht sich eine kleine, aber endliche Länge der z-Ebene auf der ζ-Ebene zu Null zusammen und umgekehrt, wenn $\left|\frac{d\zeta}{dz}\right|$ unendlich groß wird. Ein Punkt, in dem $\left|\frac{d\zeta}{dz}\right|$ Null oder Unendlich ist, heißt ein singulärer Punkt der Abbildung; in einem solchen Punkt hört die Abbildung auf, konform zu sein.

Wir wollen annehmen, daß $\left|\frac{d\zeta}{dz}\right|$ im Punkte z_0 gleich Null sei. Wenn ζ_0 den entsprechenden Wert von ζ darstellt, können wir die Abbildung in der Form schreiben:

$$\zeta - \zeta_0 = (z - z_0)^n F(z),$$

wo $F(z)$ im Punkt z_0 nicht Null oder Unendlich wird, und wo n größer als Eins ist, damit $\left|\frac{d\zeta}{dz}\right|$ in diesem Punkt zu Null werden

Abb. 39.

kann. Es bewege sich jetzt der betrachtete Punkt auf der z-Ebene auf dem kleinen Kreis

$$z = z_0 + r e^{i\varphi};$$

dann ist die zugehörige Änderung von ζ durch die Gleichung gegeben:

$$\zeta = \zeta_0 + r^n e^{in\varphi} F(z_0).$$

Der betreffende Punkt der ζ-Ebene beschreibt also auch einen Kreisbogen mit einem kleinen Radius, aber der Winkel φ der z-Ebene entspricht einem größeren Winkel $n\varphi$ der ζ-Ebene.

Wenn $\left|\frac{d\zeta}{dz}\right|$ unendlich groß wird, kann man ähnlich vorgehen; dann entsteht aus dem Winkel φ in der z-Ebene ein kleinerer Winkel in der ζ-Ebene.

Ein singulärer Punkt, der auf der Begrenzung des betrachteten Bereichs auftritt, kann durch einen kleinen Kreisbogen ausgeschlossen werden, wie Abb. 38 andeutet; dann wird die Abbildung für alle Punkte des Bereichs konform. Der Kreisbogen kann überdies unendlich klein gemacht werden, so daß also ein singulärer Punkt auf der Grenze des Bereichs die Gültigkeit der Abbildung nicht zu zerstören braucht. Es ist jedoch wesentlich, daß in dem abzubildenden Gebiet kein singulärer Punkt vorkommt; auch ein singulärer Punkt auf der Begrenzung muß gewisse Bedingungen erfüllen.

Wir wollen den speziellen Fall der Umformung eines Kreises in ein Tragflügelprofil betrachten und annehmen, daß auf dem Kreisumfang bei z_0 ein singulärer Punkt vorhanden sei. Wenn die Abbildung in der Nähe dieses Punktes die Form

$$\zeta = \zeta_0 + (z - z_0)^n F(z)$$

hat, dann wird der Außenwinkel π des Kreises bei z_0 in den Außenwinkel $n\pi$ des Tragflügelprofils bei ζ_0 übergeführt. Es ist

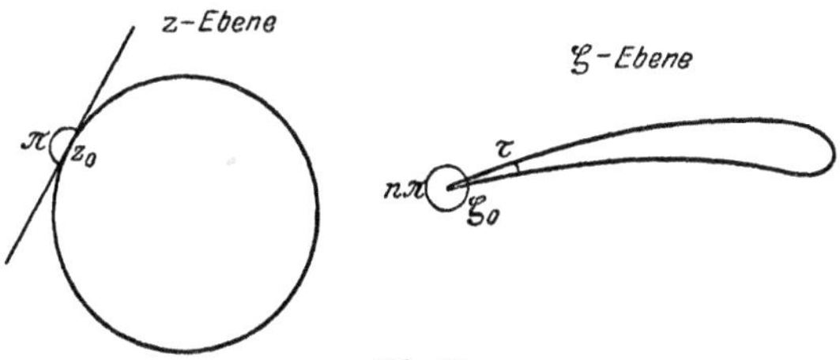

Abb. 40.

sofort ersichtlich, daß der Wert von n nicht größer als 2 sein darf, und daß er, damit man eine typische Tragflügelform erhält, nur wenig unter diesem Wert liegen soll. Wenn τ der Winkel ist, unter dem sich die Ober- und Unterfläche des Profils an der Hinterkante treffen, dann bestimmt sich der Wert von n aus der Gleichung

$$\tau = (2 - n)\pi .$$

In dem Sonderfall $n = 2$ wird das Profil einen Rückkehrpunkt an der Hinterkante besitzen.

6.1.3. Abbildung von Strömungen. Die Strömung um einen beliebigen Körper oder eine einfache geschlossene Kurve C der z-Ebene ist durch die Potentialfunktion $w = \Phi + i\Psi$ bestimmt und wird durch Äquipotential- und Stromlinien dargestellt. Diese charakteristischen Linien bilden ein Orthogonalsystem, und nach einer Abbildung auf die ζ-Ebene werden sie auch dort ein Orthogonalsystem bilden, das mit einer einfachen geschlossenen Kurve C' verknüpft ist. Die konforme Abbildung, die die Kurve C in die Kurve C' überführt, führt also auch die Strömung um C in die Strömung um C' über.

Die Geschwindigkeitskomponenten c'_x und c'_y in irgendeinem Punkt der ζ-Ebene werden gegeben durch die Gleichung

$$c'_x - i c'_y = \frac{dw}{d\zeta} = \frac{dw}{dz} \cdot \frac{dz}{d\zeta} = (c_x - i c_y) \frac{dz}{d\zeta}.$$

Die resultierenden Geschwindigkeiten c' und c in entsprechenden Punkten der beiden Ebenen sind durch die Beziehung verknüpft:

$$c' = c \left| \frac{dz}{d\zeta} \right|.$$

$\left| \frac{dz}{d\zeta} \right|$ hat im allgemeinen endliche, von Null verschiedene Werte; in einem singulären Punkt kann jedoch einer endlichen Geschwindigkeit in der einen Ebene eine unendlich große Geschwindigkeit in der andern entsprechen. So führt z. B. in Abb. 40 ein endlicher Wert der Geschwindigkeit c im Punkt z_0 zu einer unendlich großen Geschwindigkeit c' im Punkt ζ_0 des Tragflügelprofils.

Die wirbelfreie Strömung um einen Kreis ist bekannt; damit ist es jetzt möglich, den Kreis in irgendein gegebenes Tragflügelprofil zu transformieren. Die Strömung um irgendeinen Tragflügelquerschnitt kann also mittels konformer Abbildung gewonnen werden, und die Aufgabe, diese Strömung zu bestimmen, kann man also zurückführen auf die Bestimmung der konformen Abbildung des Tragflügelprofils auf den Kreis.

6.2. Gerade und Kreis.

Ein interessantes und wichtiges Beispiel der konformen Abbildung einer Strömung ist Anwendung der Abbildung

$$\zeta = z + \frac{a^2}{z}$$

auf den Kreis $|z| = a$. Der allgemeine Punkt $z = re^{i\varphi}$ geht in einen Punkt über mit den Koordinaten:

$$\xi = \left(r + \frac{a^2}{r}\right) \cos\varphi$$

$$\eta = \left(r - \frac{a^2}{r}\right) \sin\varphi.$$

Es folgt hieraus sofort, daß der Kreis $r = a$ der z-Ebene in den Teil der reellen Achse übergeführt wird, der zwischen den Punkten $\xi = \pm 2a$ liegt.

Die Abbildung läßt eine einfache geometrische Deutung zu. Die komplexe Veränderliche z stellt den Vektor OP von der Länge r und mit dem Winkel φ gegen die reelle Achse dar. Ähnlich stellt $\frac{a^2}{z}$ oder $\frac{a^2}{r}(\cos\varphi - i\sin\varphi)$ den Vektor OP_1 mit der Länge $\frac{a^2}{r}$ und dem Winkel $-\varphi$ gegen die reelle Achse dar; die Lage von P_1 können wir durch den doppelten Vorgang der Inversion in bezug auf den Kreis $r = a$ und der Spiegelung an der reellen Achse erhalten. Den Vektor OP', der die komplexe Veränderliche ζ darstellt, erhält man schließlich, wenn man die Vektoren OP und OP_1 geometrisch addiert oder das Parallelogramm POP_1P' vervollständigt.

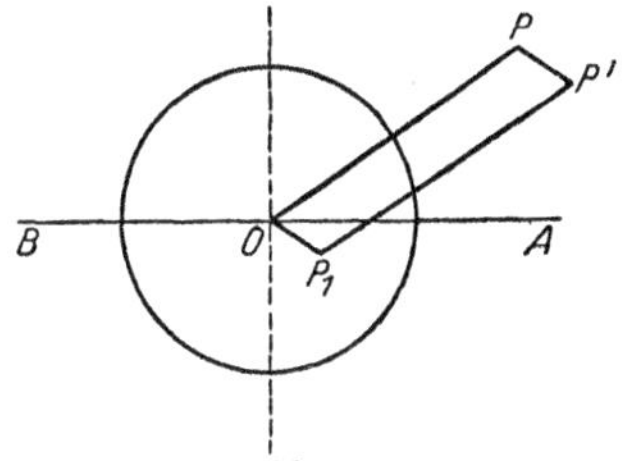

Abb. 41.

Durch diese geometrische Methode oder durch unmittelbare Anwendung der Abbildungsgleichungen kann man aus den Stromlinien der Strömung um den Kreis die entsprechende Strömung um die gerade Linie bekommen.

6.2.1. Die Potentialfunktion für einen Parallelstrom in der ζ-Ebene parallel zum negativen Zweig der reellen Achse ist

$$w = -c_0\zeta .$$

Sie stellt den Strom längs der Geraden AB dar. Wenn wir auf die z-Ebene abbilden, öffnet sich die Linie AB zu einem Kreis; die Strömung um diesen Kreis hat die Potentialfunktion

$$w = -c_0\zeta = -c_0\left(z + \frac{a^2}{z}\right).$$

Wir erhalten also durch konforme Abbildung sofort ein Ergebnis, dessen Auffindung uns oben viel mehr Mühe gemacht hat.

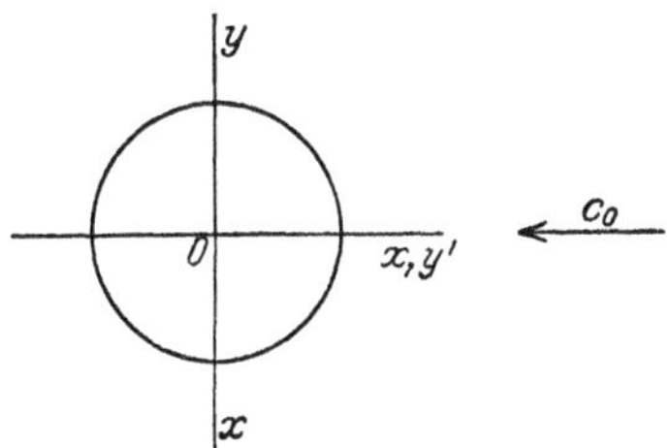

Abb. 42.

6.2.2. Die Vertikalströmung um einen Kreis können wir aus der Horizontalströmung bekommen durch die Abbildung

$$z' = iz .$$

Sie entspricht einem Zurückdrehen der Achsen um einen rechten Winkel. Die Potentialfunktion wird

$$w = ic_0\left(z' - \frac{a^2}{z'}\right).$$

Die Potentialfunktion für einen Parallelstrom c_0 in Richtung der negativen imaginären Achse des ursprünglichen Systems lautet dann

$$w = i c_0 \left(z - \frac{a^2}{z}\right).$$

6.2.3. Wenn wir den Kreis wieder auf eine gerade Strecke zurücktransformieren, so erhalten wir die Potentialfunktion für die Strömung senkrecht zu dieser Strecke in der Form

$$w = i c_0 \sqrt{\zeta^2 - 4a^2}\,.$$

Dieses Ergebnis formen wir zweckmäßig durch die Substitution

$$\zeta = \frac{b}{2} \sin(\lambda + i\mu)$$

um, wobei $b = 4a$ gesetzt ist und die Spannweite der Strecke bedeutet. Mit dieser Substitution wird:

$$\xi = \frac{b}{2} \sin\lambda \,\mathfrak{Cof}\,\mu\,,$$

$$\eta = c_0 \cos\lambda \,\mathfrak{Sin}\,\mu\,.$$

Die Strecke selbst wird dargestellt durch die Werte $\mu = 0$ und $\lambda = 0$ bis 2π. Die Potentialfunktion wird:

$$w = -c_0 \frac{b}{2} \cos(\lambda + i\mu)\,.$$

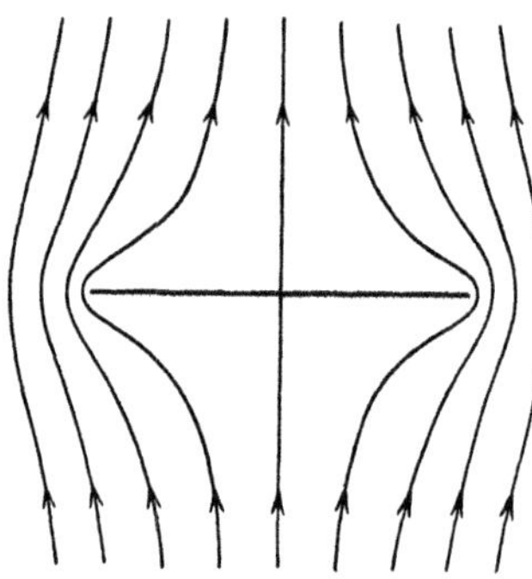

Abb. 43.

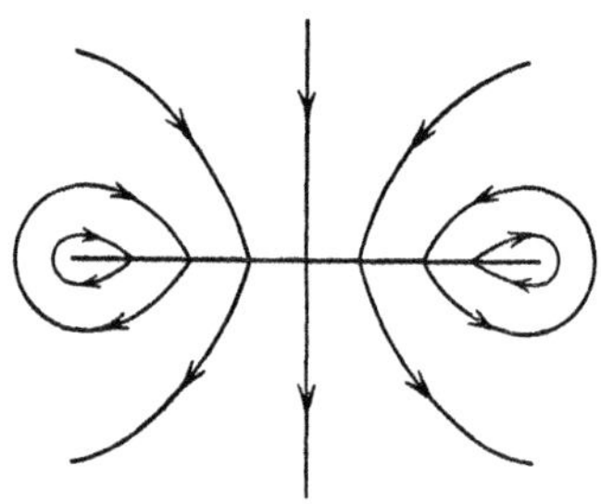

Abb. 44.

Die Stromfunktion ergibt sich zu

$$\Psi = c_0 \frac{b}{2} \sin\lambda \,\mathfrak{Sin}\,\mu\,.$$

Die Stromlinien dieser Strömung sind in Abb. 43 gezeichnet und stellen die Strömung relativ zu der geraden Strecke dar. Die

Strömung relativ zur Hauptmasse der Flüssigkeit können wir einfach dadurch ableiten, daß wir in jedem Punkt die Vertikalgeschwindigkeit c_0 zufügen; das dadurch entstehende Strombild ist in Abb. 44 dargestellt. Diese Stromlinien stellen die Bewegung dar, die in der Flüssigkeit verursacht wird, wenn sich die Strecke senkrecht zu sich selbst mit der Geschwindigkeit c_0 bewegt.

6.3. Tragflügelprofil und Kreis.

Um das Strombild um einen Tragflügel zu bekommen, müssen wir die konforme Abbildung bestimmen, die das Profil in der Weise in einen Kreis überführt, daß das Gebiet im Unendlichen nicht geändert wird[1]. Für ein gegebenes Tragflügelprofil in der ζ-Ebene gibt es eine eindeutige konforme Abbildung, die das Gebiet außerhalb eines Tragflügels in das Gebiet außerhalb eines Kreises in der z-Ebene überführt; dieser Kreis ist auch nach Größe und Lage eindeutig bestimmt. Diese konforme Abbildung hat folgende Form:

$$z = \zeta + \frac{A_1}{\zeta} + \frac{A_2}{\zeta^2} + \cdots,$$

worin die Koeffizienten A_1, $A_2, \ldots$ im allgemeinen komplexe Zahlen sind.

Umgekehrt kann ein Kreis der ζ-Ebene in ein Tragflügelprofil in der z-Ebene übergeführt werden durch eine konforme Abbildung von der Form

$$\zeta = z + \frac{a_1}{z} + \frac{a_2}{z^2} + \cdots;$$

durch passende Wahl des Kreises und der Koeffizienten $a_1, a_2, \ldots$ kann man jedes gegebene Profil erhalten. Für die Koeffizienten bestehen keine Beschränkungen, jedoch muß der Kreis alle die singulären Punkte der Abbildung, in denen $\left|\frac{d\zeta}{dz}\right|$ Null oder Unendlich wird, einschließen. Die allgemeine Abbildung liefert

$$\frac{d\zeta}{dz} = 1 - \frac{a_1}{z^2} - \frac{2a_2}{z^3} - \cdots.$$

Dieser Ausdruck wird nur im Anfangspunkt Unendlich, kann aber in einer Anzahl von Punkten z_1, z_2, ... zu Null werden.

[1] Die allgemeine Theorie wurde von R. v. Mises entwickelt: ZFM 1917 u. 1920, „Zur Theorie des Tragflächenauftriebes“.

6.3.1. Die Hypothese von Joukowski. Die allgemeine Strömung um einen Kreis enthält einen willkürlichen Parameter, nämlich die Zirkulation Z der Strömung um den Kreis; dieser Parameter bleibt auch willkürlich, wenn die Strömung auf eine Strömung um einen Tragflügel transformiert ist. Ein Tragflügelprofil hat nun gewöhnlich an der Hinterkante nur einen sehr kleinen Krümmungsradius; für die Entwicklung der Tragflügeltheorie ist es zweckmäßig, die Annahme zu machen, daß die Ober- und Unterfläche des Profils an der Hinterkante unter einem scharfen Winkel zusammenlaufen. Der Punkt B des Kreises, der als Hinterkante des Profils erscheint, wird dann für $\frac{d\zeta}{dz}$ den Wert Null liefern; wenn nun die Geschwindigkeit c im Punkt B des Kreises einen endlichen Wert hat, so muß die entsprechende Geschwindigkeit c' an der Hinterkante des Profils unendlich groß werden, denn

$$c' = c\left|\frac{dz}{d\zeta}\right|.$$

Um diese unendliche Geschwindigkeit an der Hinterkante zu vermeiden, schlägt Joukowski vor, die Zirkulation Z so zu wählen, daß der Punkt B ein Staupunkt für die Strömung um den Kreis ist und die Geschwindigkeit c gleich Null wird. Die Strömung um das Profil erfolgt dann so, daß sie die Hinterkante in Richtung der Winkelhalbierenden verläßt und die Geschwindigkeit in allen Punkten endlich bleibt.

Die Hypothese von Joukowski bestimmt die Zirkulation Z eindeutig, wenn das Profil eine scharfe Hinterkante besitzt, was wir immer annehmen wollen. Die kritische Erörterung der Joukowskischen Hypothese behalten wir einem späteren Kapitel (s. 9.3) vor.

6.3.2. Wenn die Transformationsformel durch die endliche Reihe

$$\zeta = z + \frac{a_1}{z} + \frac{a_2}{z^2} + \cdots + \frac{a_{n-1}}{z^{n-1}}$$

gegeben wird, dann bestimmen sich die singulären Punkte aus der Gleichung

$$\begin{aligned}\frac{d\zeta}{dz} &= 1 - \frac{a_1}{z^2} - \frac{2a_2}{z^3} - \cdots - \frac{(n-1)\,a_{n-1}}{z^n}\\ &= \left(1 - \frac{z_1}{z}\right)\left(1 - \frac{z_2}{z}\right)\cdots\left(1 - \frac{z_n}{z}\right).\end{aligned}$$

Durch Ausmultiplizieren ergibt sich

$$\sum z_i = 0\,,$$

$$\sum_{i \neq k} z_i z_k = -a_1 \text{ usw.}$$

Die Gleichung $\sum z_i = 0$ zeigt, daß der Anfangspunkt als Mittelpunkt der singulären Punkte gewählt wurde; die Richtung der Achsen ist jedoch noch unbestimmt. Der Kreis, der in das Profil übergeführt werden soll, muß aber alle singulären Punkte umfassen, damit die Abbildung konform wird. Andererseits ist das Hinterende eines Profils annähernd eine scharfe Kante, und um diese Eigenschaft des Profils zu bekommen, muß einer der singulären Punkte B gerade auf dem Kreisumfang liegen. Als reelle Achse wählt man zweckmäßig die Linie BO.

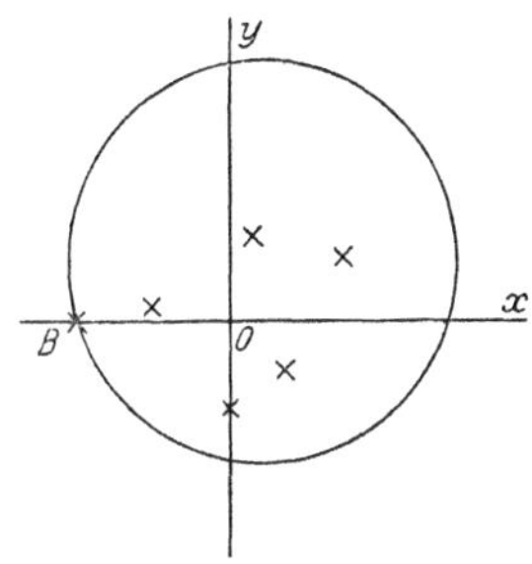

Abb. 45.

Wir können jetzt den Vorgang bei der Konstruktion eines Profils allgemein beschreiben. Man wähle n Punkte der z-Ebene, die die Nullstellen der Abbildung sein sollen, und nehme als Anfangspunkt O den Mittelpunkt dieser Nullstellen. Man schlage dann irgendeinen Kreis, der durch eine der Nullstellen B hindurchgeht und die übrigen einschließt. Wenn man dann BO als x-Achse nimmt und wenn $z_1, z_2, \ldots$ die komplexen Koordinaten der Nullstellen sind, dann lautet die Abbildung:

$$\frac{d\zeta}{dz} = \left(1 - \frac{z_1}{z}\right)\left(1 - \frac{z_2}{z}\right)\cdots\left(1 - \frac{z_n}{z}\right).$$

Wenn man verschiedene Kreise und verschiedene Nullstellen wählt, kann man eine unendliche Mannigfaltigkeit von Profilen ableiten. In jedem Fall wird der Punkt B des Kreises in die Hinterkante des Profils übergeführt; nach 6.12 sieht man, daß die Ober- und Unterfläche des Profils an der Hinterkante eine gemeinsame Tangente besitzen.

6.3.3. Im allgemeinsten Fall ist die Abbildungsfunktion die unendliche Reihe

$$\zeta = z + \frac{a_1}{z} + \frac{a_2}{z^2} + \cdots$$

oder

$$\frac{d\zeta}{dz} = 1 - \frac{a_1}{z^2} - \frac{2a_2}{z^3} - \cdots$$

Der Kreis, der in ein Profil übergeführt werden soll, muß so beschaffen sein, daß $\frac{d\zeta}{dz}$ außerhalb des Kreises nirgends verschwindet oder Unendlich wird. Wenn der Tragflügel eine scharfe Hinterkante haben soll, dann muß ein Nullwert von $\frac{d\zeta}{dz}$ auf dem Umfang des Kreises im Punkte $B(z = z_i)$ liegen.

Die Abbildung kann dann in der Form

$$\frac{d\zeta}{dz} = \left(1 - \frac{z_i}{z}\right)^{n-1} f(z)$$

geschrieben werden, wo $f(z)$ in allen Punkten auf dem Kreisumfang und außerhalb davon einen von Null verschiedenen, endlichen Wert besitzt. In der Nachbarschaft der Nullstelle B wird die Abbildung die Form haben

$$\zeta = \zeta_0 + (z - z_i)^n F(z) .$$

Aus 6.12 folgt, daß die Ober- und Unterfläche des Profils unter dem Winkel

$$\tau = (2 - n)\pi$$

aufeinandertreffen.

Um Profile mit üblicher Form zu gewinnen, muß man also n wenig unter 2 wählen; wenn n bis zu diesem Grenzwert ansteigt, haben Ober- und Unterfläche des Profils an der Hinterkante eine gemeinsame Tangente.

6.4. Die Joukowski-Transformation.

Die einfachste Abbildungsfunktion enthält zwei Nullstellen A und B; in Übereinstimmung mit der allgemeinen Theorie wählen wir die Verbindungslinie dieser beiden Punkte als reelle Achse und den Mittelpunkt von AB als Anfangspunkt O. Die Koordinaten der Nullstellen sind dann $z = \pm a$, und die Abbildungsfunktion lautet:

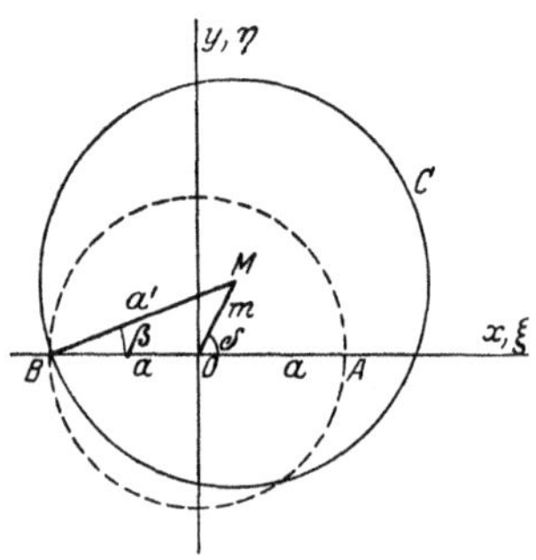

Abb. 46.

$$\frac{d\zeta}{dz} = \left(1 - \frac{a}{z}\right)\left(1 + \frac{a}{z}\right) = 1 - \frac{a^2}{z^2}$$

oder

$$\zeta = z + \frac{a^2}{z} .$$

Einige spezielle Anwendungen dieser Abbildung haben wir in 6.2 betrachtet, wo wir zeigten, daß der Kreis mit AB als Durchmesser in den zwischen den Punkten $\xi = \pm 2a$ gelegenen Teil der reellen Achse übergeht. Die Abbildung kann jedoch allgemeiner auf jeden Kreis angewandt werden, der die Punkte A und B umschließt. Um jedoch ein Profil mit scharfer Hinterkante zu bekommen, muß man den Kreis C so wählen, daß er durch den Punkt B geht. Wenn der Kreis ein wenig größer ist, so daß der Punkt B gerade innerhalb des Kreisumfangs liegt, dann bekommt man ein Profil mit gerundeter Hinterkante; jedoch ist es dann nicht mehr möglich, die Zirkulation mittels der Joukowskischen Hypothese eindeutig zu bestimmen.

Den Kreis C werden wir festlegen durch seinen Radius a' und den Winkel β zwischen der reellen Achse und der Verbindungslinie des Punktes B mit dem Mittelpunkt M des Kreises. Um eine übliche Profilform zu bekommen, muß der Winkel β klein und der Radius a' nur wenig größer als $a/\cos\beta$ gewählt werden. Die Lage des Kreismittelpunktes können wir auch angeben durch die Länge m der Linie OM und den Winkel δ, den diese Strecke mit der reellen Achse bildet. Die komplexe Koordinate des Mittelpunktes M läßt sich dann in den verschiedenen Formen schreiben:

$$z = m e^{i\delta} = a' e^{i\beta} - a.$$

6.4.1. Kreisbogenprofile[1]. Wir betrachten zunächst den Fall, daß der Mittelpunkt M auf der y-Achse liegt, so daß der Kreis C durch beide Nullstellen A und B hindurchgeht und der Radius des Kreises $a' = a/\cos\beta$ ist. Der allgemeine Punkt P des Kreises hat die komplexe Koordinate $z = re^{i\varphi}$; nach der Abbildung wird dieser Punkt

$$\xi = \left(r + \frac{a^2}{r}\right)\cos\varphi$$

$$\eta = \left(r - \frac{a^2}{r}\right)\sin\varphi.$$

Wenn wir hieraus r eliminieren, wird

$$\xi^2 \sin^2\varphi - \eta^2 \cos^2\varphi = 4a^2 \sin^2\varphi \cos^2\varphi.$$

---

[1] Kreisbogenprofile wurden behandelt von W. M. Kutta: Auftriebskräfte in strömenden Flüssigkeiten. Illustr. aeronaut. Mitt. 1902. — Über eine mit den Grundlagen des Flugproblems in Beziehung stehende zweidimensionale Strömung. Ber. d. bayr. Akad. d. Wiss. 1910.

Aus dem Dreieck OPM ergibt sich

$$\frac{a^2}{\cos^2\beta} = a'^2 = r^2 + a^2 \operatorname{tg}^2\beta - 2ra \operatorname{tg}\beta \sin\varphi$$

oder

$$r^2 - a^2 = 2ra \operatorname{tg}\beta \sin\varphi,$$

und hieraus

$$\eta = \frac{r^2 - a^2}{r} \sin\varphi = 2a \operatorname{tg}\beta \sin^2\varphi.$$

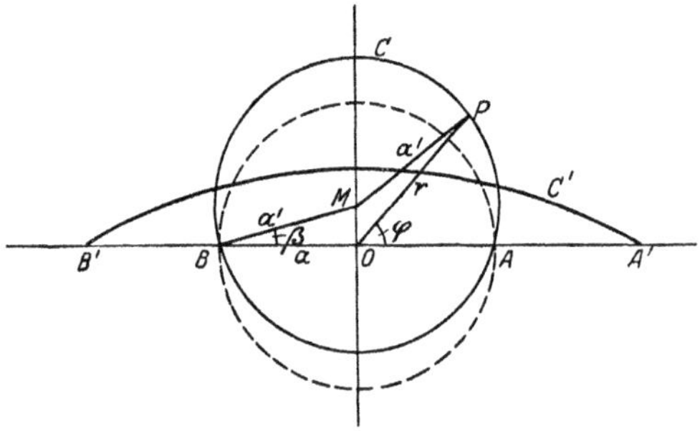

Abb. 47.

Wenn man schließlich den Winkel φ eliminiert, so bekommt man für die transformierte Kurve C':

$$\xi^2 + (\eta + 2a \operatorname{ctg} 2\beta)^2 = \left(\frac{2a}{\sin 2\beta}\right)^2.$$

Das ist die Gleichung eines Kreises; da jedoch gezeigt wurde, daß η proportional $\sin^2\varphi$ ist, so folgt, daß die Kurve C' nur aus dem Kreisbogen besteht, der oberhalb der reellen Achse liegt. Die oberen und unteren Teile des Umfangs des Kreises C bilden die Ober- und Unterfläche dieses Kreisbogens. Die Endpunkte A' und B' des Kreisbogens sind die Punkte $\xi = \pm 2a$. Die größte Ordinate ist $\eta = 2a \operatorname{tg}\beta$, also gerade das Doppelte von OM. Die Wölbung dieses Kreisbogens, die als Quotient aus der maximalen Ordinate und der Sehnenlänge definiert wird, ist infolgedessen gleich $\frac{1}{2}\operatorname{tg}\beta$.

6.4.2. Symmetrische Profile. Wenn der Mittelpunkt M des Kreises C auf der x-Achse gewählt wird und wenn der Radius a' wenig größer als die Grundlänge a ist, dann wird der Kreis in ein symmetrisches Profil übergeführt.

Wenn wir schreiben $a' = a(1+\varepsilon)$, wo ε eine kleine Größe ist, dann ist die Koordinate der Vorderkante des Profils

$$\xi = a(1+2\varepsilon) + \frac{a}{1+2\varepsilon} = 2a(1+2\varepsilon^2+\cdots).$$

Da das Hinterende des Profils durch den Punkt $\xi = -2a$ bezeichnet wird, so ist die Sehne des Profils in großer Annäherung gleich $4a\,(1+\varepsilon^2)$; für die meisten Zwecke ist es genügend genau, das Quadrat von ε zu vernachlässigen und die Sehne gleich $4a$ zu setzen.

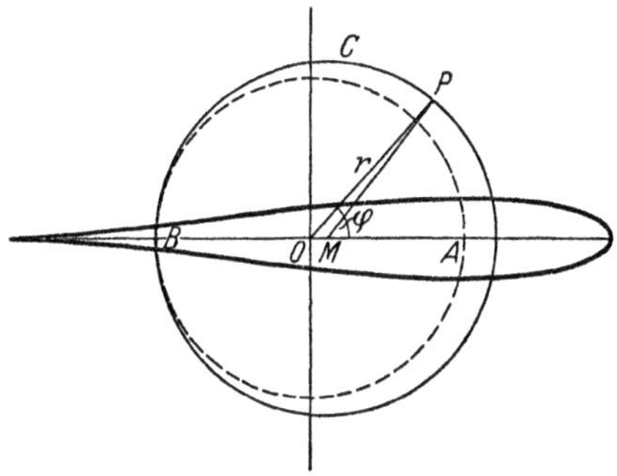

Abb. 48.

Im allgemeinen Punkt P des Kreises gilt

$$a'^2 = r^2 + (a'-a)^2 - 2r(a'-a)\cos\varphi,$$

und wenn hierin wir nur die erste Potenz von ε behalten, wird

$$r = a\{1+\varepsilon(1+\cos\varphi)\}.$$

Hieraus folgt

$$\xi = \left(r + \frac{a^2}{r}\right)\cos\varphi = 2a\cos\varphi,$$

$$\eta = \left(r - \frac{a^2}{r}\right)\sin\varphi = 2a\varepsilon(1+\cos\varphi)\sin\varphi.$$

Mit Hilfe dieser Gleichungen können wir das symmetrische Profil konstruieren. Die Dicke des Profils im Mittelpunkt ist gleich dem doppelten Wert von η für $\varphi = \frac{\pi}{2}$, also

$$d_m = 4a\cdot\varepsilon.$$

Die maximale Dicke tritt auf für $\cos\varphi = \frac{1}{2}$, d. h. an dem Punkt, der um ein Viertel der Sehnenlänge von der Vorderkante entfernt ist; sie hat den Wert

$$d_{\max} = 4a\,\frac{3\sqrt{3}}{4}\,\varepsilon.$$

Die gerade Linie von der Länge $4a$, die wir in 6.2 betrachtet haben, können wir als die Mittel- oder Nullinie des symmetrischen Profils ansehen. Die Dicke der Profile ist proportional ε, und für $\varepsilon = 0{,}1$

ergibt sich eine maximale Dicke vom 0,13fachen der Sehnenlänge. Dieser Wert wird in der Praxis selten überschritten, und die Vernachlässigung des ε^2 in dem Ausdruck für die Sehne wird deshalb einen Fehler verursachen, der unter 1% bleibt.

6.4.3. Joukowski-Profile[1]. Im allgemeinen Fall müssen wir den Mittelpunkt M des Kreises C so wählen wie in Abb. 46 oder in Abb. 49. Wenn BM die y-Achse bei M_0 schneidet, so wird der Kreis C_0 mit dem Mittelpunkt M_0 und dem Radius M_0B in einen Kreisbogen übergeführt, während der Kreis C in ein Profil übergeführt wird. Der Kreisbogen wird zur Mittellinie des Profils,

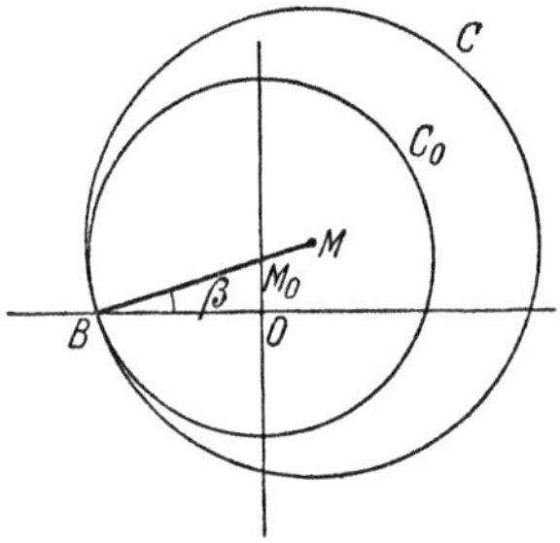

Abb. 49.

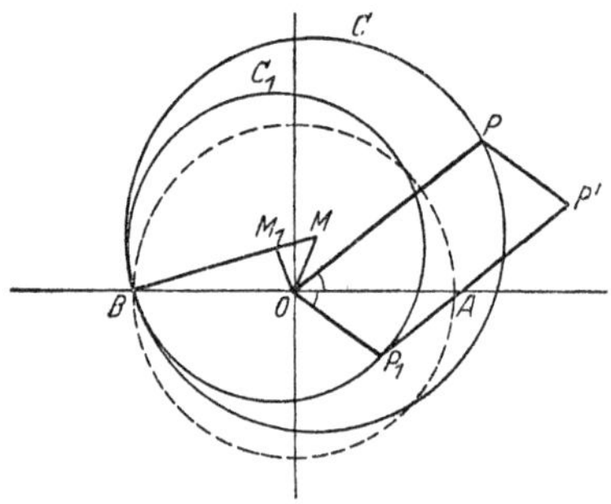

Abb. 50.

und wir können dann das Profil als ein symmetrisches Profil ansehen, dessen Mittellinie in einen Kreisbogen mit der Wölbung $\frac{1}{2}\,\mathrm{tg}\,\beta$ verbogen worden ist. Die Dicke des Profils ist proportional der Länge MM_0. Die Form eines Joukowski-Profils hängt also von den beiden Parametern β und $\frac{a'}{a}$ ab, die die Wölbung der Mittellinie bzw. die Dicke des Profils bestimmen.

Die Form eines Joukowski-Profils kann durch eine einfache geometrische Konstruktion gewonnen werden[2]. Die Methode, mit der man den Punkt P' aus dem entsprechenden Punkt P ableitet, ist in 6.2 entwickelt worden. Man bestimmt zunächst einen Hilfspunkt P_1 durch Inversion in bezug auf den Kreis mit AB als Durchmesser und durch Spiegelung an AB, dann erhält man P'

---

[1] Diese Art von Profilen wurde von Joukowski eingeführt: Über die Konturen der Tragflächen der Drachenflieger. ZFM 1910.

[2] Trefftz, E.: Graphische Konstruktion Joukowskischer Tragflächen. ZFM 1913.

durch Vervollständigung des Parallelogramms POP_1P'. Die Inversion des Kreises C ergibt aber einen anderen Kreis mit dem Mittelpunkt auf der Linie MO. Nach der Spiegelung wird der Mittelpunkt dieses Hilfskreises C_1 auf der Geraden liegen, die das Spiegelbild von OM in bezug auf AB oder auch die y-Achse ist. Wenn man die Verhältnisse bei Punkt B betrachtet, so folgt auch, daß der Hilfskreis C_1 den ursprünglichen Kreis C in B berühren muß; der Mittelpunkt M_1 des Hilfskreises wird also der Punkt der Linie BM, für den OM und OM_1 gleiche Winkel mit der y-Achse bilden.

Entsprechende Punkte P und P_1 auf den Kreisen C und C_1 können wir jetzt konstruieren, wenn wir zunächst vom Anfangspunkt O aus Strahlen nach entgegengesetzten Seiten der x-Achse ziehen, die mit ihr gleiche Winkel bilden; den Punkt P' des Profils bekommen wir dann, indem wir das Parallelogramm POP_1P' vervollständigen. Wir erhalten die Form des Profils, indem wir die Konstruktion für eine Anzahl von Punkten auf dem Umfang des Kreises wiederholen.

6. 5. Die allgemeine Transformation.

Die Joukowski-Transformation enthält zwei Nullstellen und führt auf eine zweifach unendliche Mannigfaltigkeit von Profilen. Eine allgemeinere Transformationsformel, die drei oder mehr Nullstellen enthält, führt zu einer größeren Mannigfaltigkeit von Profilen. Die dadurch ableitbaren Profile sind von R. v. Mises[1] und W. Müller[2] untersucht worden. Diese Transformation führt jedoch nur zu Tragflügeln mit einer einzigen Endtangente an der Hinterkante; eine wichtigere Verallgemeinerung der Joukowski-Transformation ist jene, die zu einem Profil führt, dessen Ober- und Unterfläche sich an der Hinterkante unter einem endlichen Winkel treffen.

Die Joukowski-Transformation

$$\zeta = z + \frac{a^2}{z}$$

können wir in der Form schreiben:

$$\frac{\zeta + 2a}{\zeta - 2a} = \left(\frac{z + a}{z - a}\right)^2.$$

[1] Zur Theorie des Tragflächenauftriebes. ZFM 1920.
[2] Zur Konstruktion von Tragflächenprofilen. ZAMM 1924.

In der Nähe der Nullstelle B wird näherungsweise

$$\zeta + 2a = -\frac{(z+a)^2}{a}.$$

Um einen endlichen Winkel τ an der Hinterkante des Profils zu bekommen, muß die Transformation in diesem Gebiet die Form haben (s. 6.12):

$$\zeta - \zeta_0 = (z - z_0)^n \cdot F(z),$$

dabei muß n den Wert

$$n = 2 - \frac{\tau}{\pi}$$

besitzen.

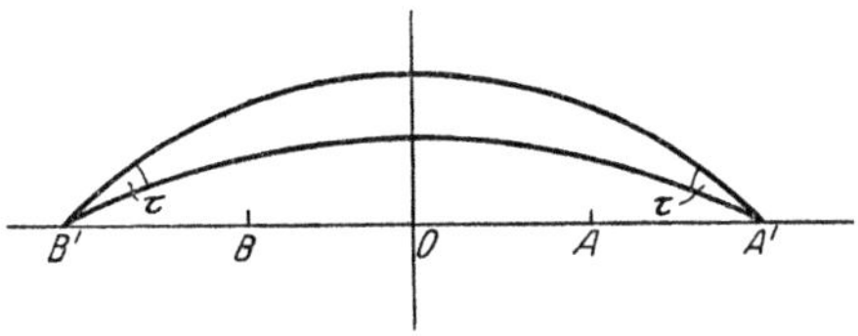

Abb. 51.

Diese Form erhält man, wenn man die Joukowski-Transformation in folgender Weise verallgemeinert:

$$\frac{\zeta + n a}{\zeta - n a} = \left(\frac{z+a}{z-a}\right)^n.$$

Diese Transformation hat zwei Nullstellen $z = \pm a$. Die Mittellinie des Profils wird aber jetzt durch zwei Kreisbogen[1] gebildet, die sich unter dem Winkel τ treffen. Die Sehne des Profils ist $2na$. Die Transformation kann auch als unendliche Reihe geschrieben werden, deren erste Glieder lauten:

$$\zeta = z + \frac{n^2 - 1}{3} \cdot \frac{a^2}{z} + \cdots.$$

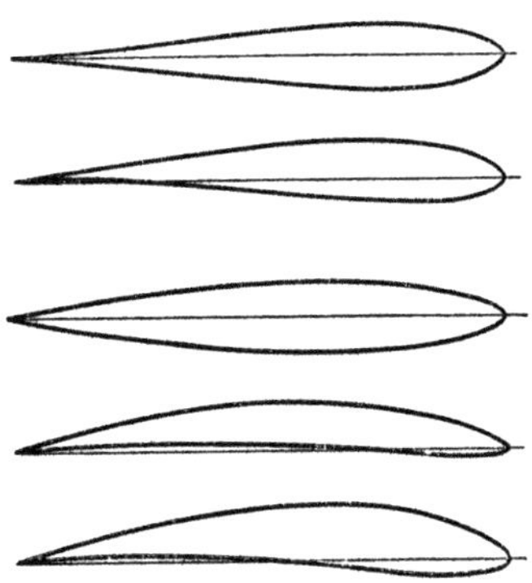
Abb. 52.

Für Profile dieser Art gibt es keine einfache geometrische Konstruktion, und auch die Berechnung schon eines symmetrischen

[1] Der Doppelkreisbogen als Mittellinie des Tragflügels wurde von W. M. Kutta vorgeschlagen: Über ebene Zirkulationsströmungen. Ber. d. bayr. Akad. d. Wiss. 1911. Die Transformation wurde von T. v. Kármán und E. Trefftz untersucht: Potentialströmung um gegebene Tragflächenquerschnitte. ZFM 1918, und von Müller: Zur Konstruktion von Tragflächenprofilen. ZAMM 1924.

Profils ist ziemlich verwickelt[1]. Die Profile dieses verallgemeinerten Joukowski-Typus enthalten drei willkürliche Parameter, die die Wölbung, die Dicke und den Winkel an der Hinterkante bestimmen; durch diese Methode kann man eine große Mannigfaltigkeit von Profilquerschnitten entwickeln, die als Flugzeugtragflügel brauchbar sind. Einige typische Profilquerschnitte von Joukowskischem und verallgemeinertem Typus zeigt Abb. 52.

VII. Der Tragflügel in zwei Dimensionen.

7.1. Allgemeine Beziehungen für Auftrieb und Moment.

Wenn die Potentialfunktion w der Strömung um irgendeinen Körper in Abhängigkeit von der komplexen Variabeln z bekannt ist, dann kann man einfache analytische Ausdrücke aufstellen für die Kraft und das Moment, die auf den Körper wirken. Wir wollen einmal die Bewegung der Flüssigkeit zwischen der Körperoberfläche und irgendeiner einfach geschlossenen Kurve C betrachten, die den Körper umgibt. Wenn X und Y die Komponenten der auf den Körper wirkenden Kraft sind, so wird die Flüssigkeit eine gleich große, aber entgegengesetzt gerichtete Reaktion von der Körperoberfläche her erhalten; dazu kommen die Druckkräfte, die senkrecht zur Kurve C wirken. Diese Kraftkomponenten gleichen die Impulserhöhung aus, die die Flüssigkeit erfahren hat, wenn sie das betrachtete Gebiet verläßt; damit erhalten wir

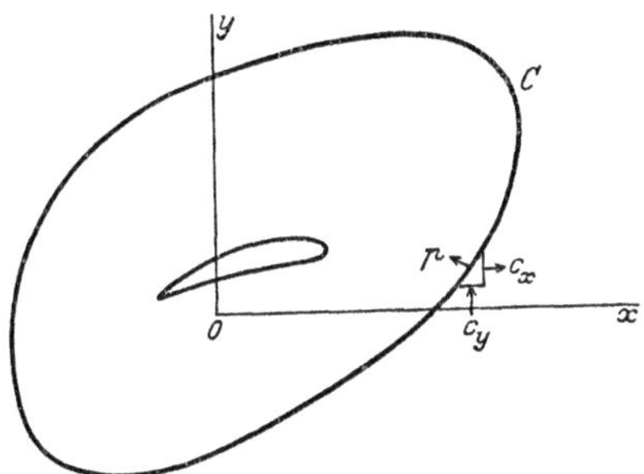

Abb. 53.

$$-X - \int_C p\,dy = \int_C \varrho\, c_x (c_x dy - c_y dx)$$

$$-Y + \int_C p\,dx = \int_C \varrho\, c_y (c_x dy - c_y dx)\,,$$

wo die Integrale längs der Kurve C zu erstrecken sind.

---

[1] Über Einzelheiten der Berechnungsmethode s. H. Glauert: A generalised type of Joukowski aerofoil. RM 1924, Nr. 911.

Wenn die Bewegung wirbelfrei ist, wird der Gesamtdruck in allen Punkten der Flüssigkeit einen konstanten Wert H besitzen, und der Druck an irgendeiner Stelle wird sein:

$$p = H - \tfrac{1}{2}\varrho(c_x^2 + c_y^2)\,.$$

Dann gilt auch:

$$X - iY = -\int_C p(dy + i\,dx) - \int_C \varrho(c_x - i c_y)(c_x dy - c_y dx)$$

$$= \tfrac{1}{2}\varrho\int_C \{(c_x^2 + c_y^2)(dy + i\,dx) - 2(c_x - i\,c_y)(c_x dy - c_y dx)\}$$

$$= \tfrac{1}{2}\varrho\int_C (c_x^2 - c_y^2 - 2i\,c_x c_y)(i\,dx - dy)\,.$$

Nun ist aber

$$\frac{dw}{dz} = c_x - i\,c_y$$

und wir erhalten schließlich

$$X - iY = \tfrac{1}{2}\varrho\, i\int_C \left(\frac{dw}{dz}\right)^2 dz\,.$$

Das Moment der auf den Körper wirkenden resultierenden Kraft in bezug auf den Anfangspunkt können wir auf ähnliche Weise ermitteln, indem wir nämlich den in der Zeiteinheit aus dem Gebiet abwandernden Drall betrachten. Wenn M_0 das Moment in bezug auf den Körper darstellt, dann ist die Bewegungsgleichung der Flüssigkeit:

$$-M_0 + \int_C p(x\,dx + y\,dy) = \int_C \varrho(c_y x - c_x y)(c_x dy - c_y dx)\,.$$

Hieraus folgt

$$M_0 = -\tfrac{1}{2}\varrho\int_C (c_x^2 + c_y^2)(x\,dx + y\,dy) - \varrho\int_C (c_y x - c_x y)(c_x dy - c_y dx)$$

$$= -\tfrac{1}{2}\varrho\int_C \{c_x^2 - c_y^2)(x\,dx - y\,dy) + 2c_x c_y(y\,dx + x\,dy)\}\,.$$

Nun ist aber

$$\int_C \left(\frac{dw}{dz}\right)^2 z\,dz = \int_C (c_x^2 - c_y^2 - 2i c_x c_y)(x + iy)(dx + i\,dy)\,.$$

Der reelle Anteil dieses Integrals ist gerade das in dem Ausdruck für M_0 auftretende Integral. Hiermit ergibt sich

$$M_0 = -\tfrac{1}{2}\varrho R \int_C \left(\frac{dw}{dz}\right)^2 z\,dz\,.$$

Diese Integralausdrücke für die Kraft und das Moment um den Anfangspunkt gelten für eine beliebige Anzahl von Körpern, wenn diese nur von der Kurve C eingeschlossen sind, und können für jede einfache Kurve, die die Körper umgibt, ausgewertet werden. Wenn wir das Quadrat des Differentialquotienten der Potentialfunktion für große Werte von z durch die Reihe

$$\left(\frac{dw}{dz}\right)^2 = A_0 + \frac{A_1}{z} + \frac{A_2}{z^2} + \cdots$$

ausdrücken, dann erhalten wir für die Werte der Integrale sofort

$$X - iY = \tfrac{1}{2}\varrho i(2\pi i A_1) = -\pi\varrho A_1$$

und

$$M_0 = -\tfrac{1}{2}\varrho R(2\pi i A_2) = -\pi\varrho R(iA_2)\,,$$

wie man nachprüfen kann, wenn man als Kurve C einen Kreis mit großem Radius und mit dem Mittelpunkt im Koordinatenanfangspunkt wählt. In diesen letzten Ausdrücken werden die Koeffizienten A_1 und A_2 im allgemeinen komplexe Größen sein; X, Y und M_0 werden infolgedessen sämtlich endliche Werte besitzen.

7.2. Auftrieb und Moment eines Profils.

Um diese Berechnungsmethode auf ein Profil anwenden zu können, das durch die konforme Abbildung $\zeta = f(z)$ aus einem Kreis abgeleitet wurde, müssen wir zunächst die Potentialfunktion für die Strömung um einen Kreis bestimmen. Im allgemeinen Fall wird der Koordinatenanfangspunkt O als Mittelpunkt der Nullstellen von $\dfrac{d\zeta}{dz}$ gewählt, und der Kreis umschließt alle Nullstellen mit Ausnahme der einen, die auf dem Kreisumfang liegt. Diese Nullstelle B auf dem Umfang liefert die Hinterkante des Profils. Die reelle Achse legen wir durch B, dessen komplexe Koordi-

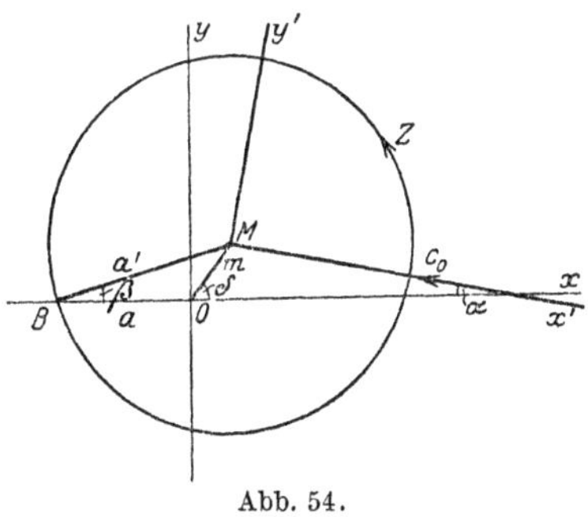

Abb. 54.

nate dann $z = -a$ wird. Der Kreis soll den Radius a' haben, und sein Mittelpunkt soll in dem Punkt

$$z = -a + a' e^{i\beta} = m e^{i\delta}$$

liegen, wie es in Abb. 54 angegeben ist.

Der ungestörte Strom habe eine Geschwindigkeit c_0, die unter dem Winkel α gegen die negative reelle Achse geneigt ist, und die Zirkulation Z sei in Übereinstimmung mit der Joukowskischen Hypothese (s. 6.31) so gewählt, daß der hintere Staupunkt der Strömung im Punkt B des Kreises liegt. Durch die komplexe Koordinate z' ausgedrückt, die den Anfangspunkt im Kreismittelpunkt und die reelle Achse entgegengesetzt der Stromrichtung haben soll, wird die Potentialfunktion der Strömung um den Kreis (aus 5.31):

$$w = -c_0\left(z' + \frac{a'^2}{z'}\right) - \frac{iZ}{2\pi}\ln\frac{z'}{a'}\,.$$

Die Koordinate von B ist $z' = -a' e^{i(\alpha+\beta)}$.
Für diese Strömung ist

$$\frac{dw}{dz'} = -\,c_0\left(1 - \frac{a'^2}{z'^2}\right) - \frac{iZ}{2\pi z'}\,;$$

die Zirkulation Z muß so gewählt werden, daß dieser Ausdruck im Staupunkt B verschwindet. Also wird

$$c_0\left(1 - e^{-2i(\alpha+\beta)}\right) = \frac{iZ}{2\pi a'}\,e^{-i(\alpha+\beta)}\,.$$

Das führt zu dem Wert für die Zirkulation:

$$Z = 4\pi a' c_0 \sin(\alpha + \beta)\,.$$

7.2.1. Das Profil wird aus dem Kreis durch die allgemeine konforme Abbildung

$$\zeta = z + \frac{a_1}{z} + \frac{a_2}{z^2} + \cdots$$

gewonnen, wobei die Koeffizienten im allgemeinen komplex sind. Um die auf das Profil ausgeübte Kraft zu bestimmen, müssen wir uns zunächst den Wert $\frac{dw}{d\zeta}$ für die Strömung verschaffen. Die Veränderlichen z und z' sind durch die Gleichung

$$z' = (z - m e^{i\delta})\,e^{i\alpha}$$

verknüpft. Damit wird

$$\frac{dw}{d\zeta} = \frac{dw}{dz'} \cdot \frac{dz'}{dz} \cdot \frac{dz}{d\zeta} = \frac{\left(-c_0 + c_0 \frac{a'^2}{z'^2} - \frac{iZ}{2\pi z'}\right) e^{i\alpha}}{\left(1 - \frac{a_1}{z^2} - \frac{2a_2}{z^3} - \cdots\right)} .$$

Wenn wir z' durch z ausdrücken und nach abnehmenden Potenzen von z entwickeln, wird dieser Ausdruck:

$$\frac{dw}{d\zeta} = -c_0 e^{i\alpha} - \frac{iZ}{2\pi} \cdot \frac{1}{z} + \left(a'^2 c_0 e^{-i\alpha} - a_1 c_0 e^{i\alpha} - \frac{iZ}{2\pi} m e^{i\delta}\right) \frac{1}{z^2} + \cdots ;$$

hieraus folgt

$$\left(\frac{dw}{d\zeta}\right)^2 = A_0 + \frac{A_1}{z} + \frac{A_2}{z^2} + \cdots ,$$

wo

$$A_0 = c_0^2 e^{2i\alpha}$$

$$A_1 = \frac{i c_0 Z}{\pi} e^{i\alpha}$$

$$A_2 = 2a_1 c_0^2 e^{2i\alpha} - 2a'^2 c_0^2 + \frac{i c_0 Z \cdot m}{\pi} e^{i(\alpha+\delta)} - \frac{Z^2}{4\pi^2} .$$

7.2.2. Der allgemeine Ausdruck für die Kraft auf einen Körper liefert jetzt für das Profil:

$$\begin{aligned} X - iY &= \frac{1}{2} \varrho i \int_C \left(\frac{dw}{d\zeta}\right)^2 d\zeta = \frac{1}{2} \varrho i \int_C \left(\frac{dw}{d\zeta}\right)^2 \frac{d\zeta}{dz} dz \\ &= \frac{1}{2} \varrho i \int_C \left(A_0 + \frac{A_1}{z} + \frac{A_2}{z^2} + \cdots\right)\left(1 - \frac{a_1}{z^2} - \cdots\right) dz \\ &= \tfrac{1}{2} \varrho i \, (2\pi i A_1) , \end{aligned}$$

also

$$X - iY = -i\varrho c_0 \cdot Z e^{i\alpha}$$

oder

$$\begin{cases} X = \varrho c_0 Z \sin\alpha \\ Y = \varrho c_0 Z \cos\alpha . \end{cases}$$

Das sind die Komponenten einer senkrecht zum Strom c_0 wirkenden Kraft $\varrho c_0 Z$. Das Profil erfährt also einfach einen Auftrieb

$$P_a = \varrho c_0 Z = 4\pi a' \varrho c_0^2 \sin(\alpha + \beta) .$$

7.2.3. Das Moment der Auftriebskraft um den Koordinatenanfangspunkt wird

$$M_0 = -\frac{1}{2}\varrho R \int\limits_C \left(\frac{dw}{d\zeta}\right)^2 \zeta\, d\zeta$$

$$= -\frac{1}{2}\varrho R \int\limits_C \left(\frac{dw}{d\zeta}\right)^2 \left(z + \frac{a_1}{z} + \frac{a_2}{z^2} + \cdots\right)\left(1 - \frac{a_1}{z^2} - \cdots\right) dz$$

$$= -\frac{1}{2}\varrho R \int\limits_C \left(A_0 + \frac{A_1}{z} + \frac{A_2}{z^2} + \cdots\right)\left(1 - \frac{a_2}{z^3} - \cdots\right) z\, dz$$

$$= -\tfrac{1}{2}\varrho R\,(2\pi i A_2)\,.$$

M_0 ist also der imaginäre Anteil von $\pi\varrho A_2$. Wenn wir in dem Ausdruck für A_2 setzen

$$a_1 = b^2 e^{2i\gamma},$$

dann ergibt sich für den Wert von M_0:

$$M_0 = 2\pi b^2 \varrho c_0{}^2 \sin 2(\alpha + \gamma) + \varrho c_0 Z m \cos(\alpha + \delta)\,.$$

Dieser Ausdruck stellt das Moment um den Koordinatenanfangspunkt dar; das Moment um den Kreismittelpunkt erhalten wir sofort zu

$$M_m = M_o - P_a m \cos(\alpha + \delta)$$
$$= 2\pi b^2 \varrho c_0{}^2 \sin 2(\alpha + \gamma)\,.$$

Der Wert dieses Momentes hängt vom Wert des komplexen Koeffizienten a_1 der Abbildungsfunktion ab, die ζ als Funktion von z ausdrückt. Die Auftriebskraft verschwindet für den Anstellwinkel $-\beta$, und das Moment hat dann den Wert

$$M_m = 2\pi b^2 \varrho c_0^2 \sin 2(\gamma - \beta)\,.$$

Wenn das Profil eine konstante Lage des Druckpunktes haben soll, d. h. wenn die Auftriebskraft immer durch einen bestimmten Punkt gehen soll, dann muß dieses Moment Null werden. Die notwendige und hinreichende Bedingung für eine konstante Lage des Druckpunktes ist also, daß $\beta = \gamma$ oder daß der Koeffizient a_1 der konformen Abbildung von der Form $a_1 = b^2 e^{2i\beta}$ ist.

7.2.4. Die allgemeinen Ausdrücke für den Auftrieb und das Moment nehmen einfache Form an für die Joukowski-Profile, die mittels der konformen Abbildung

$$\zeta = z + \frac{a^2}{z}$$

abgeleitet werden.

Für Profile kleiner Wölbung und geringer Dicke ist die Sehne näherungsweise gleich $4a$, und der Auftriebsbeiwert kann deshalb geschrieben werden:

$$\zeta_a = 2\pi(\alpha + \beta) .$$

Diese Form gilt auch für die meisten Profile, die nicht vom Joukowskischen Typus sind (s. auch 7.3), und wird durch die vorhandenen Versuchsergebnisse bestätigt. Der theoretische Anstieg der Kurve des Auftriebsbeiwertes in Abhängigkeit vom Anstellwinkel ist 2π je Bogengrad oder 0,110 je Grad; der versuchsmäßig festgestellte mittlere Anstieg ist wegen der Abweichung der Strömung von der idealen Form etwas kleiner, und ein Anstieg von 6 je Bogengrad kann als normaler Wert für ein gutes Profil angesehen werden.

In der Joukowski-Transformation hat der Koeffizient a_1 den Wert a^2, und das Moment um den Kreismittelpunkt wird

$$M_m = 2\pi a^2 \varrho c_0^2 \sin 2\alpha .$$

Das Moment um die Vorderkante des Profils ist in großer Annäherung

$$M = M_m - 2aP_a .$$

Um den entsprechenden Koeffizienten abzuleiten, ist es genügend genau, den kleinen Unterschied zwischen a' und a zu vernachlässigen. Damit erhalten wir

$$\zeta_m = \frac{\pi}{2}\alpha - \pi(\alpha + \beta) = -\frac{\pi}{2}\beta - \frac{1}{4}\zeta_a .$$

Auch diese Formel wurde durch Versuchsergebnisse vollauf bestätigt, und man kann im allgemeinen den Momentenbeiwert eines Profils mit großer Genauigkeit durch

$$\zeta_m = \zeta_{m0} - \tfrac{1}{4}\zeta_a$$

ausdrücken, wo ζ_{m0} den Momentenbeiwert beim Auftrieb Null bedeutet. Die Lage des Druckpunktes, bestimmt durch den Bruchteil der Sehne, um den er von der Vorderkante des Profils abliegt, erhält man, wenn man den Momentenbeiwert durch den Auftriebsbeiwert dividiert; es folgt daraus, daß ein großer Wert von ζ_{m0} eine rasche Verschiebung des Druckpunktes in sich schließt. Wenn ζ_{m0} Null ist, dann hat das Profil einen konstanten Druckpunkt, der um ein Viertel der Sehnenlänge von der Vorderkante entfernt ist.

7.3. Dünne Profile.

Die obige Untersuchung bestimmt den Auftrieb und das Moment irgendeines Profils, wenn die konforme Abbildung, durch die es aus einem Kreis erzeugt wird, bekannt ist. Meist ist jedoch die Form des Profils gegeben, die Bestimmung der zugehörigen konformen Abbildung bietet aber erhebliche Schwierigkeiten. Eine Methode, um diese Aufgabe für dünne Profile zu lösen, wurde von Munk[1] angegeben. Das Profil wird durch die gekrümmte Linie ersetzt, die das Mittel aus Ober- und Unterfläche des Profils darstellt, und zwar wird diese Kurve als nahezu geradlinig angesehen. Eine zweckmäßigere Methode hat Birnbaum[2] eingeführt. Die folgende Untersuchung ist das Ergebnis einer Anwendung der Methode der Fourierschen Reihen auf Birnbaums Auffassung des Tragflügelproblems.

Wir wählen den Koordinatenanfangspunkt in der Vorderkante des Profils, die x-Achse längs der Sehne t nach hinten und die y-Achse senkrecht nach oben und betrachten die Strömung, wenn sich das Profil in einem Parallelstrom befindet, der um den kleinen Winkel α gegen die Sehne geneigt ist. Es wird eine Zirkulation um das Profil vorhanden sein, die einer Verteilung von Wirbeln längs der Oberfläche des Profils entspricht. Es sei $k\,dx$ die Wirbelstärke im Element dx des Profils; dann wird

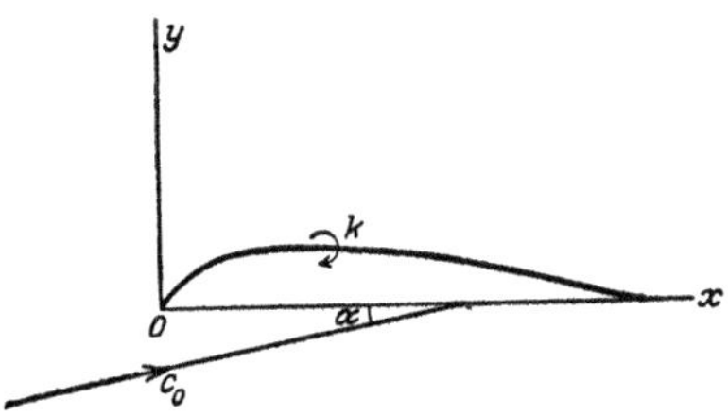

Abb. 55.

$$Z = \int_0^t k\,dx\,.$$

Um das Geschwindigkeitsfeld dieser Wirbelbelegung abzuschätzen, nehmen wir an, daß die Wirbel alle auf der Sehne des Profils angeordnet seien; dann ergibt sich die im Punkt x' des Profils induzierte Geschwindigkeit zu

$$c_i(x') = \int_0^t \frac{k\,dx}{2\pi(x - x')}\,.$$

---

[1] General theory of thin wing sections. NACA, 1922, Nr. 142; s. auch Glauert: A theory of thin aerofoils. RM 1924, Nr. 910.

[2] Die tragende Wirbelfläche als Hilfsmittel zur Behandlung des ebenen Problems der Tragflügeltheorie. ZAMM 1923.

Diese Geschwindigkeit gilt für einen Punkt der Sehne; wir können sie aber auch gleich der induzierten Geschwindigkeit an dem entsprechenden Punkt des Profils selbst setzen. Die Richtung der resultierenden Geschwindigkeit muß am Profil parallel zu dessen Oberfläche sein; es gilt deshalb für jeden Punkt des Profils

$$\alpha + \frac{c_i}{c_0} = \frac{dy}{dx}.$$

Diese Gleichungen genügen für eine vollständige Lösung des Problems in Abhängigkeit von der Form der gekrümmten Linie, die das Profil darstellt. Die Analysis stützt sich auf die Einführung einer neuen Koordinate φ für die Punkte des Profils, die durch die Beziehung definiert ist:

$$x = \tfrac{1}{2} t (1 - \cos\varphi),$$

so daß φ längs der Profilsehne von 0 bis π variiert. Man kann dann annehmen, daß die Wirbelverteilung k durch die Reihe dargestellt werden kann:

$$k = 2 c_0 \left\{ A_0 \operatorname{ctg} \frac{\varphi}{2} + \sum_1^\infty A_n \sin n\varphi \right\}$$

oder

$$k\,dx = t \cdot c_0 \left\{ A_0 (1 + \cos\varphi) + \sum_1^\infty A_n \sin n\varphi \sin\varphi \right\} d\varphi,$$

wo das erste Glied die Wirbelverteilung für ein geradliniges Profil darstellt und die Beiwerte der Sinusreihe von der Form des Tragflügels abhängen. Die Auftriebskraft und das Moment um die Vorderkante des Profils können wir einfach als Funktionen der Beiwerte dieser Reihe ausdrücken. Die Auftriebskraft wird

$$P_a = \int_0^t \varrho\, c_0\, k\, dx$$

$$= \int_0^\pi t\, \varrho\, c_0^2 \left\{ A_0 (1 + \cos\varphi) + \sum_1^\infty A_n \sin n\varphi \sin\varphi \right\} d\varphi$$

$$= \pi\, t\, \varrho\, c_0^2 (A_0 + \tfrac{1}{2} A_1).$$

Das ergibt einen Auftriebsbeiwert

$$\zeta_a = 2\pi (A_0 + \tfrac{1}{2} A_1).$$

Ähnlich wird das Moment um die Vorderkante

$$M = -\int_0^t \varrho c_0 k x \, dx$$

$$= -\int_0^\pi \tfrac{1}{2} t^2 \varrho c_0^2 \left\{ A_0 (1 - \cos^2\varphi) + \sum_1^\infty A_n \sin n\varphi (\sin\varphi - \tfrac{1}{2}\sin 2\varphi) \right\} d\varphi$$

$$= -\frac{\pi}{4} t^2 \varrho c_0^2 \left(A_0 + A_1 - \frac{1}{2} A_2 \right).$$

Das liefert einen Momentenbeiwert

$$\zeta_m = -\frac{\pi}{2}\left(A_0 + A_1 - \frac{1}{2} A_2 \right)$$

$$= \frac{\pi}{4}(A_2 - A_1) - \frac{1}{4}\zeta_a .$$

Diese Ausdrücke enthalten nur die ersten drei Koeffizienten der Reihe für die Wirbelstärke; die übrigen Koeffizienten entsprechen deshalb Gestaltänderungen des Profils, die keinen Einfluß auf die Auftriebskraft und das Moment besitzen.

Mit dem für die Wirbelstärke angenommenen Wert wird die induzierte Geschwindigkeit im Punkt x' oder φ:

$$c_i(x') = \frac{c_0}{\pi} \int_0^\pi \frac{A_0 (1 + \cos\varphi) + \frac{1}{2} \sum_1^\infty A_n \{\cos(n-1)\varphi - \cos(n+1)\varphi\}}{\cos\varphi' - \cos\varphi} d\varphi$$

$$= c_0 \left\{ - A_0 + \frac{1}{2} \sum_1^\infty A_n \frac{\sin(n+1)\varphi' - \sin(n-1)\varphi'}{\sin\varphi'} \right\},$$

denn[1]

$$\int_0^\pi \frac{\cos n\varphi}{\cos\varphi - \cos\psi} d\varphi = \pi \frac{\sin n\psi}{\sin\psi} .$$

Die induzierte Geschwindigkeit im Punkt φ des Tragflügels wird schließlich:

$$\frac{c_i}{c_0} = -A_0 + \sum_1^\infty A_n \cos n\varphi .$$

[1] Siehe Anmerkung am Ende des Kapitels.

Die Bedingung, daß die Strömung tangential zur Oberfläche des Profils verläuft, gibt die Beziehung:

$$\frac{dy}{dx} = \alpha - A_0 + \sum_1^\infty A_n \cos n\varphi .$$

Dann kann man die Beiwerte A_n aus der Form des Profils durch die Auswertung folgender Integrale ableiten:

$$\alpha - A_0 = \frac{1}{\pi}\int_0^\pi \frac{dy}{dx}\, d\varphi ,$$

$$A_n = \frac{2}{\pi}\int_0^\pi \frac{dy}{dx} \cos n\varphi\, d\varphi .$$

Es ist im allgemeinen nicht nötig, jeden Koeffizienten zu bestimmen, da man einfache Ausdrücke für Auftrieb und Moment um die Vorderkante unmittelbar in Abhängigkeit von der Form des Profils aus folgenden Integralen erhalten kann:

$$\left.\begin{aligned} \varepsilon_0 &= \frac{2}{\pi}\int_0^\pi \frac{y}{t}\,\frac{d\varphi}{1+\cos\varphi} \\ &= \frac{2}{\pi}\left[\frac{y}{t}\sqrt{\frac{1-\cos\varphi}{1+\cos\varphi}}\right]_0^\pi - \frac{2}{\pi}\int_0^\pi \frac{1}{t}\,\frac{dy}{dx}\cdot\frac{dx}{d\varphi}\sqrt{\frac{1-\cos\varphi}{1+\cos\varphi}}\, d\varphi . \end{aligned}\right\} \qquad (1)$$

Der erste Ausdruck verschwindet, wenn y an der Hinterkante des Profils stärker als $\sqrt{t-x}$ gegen Null geht. Dann ist

$$\left.\begin{aligned} \varepsilon_0 &= -\frac{1}{\pi}\int_0^\pi \frac{dy}{dx}(1-\cos\varphi)\,d\varphi = A_0 + \frac{1}{2}A_1 - \alpha \\ \mu_0 &= \int_0^\pi \frac{y}{t}\cos\varphi\, d\varphi = \left[\frac{y}{t}\sin\varphi\right]_0^\pi - \int_0^\pi \frac{1}{t}\,\frac{dy}{dx}\,\frac{dx}{d\varphi}\sin\varphi\, d\varphi \\ &= -\int_0^\pi \frac{1}{4}\,\frac{dy}{dx}(1+\cos 2\varphi)\,d\varphi = -\frac{\pi}{4}\left(\alpha - A_0 - \frac{1}{2}A_2\right). \end{aligned}\right\} \qquad (2)$$

Auf diese Weise ergibt sich mit Hilfe der beiden Integrale ε_0 und μ_0

$$\zeta_a = 2\pi(\alpha + \varepsilon_0) ,$$

$$\zeta_m = 2\left(\mu_0 - \frac{\pi}{4}\,\varepsilon_0\right) - \frac{1}{4}\,\zeta_a .$$

Die Bestimmung der Auftriebs- und Momentenbeiwerte irgendeines dünnen Profils ist also auf die Auswertung der beiden einfachen Integrale ε_0 und μ_0 zurückgeführt; die Koeffizienten sind von derselben Form wie für ein Joukowski-Profil (s. 7.24).

7.3.1. Wenn die Form eines Profils durch einen einfachen analytischen Ausdruck gegeben ist, dann kann man die Werte von ε_0 und μ_0 durch unmittelbare Integration gewinnen. Ein Beispiel von einiger Bedeutung ist das Profil, das durch die Gleichung

$$\frac{y}{t} = h\frac{x}{t}\left(1 - \frac{x}{t}\right)\left(1 - \lambda\frac{x}{t}\right)$$

gegeben ist. Wenn λ zwischen 1 und 2 liegt, stellt es ein Profil mit gegen die Hinterkante zu nach oben gerichteter Krümmung dar. Durch Integration findet man für ε_0 und μ_0:

$$\varepsilon_0 = \tfrac{1}{8}h(4 - 3\lambda),$$

$$\mu_0 = \frac{\pi}{64}h\lambda,$$

also

$$\zeta_{m0} = \frac{\pi}{32}h(7\lambda - 8).$$

Man erhält also ein Profil mit konstantem Druckpunkt, wenn λ den Wert $\frac{8}{7}$ annimmt.

Im allgemeinen nimmt man die Auswertung der Integrale am besten graphisch vor. Zu diesem Zweck drückt man sie in kartesischen Koordinaten mit der Sehne als Längeneinheit aus; dann ist

$$\varepsilon_0 = \int_0^1 y f_1(x)\,dx \qquad \text{und} \qquad \mu_0 = \int_0^1 y f_2(x)\,dx,$$

wo

$$f_1(x) = \frac{1}{\pi(1 - x)\sqrt{x(1 - x)}}$$

$$f_2(x) = \frac{1 - 2x}{\sqrt{x(1 - x)}}.$$

Die numerischen Werte dieser Funktionen in passenden Punkten der Profilsehne sind in Tabelle 4 auf Seite 81 gegeben.

Die Bestimmung von μ_0 bietet keine Schwierigkeiten, da $y f_2(x)$ im allgemeinen an beiden Endpunkten des Profils gegen Null geht, obgleich $f_2(x)$ ins Unendliche strebt. Für ε_0 jedoch geht der Wert von $y f_1(x)$ an der Hinterkante des Profils gewöhnlich gegen Unendlich; diese Schwierigkeit läßt sich jedoch umgehen, wenn man die graphische Integration von der Vorderkante nur bis zum Punkt $x = 0{,}95$ durchführt und den übrigen Teil analytisch schätzt mit Hilfe der Annahme, daß dieser letzte Abschnitt eine gerade Linie sei. Man kann leicht zeigen, daß der noch übrige Anteil zum Wert von ε_0 gleich $2{,}9\, y'$ ist, wenn y' die Ordinate im Punkte $x = 0{,}95$ bezeichnet.

Diese theoretische Methode der Bestimmung des Anstellwinkels und des Momentenbeiwertes beim Auftrieb Null führt zu Ergebnissen, die mit den versuchsmäßig gefundenen Werten gut übereinstimmen. Wenn man diesen Vergleich anstellt, muß man eine leichte Korrektur anbringen, um der Tatsache Rechnung zu tragen, daß die Theorie den Anstellwinkel von der Verbindungslinie der Vorder- und Hinterkante des Profils aus mißt, während die experimentellen Werte gewöhnlich auf die Tangente an die Unterfläche des Profils bezogen sind.

Tabelle 4.

x	$f_1(x)$	$f_2(x)$	x	$f_1(x)$	$f_2(x)$
0,025	2,09	6,10	0,50	1,27	0
0,05	1,54	4,13	0,60	1,62	−0,41
0,10	1,18	2,67	0,70	2,31	−0,87
0,20	1,00	1,50	0,80	3,98	−1,50
0,30	0,99	0,87	0,90	10,6	−2,67
0,40	1,08	0,41	0,95	29,2	−4,13

Anmerkung. Der Wert des Integrals

$$I_n = \int_0^\pi \frac{\cos n\varphi}{\cos\varphi - \cos\psi}\, d\varphi\,.$$

Die Auswertung dieses Integrals erfordert einige Aufmerksamkeit in bezug auf die Integrationsgrenzen, da der Nenner im Punkt $\varphi = \psi$ verschwindet. Man muß deshalb, um den Wert von I_n zu bekommen, erst von 0 bis $\psi - \varepsilon$, dann von $\psi + \varepsilon$ bis π integrieren und schließlich ε zur Grenze Null gehen lassen.

Wenn wir zunächst I_0 betrachten, wird

$$\int_0^{\psi-\varepsilon} \frac{d\varphi}{\cos\varphi - \cos\psi} = \left[\frac{1}{\sin\psi} \ln \frac{\sin\frac{1}{2}(\psi+\varphi)}{\sin\frac{1}{2}(\psi-\varphi)}\right]_0^{\psi-\varepsilon}$$

$$= \frac{1}{\sin\psi}\left\{\ln\sin\left(\psi - \frac{1}{2}\varepsilon\right) - \ln\sin\frac{1}{2}\varepsilon\right\},$$

$$\int_{\psi+\varepsilon}^{\pi} \frac{d\varphi}{\cos\varphi - \cos\psi} = \left[\frac{1}{\sin\psi} \ln \frac{\sin\frac{1}{2}(\varphi+\psi)}{\sin\frac{1}{2}(\varphi-\psi)}\right]_{\psi+\varepsilon}^{\pi}$$

$$= \frac{1}{\sin\psi}\left\{\ln\sin\frac{1}{2}\varepsilon - \ln\sin\left(\psi + \frac{1}{2}\varepsilon\right)\right\};$$

hiermit wird

$$I_0 = \lim_{\varepsilon \to 0}\left\{\frac{1}{\sin\psi} \ln \frac{\sin(\psi - \frac{1}{2}\varepsilon)}{\sin(\psi + \frac{1}{2}\varepsilon)}\right\} = 0\,.$$

I_1 wird:

$$I_1 = \int_0^{\pi} \frac{\cos\varphi}{\cos\varphi - \cos\psi}\, d\varphi$$

$$= \int_0^{\pi} \left(1 + \frac{\cos\psi}{\cos\varphi - \cos\psi}\right) d\varphi$$

$$= \pi + I_0 \cos\psi$$

$$= \pi$$

und allgemeiner, wenn $n \geqq 1$:

$$I_{n+1} + I_{n-1} = \int_0^{\pi} \frac{\cos(n+1)\varphi + \cos(n-1)\varphi}{\cos\varphi - \cos\psi}\, d\varphi$$

$$= \int_0^{\pi} \frac{2\cos\varphi\cos n\varphi}{\cos\varphi - \cos\psi}\, d\varphi$$

$$= \int_0^{\pi} \left(2\cos n\varphi + \frac{2\cos\psi\cos n\varphi}{\cos\varphi - \cos\psi}\right) d\varphi$$

$$= 2\cos\psi\, I_n\,.$$

Die Auflösung dieser Rekursionsformel mit den Anfangsbedingungen $I_0 = 0$ und $I_1 = \pi$ führt zu dem Endergebnis:

$$I_n = \int_0^{\pi} \frac{\cos n\varphi}{\cos\varphi - \cos\psi}\, d\varphi = \pi \frac{\sin n\psi}{\sin\psi}\,.$$

VIII. Zähigkeit und Widerstand.

8.1. Der Widerstand eines stumpfen Körpers.

Die Theorie der zweidimensionalen Strömung einer Flüssigkeit hat mit Hilfe der Annahme einer Zirkulation der Strömung zur Bestimmung des Auftriebs eines Profils geführt. Die Lösung ist jedoch in verschiedener Hinsicht unvollständig. Die Umstände, die zu Beginn der Bewegung die Ausbildung einer Zirkulation verursachen, werden nicht untersucht, und die Größe der Zirkulation ist unbestimmt, wenn das Profil nicht eine scharfe Hinterkante besitzt. Joukowskis Hypothese, daß die Zirkulation so zu wählen ist, daß an der Hinterkante glatte Abströmung erfolgt, bedarf noch kritischer Untersuchung. Schließlich ergibt die Theorie auch keinerlei Profilwiderstand.

Um die Probleme genauer zu untersuchen, muß man von der einfachen Annahme einer vollkommenen Flüssigkeit abgehen und die Einflüsse der Zähigkeit oder inneren Reibung bestimmen. Einige Einsicht in den Widerstand eines Körpers können wir jedoch auch ohne diese Komplikation noch bekommen. Bei der Entwicklung der Theorie der Auftriebskraft war es zweckmäßig, solche Körper zu betrachten, die im Vergleich zu ihrem Widerstand einen hohen Auftrieb ergeben, so daß man jenen vernachlässigen konnte, ohne die wesentlichen Verhältnisse des Problems zu verschieben. Aus ähnlichen Gründen ist es bei der Untersuchung des Widerstandes zweckmäßig, in erster Linie Körper von gedrungener, breiter Form zu wählen, die zur Stromrichtung symmetrisch sind, so daß der Auftrieb Null und der Widerstand groß ist. Es soll, wie früher, zweidimensionale Bewegung vorausgesetzt werden.

Die einfachste Form eines solchen stumpfen Körpers bildet eine gerade Platte, die senkrecht zum Hauptstrom steht. Sie sei in zwei Dimensionen durch die Linie AB von der Breite b dargestellt. Die wirbelfreie Bwegung einer vollkommenen Flüssigkeit um diese Platte veranschaulicht Abb. 43. Dieses Strombild ergibt jedoch keinen Widerstand und ist auch deshalb unbefriedigend, weil an den Kanten der Platte die Strömungsgeschwindigkeit unendlich groß wird. Um diese Schwierigkeiten zu überwinden, haben Kirchhoff und Helmholtz ein anderes Strombild vorgeschlagen, das durch Abb. 56 dargestellt wird. Es wird dabei angenommen, daß von den Kanten A und B Unstetigkeitsflächen ausgehen, die ein Totwassergebiet einschließen. Die Platte erfährt infolgedessen auf der Vorderseite einen größeren Druck als auf der Rückseite, und es ergibt sich eine Widerstandskraft[1]

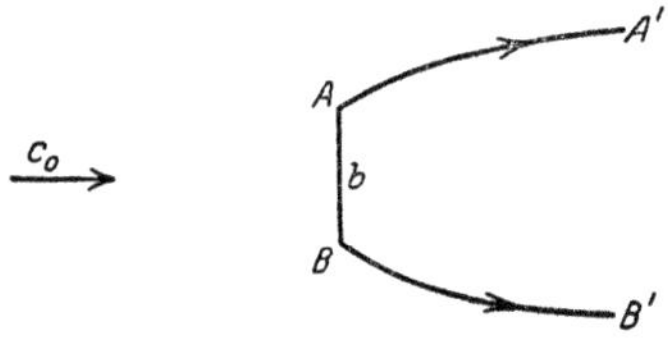

Abb. 56.

$$P_w = \frac{\pi}{4+\pi} b \varrho c_0^2 .$$

Das entspricht einem Widerstandsbeiwert

$$\zeta_w = \frac{2\pi}{(4+\pi)} = 0{,}88 .$$

Dieser Widerstandsbeiwert ist etwa halb so groß, wie er sich aus Versuchen an einer flachen Platte ergibt. Die Auffassung, daß die Strömung sich an den Kanten von der Platte ablöst, steht jedoch mit der Wirklichkeit im Einklang und kann als Grundlage für die Entwicklung einer Theorie des Widerstandes benützt werden.

8.1.1. Wirbelstraßen. Die Unstetigkeitsflächen der Geschwindigkeit AA' und BB', die an den Plattenkanten entspringen, sind ihrem Wesen nach Wirbelflächen (s. 4.35) und können als eine Folge von Wirbellinien gedeutet werden, die wie Kugellager zwischen dem Totwassergebiet und dem Hauptstrom wirken. Nun kann man aber zeigen, daß eine einzelne Reihe gleich starker, gerader Wirbellinien, die gleichmäßig längs einer Geraden verteilt sind, instabil ist. Im Gleichgewichtsfall sind alle Wirbel in Ruhe, da die induzierten Geschwindigkeitskomponenten in irgendeinem Wirbel, die von zwei gleich weit entfernten, auf verschiedenen Seiten liegenden Wirbeln herrühren, entgegengesetzt gleich sind.

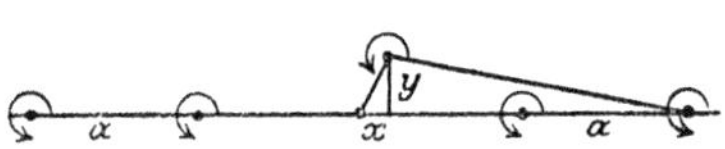

Abb. 57.

Wenn jedoch irgendein Wirbel eine kleine Verschiebung (x, y) erfährt, dann werden in ihm folgende Geschwindigkeitskomponenten induziert:

$$c_x = -\frac{Z}{2\pi} \sum_{-\infty}^{+\infty} \frac{y}{(na-x)^2+y^2},$$

$$c_y = -\frac{Z}{2\pi} \sum_{-\infty}^{+\infty} \frac{na-x}{(na-x)^2+y^2},$$

[1] Siehe Lamb: Hydrodynamik, § 76.

wo Z die Stärke eines Einzelwirbels und a die Entfernung zwischen aufeinanderfolgenden Wirbeln ist; die Summen sind über alle von Null verschiedenen ganzen Werte von n zu erstrecken. Für kleine Störungen kann man diese Ausdrücke durch die Näherungen ersetzen:

$$c_x = -\frac{Z}{2\pi}\sum_{-\infty}^{+\infty}\frac{y}{n^2a^2} = -\frac{\pi}{6}\cdot Z\frac{y}{a^2}$$

$$c_y = -\frac{Z}{2\pi}\sum_{-\infty}^{+\infty}\frac{1}{na}\left(1+\frac{x}{na}\right) = -\frac{\pi}{6}Z\frac{x}{a^2}.$$

Die Bewegungsgleichungen für den betrachteten Wirbelpunkt sind also:

$$\frac{dx}{dt} + \lambda y = 0,$$

$$\frac{dy}{dt} + \lambda x = 0,$$

wobei

$$\lambda = \frac{\pi}{6}\cdot\frac{Z}{a^2};$$

wenn man y eliminiert, wird

$$\frac{d^2x}{dt^2} - \lambda^2 x = 0.$$

Die Lösung dieser Differentialgleichung ist

$$x = Ae^{\lambda t} + Be^{-\lambda t}.$$

Dieser Ausdruck stellt eine instabile Bewegung dar, denn das erste Glied wächst unbeschränkt mit der Zeit; der Wirbel entfernt sich also mehr und mehr von der Gleichgewichtslage.

Die Verhältnisse hinter einem stumpfen Körper sind verwickelter, da dort zwei Wirbelreihen vorhanden sind; um die Stabilität zu betrachten, muß man jedem Wirbel eine kleine Störung erteilen. Weit hinter dem Körper müssen die Wirbel auf zwei zur Bewegungsrichtung parallelen Geraden liegen, und man kann leicht zeigen, daß es nur zwei mögliche Anordnungen gibt. Damit die Wirbel auf den beiden parallelen Geraden bleiben, muß die induzierte Geschwindigkeit in jedem Wirbel parallel zu ihnen sein. Diese Bedingung wird erfüllt, wenn jedem Wirbel B_1 der einen Reihe ein Wirbel A_1 der anderen Reihe genau gegenüber liegt, oder wenn er gegenüber dem Mittelpunkt zwischen zwei Wirbeln A_1 und A_2 der anderen Reihe liegt; in jedem Wirbel wird dann dieselbe Geschwindigkeit c_x in dem in Abb. 58 gezeichneten Sinne induziert. Dieses c_x ist die Geschwindigkeit der Wirbel relativ zur Hauptmasse der Flüssigkeit.

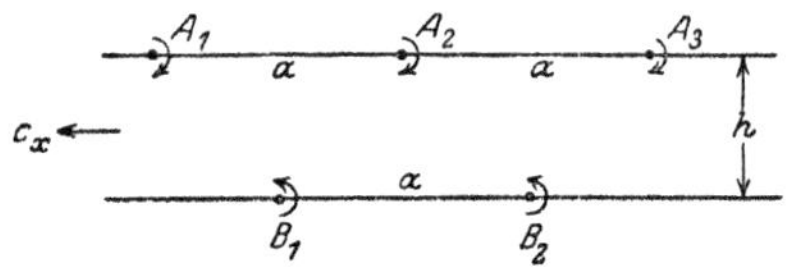

Abb. 58.

Für jede andere Anordnung hat die Geschwindigkeit eine Komponente senkrecht zu den Wirbelreihen, die die Anordnung zerstört. Die Stabilität dieser zwei Systeme ist von Kármán und Rubach[1] untersucht worden; es zeigte sich, daß die erste Anordnung mit den Wirbelpaaren auf jeden Fall instabil ist, während die zweite Anordnung mit abwechselnden Wirbeln stabil ist, wenn der Abstand h der Reihen und die Entfernung a zwischen aufeinanderfolgenden Wirbeln einer Reihe durch die Gleichung verknüpft sind:

$$\mathfrak{Sin}\,\frac{\pi h}{a} = 1$$

oder

$$h = 0{,}281\,a\,.$$

Eine doppelte Wirbelreihe dieser stabilen Art soll eine Kármánsche Wirbelstraße heißen. Die Stärke Z jedes einzelnen Wirbels soll die Stärke der Straße, und die Entfernung h zwischen den Reihen die Breite der Straße genannt werden. Die Entfernung a zwischen den einzelnen Wirbeln ist ein konstantes Vielfaches der Breite h, und die in jedem Wirbel induzierte Geschwindigkeit c_x wird durch die Gleichung

$$Z = 2\sqrt{2}\,a\,c_x$$

gegeben.

8.1.2. Der Formwiderstand. Weit hinter einem stumpfen Körper besteht eine voll entwickelte Kármánsche Wirbelstraße; es muß jedoch ein Zwischenstadium vorhanden sein, das in Abb. 59 durch die gestrichelten Linien dargestellt wird, die die Wirbel-

[1] v. Kármán: Über den Mechanismus des Widerstandes, den ein bewegter Körper in Flüssigkeit erfährt. Göttinger Nachr. 1911. — v. Kármán u. Rubach: Über den Mechanismus des Flüssigkeits- und Luftwiderstandes. Phys. Z. 1912. Die Untersuchung ist in Lamb: Hydrodynamik, § 156 wiedergegeben.

straße mit dem Körper verbinden. Die Wirbel wandern mit der Geschwindigkeit $(c_0 - c_x)$ relativ zum Körper stromabwärts; an den beiden Seiten des Körpers müssen infolgedessen immer neue Wirbel gebildet werden, was auch mit den Beobachtungen an stumpfen Körpern im Einklang steht. Die Häufigkeit der Wirbelbildung an einer Körperkante wird sein:

$$f = \frac{c_0 - c_x}{a}.$$

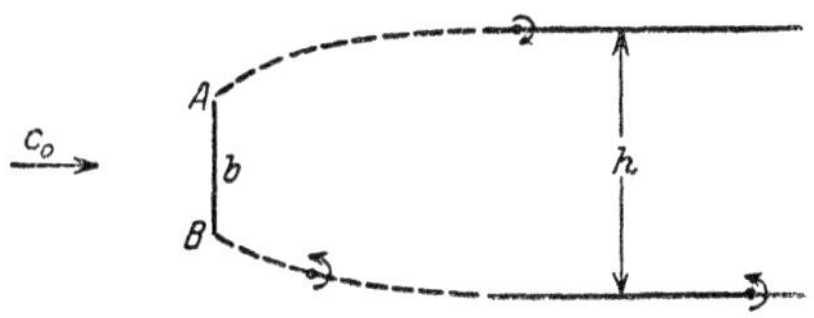

Abb. 59.

Die Bildung dieser Wirbel zusammen mit der allgemeinen Druckverteilung im Stromfeld verursacht einen Widerstand[1]

$$P_w = \varrho\, Z (c_0 - 2 c_x) \frac{h}{a} + \varrho \frac{Z^2}{2\pi a};$$

wenn man die Werte von a und Z durch h und c_x ausdrückt, dann wird dies

$$P_w = h \varrho c_0^2 \left\{2{,}83 \left(\frac{c_x}{c_0}\right) - 1{,}12 \left(\frac{c_x}{c_0}\right)^2\right\}$$

oder

$$\zeta_w = 2 \cdot \frac{h}{b} \left\{2{,}83 \left(\frac{c_x}{c_0}\right) - 1{,}12 \left(\frac{c_x}{c_0}\right)^2\right\}.$$

Die Widerstandskraft, welche von den an den Seiten des Körpers abgehenden Wirbeln und der Kármánschen Wirbelstraße herrührt, wollen wir als Formwiderstand bezeichnen, zum Unterschied von dem Widerstand, der von den Tangentialkräften und der Wandreibung an der Körperoberfläche herrührt. Kármáns Theorie steht in gutem Einklang mit den tatsächlichen Verhältnissen; wenn man nämlich die Werte für c_x und h experimentell bestimmt, dann führt die Gleichung zu einem mit dem beobachteten Widerstand gut übereinstimmenden Wert[1]. Die Theorie ist jedoch unvollständig und erfordert noch weitere Untersuchungen des Gebiets zwischen dem Körper und der Wirbelstraße, um zu einer theoretischen Bestimmung der Werte von c_x und h zu kommen.

Der Formwiderstand hängt von der Gestalt des Körpers ab. Als erste rohe Annäherung kann man den Widerstandsbeiwert setzen:

$$\zeta_w = 5{,}66 \frac{h}{b} \cdot \frac{c_x}{c_0} = 0{,}562 \frac{Z}{b c_0}.$$

[1] Kármán: a. a. O.

Bei dieser Annäherung ist der Widerstand einfach proportional der Stärke der Wirbel, die an den Seiten des Körpers abgehen. Ein breiter Körper, besonders wenn er scharfe Kanten hat wie eine flache Platte, wird starke Wirbel aussenden und einen großen Formwiderstand besitzen; bei einem Körper von „guter“ Form jedoch, etwa einem symmetrischen Tragflügelprofil, wird der Formwiderstand vernachlässigbar klein sein, und der auftretende Widerstand wird hauptsächlich den Tangentialkräften und der Wandreibung zuzuschreiben sein.

8. 2. Zähigkeit.

Alle wirklichen Flüssigkeiten besitzen die Eigenschaft der inneren Reibung oder Zähigkeit, die bewirkt, daß Tangentialspannungen in der Trennungsfläche zweier benachbarter Flüssigkeitselemente auftreten können. Diese Tangentialspannungen sind gleich Null, wenn die Flüssigkeit in Ruhe ist, und hängen im allgemeinen von der gegenseitigen Relativgeschwindigkeit benachbarter Flüssigkeitselemente ab. Die Zähigkeit einer Flüssigkeit definieren wir zweckmäßig durch die Betrachtung der stationären Bewegung in zur y-Achse senkrechten Schichten. Die Flüssigkeitsschicht zwischen den Ebenen y und $y + dy$ wird in allen Punkten die Geschwindigkeit c_x besitzen, die nur von y abhängen wird. Wenn sich die Flüssigkeit in dieser Weise in Schichten bewegt, dann nennt man das laminare Strömung. Die Relativgeschwindigkeit zweier benachbarter Schichten ist $\frac{\partial c_x}{\partial y} dy$, und die Tangentialkraft in der Trennungsfläche ist $\eta \frac{\partial c_x}{\partial y}$ je Flächeneinheit, wenn η die Zähigkeit der Flüssigkeit bezeichnet. Diese Definition der von der Zähigkeit herrührenden Tangentialkraft gründet sich auf die Auffassung, daß die Reibungskraft von der gegenseitigen Geschwindigkeit der benachbarten Flüssigkeitselemente abhängt und wird durch die Genauigkeit der daraus abgeleiteten Ergebnisse gerechtfertigt.

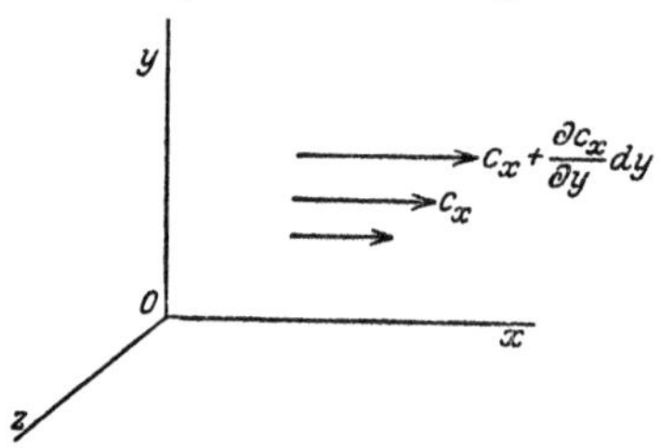

Abb. 60.

Wenn sich zwei parallele Flüssigkeitsschichten in derselben Richtung, aber mit verschiedenen Geschwindigkeiten bewegen, dann ist die Trennungsfläche eine Wirbelfläche, und die elementaren Wirbel dieser Fläche wirken wie Kugellager zwischen den beiden Flüssigkeitsschichten. Die Tangentialspannung in der Trennungsfläche ist aufs engste mit dieser Wirbelfläche verknüpft; die Arbeit, die gegen die Tangentialspannung geleistet werden muß, wird durch die Energiezerstreuung dargestellt, die in den Wirbeln stattfindet.

Um die Festsetzungen über die Natur einer zähen Flüssigkeit zu vervollständigen, müssen wir die Verhältnisse an einer festen Begrenzung betrachten. Die Bewegung der Flüssigkeit entlang der Oberfläche eines Körpers wird eine endliche Tangentialkraft auf der Oberfläche verursachen, woraus folgt, daß die unmittelbar mit der Körperoberfläche in Berührung stehende Flüssigkeitsschicht relativ zur Oberfläche in Ruhe sein muß; denn wenn das nicht der Fall wäre, dann würde $\frac{\partial c_x}{\partial y}$ an der Oberfläche unendlich groß werden und die Tangentialkraft ebenfalls, wenn nicht der Reibungskoeffizient zwischen festem Körper und Flüssigkeit unendlich klein gegen den zwischen zwei Flüssigkeitsschichten wäre. Diese Bedingung des Festhaftens wird durch Versuch und auch durch die Genauigkeit der damit abgeleiteten Ergebnisse bestätigt.

Die Reibungskraft in der Trennungsfläche zweier Flüssigkeitsschichten bei laminarer Bewegung wurde definiert als $\eta \frac{\partial c_x}{\partial y}$ je Flächeneinheit; die auf ein Flüssigkeitselement mit der Dicke dy und der senkrecht zur y-Achse gemessenen Fläche F ausgeübte Kraft wird also

$$\eta\left(\frac{\partial c_x}{\partial y} + \frac{\partial^2 c_x}{\partial y^2}\,dy\right)F - \eta\,\frac{\partial c_x}{\partial y}\,F = \eta\,\frac{\partial^2 c_x}{\partial y^2}\,F\,dy\,,$$

d. h. $\eta \frac{\partial^2 c_x}{\partial y^2}$ je Raumeinheit. Es ist jedoch üblich, mit der Kraft je Masseneinheit zu rechnen, so daß sich für die betrachtete Laminarströmung ergibt:

$$X = \frac{\eta}{\varrho}\,\frac{\partial^2 c_x}{\partial y^2} = \nu\,\frac{\partial^2 c_x}{\partial y^2}\,,$$

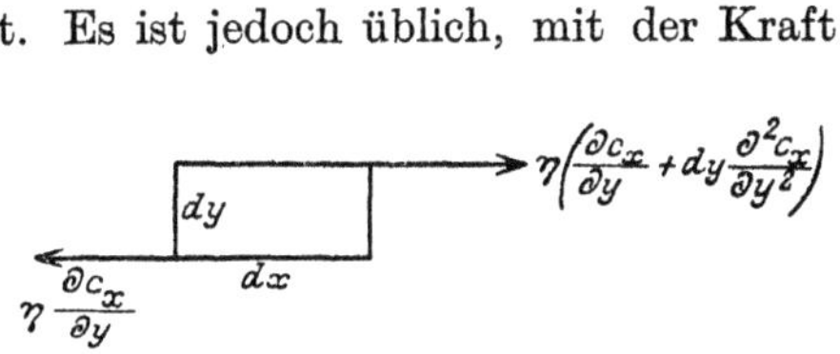

Abb. 61.

wo ν den Quotienten aus Zähigkeit und Dichte der Flüssigkeit darstellt, der als kinematische Zähigkeit bezeichnet wird.

8.2.1. Laminare Strömung zwischen ebenen Platten. Wir können jetzt die Laminarströmung zwischen zwei parallelen ebenen Platten AB und $A'B'$ bestimmen. Die Bewegungsgleichung der Flüssigkeit ist:

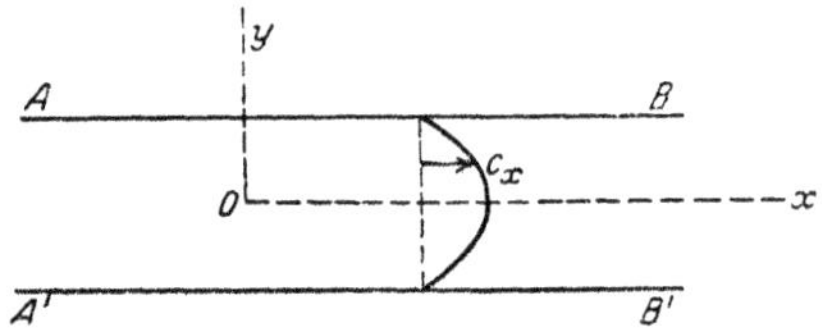

Abb. 62.

$$\eta \frac{\partial^2 c_x}{\partial y^2} = \frac{dp}{dx}.$$

Sie drückt die Tatsache aus, daß die Zähigkeitskraft an jedem Element durch den Druckunterschied ausgeglichen werden muß. Die Geschwindigkeit c_x ist eine Funktion von y, der Druck eine Funktion von x.

Durch Integration der Bewegungsgleichung bekommen wir

$$c_x = a + by + \frac{1}{2\eta}\frac{dp}{dx}y^2;$$

wenn wir den Anfangspunkt O in der Mitte zwischen den zwei Grenzflächen wählen, die den Abstand $2h$ haben sollen, so wird

$$c_x = -\frac{1}{2\eta}\frac{dp}{dx}(h^2 - y^2).$$

Der Druck sinkt gleichmäßig längs des Kanals, die Geschwindigkeitsverteilung über den Kanal ist parabolisch. Die mittlere Geschwindigkeit c_0 des Stromes ist durch die Gleichung bestimmt:

$$c_0 = \frac{1}{2h}\int_{-h}^{+h} c_x\,dy = -\frac{h^2}{3\eta}\frac{dp}{dx}$$

und hieraus

$$c_x = \frac{3}{2}c_0\left(1 - \frac{y^2}{h^2}\right).$$

Die Reibungskraft auf der Länge l und der Breite b der beiden Wände des Kanals können wir aus dem Druckabfall schätzen zu

$$P_w = 2hb\left(-l\frac{dp}{dx}\right) = 3\eta c_0 \frac{F}{h},$$

wo F die „benetzte" Oberfläche $2bl$ bedeutet. Andererseits können wir die Reibungskraft auch unmittelbar aus der Tangentialkraft an der Oberfläche schätzen zu

$$P_w = \eta\left(\frac{\partial c_x}{\partial y}\right)_0 F.$$

Dabei bedeutet der Index, daß $\frac{\partial c_x}{\partial y}$ an der Begrenzung mit dy nach der Flüssigkeit hin zu nehmen ist. Nun ist

$$\frac{\partial c_x}{\partial y} = -\frac{3c_0 \cdot y}{h^2},$$

also

$$\left(\frac{\partial c_x}{\partial y}\right)_0 = \frac{3c_0}{h}.$$

Damit erhalten wir für die Reibungskraft denselben Wert wie aus dem Druckabfall.

8.2.2. Zahlenwerte. Aus den Gleichungen für die Zähigkeitskraft an einem Flüssigkeitsteilchen ersehen wir, daß die Zähigkeitszahlen folgende Dimensionen besitzen:

$$\eta \quad m\,l^{-1}\,t^{-1}$$
$$\nu \quad l^2\,t^{-1}.$$

Im besonderen besitzt die kinematische Zähigkeit ν die Dimension einer Länge mal einer Geschwindigkeit. In den folgenden Tabellen sind die Werte von η und ν im CGS-System im technischen Maßsystem und im British-Engineering-System angegeben.

Die dynamische Zähigkeit η eines Gases ist unabhängig vom Druck und steigt mit der Temperatur etwas langsamer als die absolute Temperatur an.

Tabelle 5. Werte von η für Luft[1].

Temperatur	$g\ cm^{-1}\ sec^{-1}$	$kg\ sec\ m^{-2}$	$slug\ ft^{-1}\ sec^{-1}$
0° C	$1{,}71 \cdot 10^{-4}$	$1{,}74 \cdot 10^{-6}$	$0{,}358 \cdot 10^{-6}$
15° C	1,81	1,84	0,378
100° C	2,21	2,33	0,461

Wenn die Dichte ϱ bekannt ist, dann kann man die kinematische Zähigkeit ν sofort aus dieser Tabelle ableiten, da ja $\nu = \frac{\eta}{\varrho}$ ist. Die Werte von ν für Luft bei 760 mm Quecksilberdruck sind in Tabelle 6 angegeben; allgemein ist der Wert von ν bei einer bestimmten Temperatur umgekehrt proportional dem Druck.

Tabelle 6. Werte von ν für Luft bei normalem Barometerstand.

Temperatur	$cm^2\ sec^{-1}$	$ft^2\ sec^{-1}$
0° C	0,133	$1{,}43 \cdot 10^{-4}$
15° C	0,148	1,59
100° C	0,234	2,52

[1] Kaye and Laby: Physical and Chemical Constants.

Schließlich sind in Tabelle 7 noch die Werte für die kinematische Zähigkeit von Wasser angegeben zum Vergleich mit den Werten für Luft.

Tabelle 7. Werte von ν für Wasser.

Temperatur °C	$\frac{cm^2}{sec}$	$\frac{ft^2}{sec}$
0° C	0,0179	$1{,}92 \cdot 10^{-5}$
5	0,0152	1,63
10	0,0131	1,41
15	0,0115	1,23
20	0,0101	1,08
25	0,0090	0,97

8.2.3. Dimensionsbetrachtungen. In einer vollkommenen Flüssigkeit haben wir die auf einen Körper ausgeübte Kraft in der Form

$$P = \tfrac{1}{2}\zeta\varrho \cdot c_0^2 l^2$$

dargestellt, wo ϱ die Dichte der Flüssigkeit, c_0 die Geschwindigkeit des Körpers gegen die Flüssigkeit und l eine kennzeichnende Länge des Körpers bedeuten. Der Beiwert ζ ist dimensionslos und hängt nur von der Form und Lage des Körpers ab. Dieser Ausdruck ist die einzig mögliche Zusammenstellung der drei Grundparameter ϱ, c_0 und l, die die Dimension einer Kraft ergibt, und kann deshalb ohne irgendeine Bezugnahme auf das Strombild um den Körper aufgestellt werden.

Im Falle einer zähen Flüssigkeit kommt noch ein Parameter hinzu, nämlich die kinematische Zähigkeit ν, die die Dimension einer Länge mal einer Geschwindigkeit besitzt. Wir können jetzt die dimensionslose Funktion

$$R = \frac{l c_0}{\nu}$$

bilden und müssen im allgemeinen die auf einen Körper wirkende Kraft ansetzen zu

$$P = \tfrac{1}{2}\zeta'\varrho \cdot c_0^2 l^2 f\left(\frac{l c_0}{\nu}\right).$$

Dieser allgemeine Ausdruck für die Kraft behält richtige Dimensionen, welche Form man auch der Funktion f geben mag. In einer vollkommenen Flüssigkeit ist die Zähigkeit Null, und die Funktion nimmt den Wert an

$$f\left(\frac{l c_0}{\nu}\right) = 1\,.$$

In dem speziellen, in 8.2.1. behandelten Fall laminarer Strömung erwies sich die Widerstandskraft als $\eta c_0 l$ proportional; die Funktion f nimmt also die Form

$$f\left(\frac{l c_0}{\nu}\right) = \frac{\nu}{l c_0} \text{ an.}$$

Man geht gewöhnlich so vor, daß man den ursprünglichen Ausdruck für die Kraft beibehält:

$$P = \tfrac{1}{2} \zeta \varrho c_0^2 l^2$$

und den dimensionslosen Beiwert ζ als Funktion des dimensionslosen Parameters $\frac{l c_0}{\nu}$ oder R ansieht, den man die Reynoldssche Zahl der Strömung nennt. Wenn die Kräfte an ähnlichen Körpern verschiedener Größe bestimmt worden sind, etwa an einem Flugzeug und an seinem Modell im Windkanal, dann werden die Beiwerte ζ verschieden ausfallen, wenn die Versuche nicht bei derselben Reynoldsschen Zahl angestellt wurden. Dies ist jedoch meist unmöglich, da ν in beiden Fällen denselben Wert besitzt, während l und c_0 in einem Windkanal beide kleiner sind als beim freien Fluge eines Flugzeugs. Man muß deshalb die Abhängigkeit des Beiwertes ζ von der Reynoldsschen Zahl ermitteln und, wenn möglich, eine brauchbare Methode für die Extrapolation vom Modell auf den wirklichen Maßstab ausfindig machen. Die Änderung des Beiwertes ζ mit der Reynoldschen Zahl wird häufig als „Maßstabswirkung“ bezeichnet. Abb. 63 zeigt den Widerstandsbeiwert eines langen Kreiszylinders in Abhängigkeit von der Reynoldsschen Zahl. Der Widerstandsbeiwert ist durch die Gleichung definiert

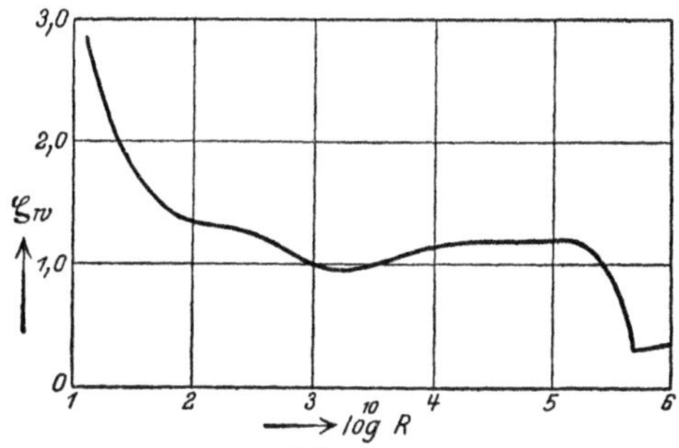

Abb. 63.

$$P_w = \tfrac{1}{2} \zeta_w \varrho c_0^2 F\,,$$

wo F die Fläche senkrecht zum Strom, also das Produkt aus

Länge und Durchmesser des Zylinders darstellt; als Reynoldssche Zahl soll dabei gelten:

$$R = \frac{c_0 \cdot d}{\nu},$$

wo d der Durchmesser des Zylinders ist. Dieses Beispiel zeigt, daß mit zunehmender Reynoldsscher Zahl plötzliche, erhebliche Änderungen des Widerstandsbeiwertes auftreten können. Andererseits sind Schwankungen dieser Größe nicht allgemein, und für viele Arten von Körpern, darunter auch die Tragflügelprofile, zeigt sich, daß der Widerstandsbeiwert bald einem Grenzwert zustrebt. Die Änderung des Widerstandsbeiwertes mit wachsender Reynoldsscher Zahl ist mit einer Änderung des Strombildes verknüpft, und eine plötzliche Änderung des Widerstandsbeiwertes setzt eine plötzliche Änderung des Strombildes um den Körper voraus.

8.2.4. Strömung in kreisrunden Rohren. Ein weiteres Beispiel für die Wichtigkeit der Reynoldsschen Kennzahl liefert die Strömung in einem kreisrunden Rohr. Wenn r die radiale Entfernung einer zylindrischen Schicht der Flüssigkeit von der Rohrachse und x die längs der Achse gemessene Koordinate darstellen, dann lautet die Bewegungsgleichung für laminare Strömung:

$$\frac{d}{dr}\left(2\pi r \eta \frac{dc_x}{dr}\right) = 2\pi r \frac{dp}{dx}$$

oder

$$\frac{d}{dr}\left(r \frac{dc_x}{dr}\right) = \frac{r}{\eta} \frac{dp}{dx}.$$

Wenn wir diese Gleichung integrieren und als Grenzbedingung das Festhaften an der Wand einführen, finden wir für die Geschwindigkeit

$$c_x = -\frac{1}{4\eta} \frac{dp}{dx} (a^2 - r^2),$$

wo a den Radius des Rohres bezeichnet. Die mittlere Geschwindigkeit der Strömung wird

$$c_0 = \frac{1}{\pi a^2} \int_0^a 2\pi r c_x dr = -\frac{a^2}{8\eta} \frac{dp}{dx};$$

hieraus erhalten wir

$$c_x = 2c_0\left(1 - \frac{r^2}{a^2}\right).$$

Die Reibungskraft auf die Länge l des Rohres wird schließlich

$$P_w = \pi a^2 \left(-l \frac{dp}{dx}\right) = 4\eta c_0 \frac{F}{a},$$

wo F die benetzte Oberfläche $2\pi a l$ bezeichnet. Der Druckabfall längs des Rohres wird bei laminarer Strömung

$$\frac{dp}{dx} = -\frac{8\eta c_0}{a^2} = -8\left(\frac{\nu}{a c_0}\right)\frac{\varrho c_0^2}{a}.$$

Dieses Ergebnis benützt man, um die Zähigkeit einer Flüssigkeit aus dem Druckabfall längs eines Rohres zu bestimmen. Man findet durch Versuche, daß sich in einem Rohr immer Laminarströmung einstellt, wenn die Reynoldssche Zahl kleiner als der kritische Wert 1160 ist; durch entsprechende Vorsichtsmaßnahmen, durch die die Turbulenz der Flüssigkeit beim Eintritt in das Rohr vermieden wird, kann man jedoch bis zu viel höheren Werten der Reynoldsschen Zahl noch Laminarströmung erreichen.

Für große Werte der Reynoldsschen Zahl ist die Strömung turbulent; der Druckabfall folgt dann dem empirischen Gesetz[1]

$$\frac{dp}{dx} = -0{,}066\left(\frac{\nu}{a c_0}\right)^{\frac{1}{4}}\frac{\varrho c_0^2}{a},$$

wie eine große Anzahl von Versuchen ergeben hat. Die Reibungskraft an der Wand ist bei turbulenter Strömung proportional $c_0^{1,75}$, im Gegensatz zur Laminarströmung, wo sie einfach proportional c_0 ist.

Dieses empirische Gesetz für die turbulente Strömung in kreisrunden Röhren wurde von Kármán[2] benützt, um das Gesetz der Änderung der Geschwindigkeit mit dem Abstand von der Rohrwand abzuleiten. Allgemein muß die Spannung τ an der Oberfläche, d. h. die Kraft je Flächeneinheit der Oberfläche, die Form haben:

$$\tau = \varrho c_0^2 f(R),$$

wenn R die Reynoldssche Kennzahl $\frac{a c_0}{\nu}$ der Strömung bezeichnet; die Geschwindigkeit in der Entfernung $y = a y'$ von der Rohrwand muß von der Form sein:

$$c_x = c_0 F(y', R).$$

[1] Blasius: Z. Math. u. Phys. 1908.

[2] Über laminare und turbulente Reibung. ZAMM 1921. Eine allgemeinere Behandlung gibt Prandtl: Bericht über Untersuchungen zur ausgebildeten Turbulenz. ZAMM 1925.

In der Nähe der Wand kann man jedoch die Geschwindigkeit auch in Abhängigkeit von ϱ, ν, y und τ, unabhängig von a und c_0 ausdrücken. Durch Betrachtung der Dimensionen dieser Parameter ergibt sich die Form der Geschwindigkeit zu

$$c_x = \frac{\nu}{y}\,\Phi\left(\frac{y}{\nu}\sqrt{\frac{\tau}{\varrho}}\right).$$

Wenn man nun die beiden Ausdrücke für die Geschwindigkeit gleichsetzt und die Spannung τ an der Oberfläche eliminiert, dann erhält man eine Gleichung, welche die Parameter R und y' verknüpft:

$$\Phi\left(y' R \sqrt{f}\right) = y' R F(y', R).$$

Um zu einer Lösung dieser allgemeinen Gleichung zu gelangen, nimmt Kármán an, daß die Geschwindigkeitsverteilung über den Rohrquerschnitt für den Bereich, in dem das Blasiussche Gesetz gilt, unabhängig von der Reynoldsschen Zahl sei. Dann wird

$$\Phi\left(y' R \sqrt{f}\right) = y' R F(y').$$

In der Nähe der Wand genügt es, nur die niedrigste Potenz von y' in den Entwicklungen der Funktionen Φ und F zu behalten. Es folgt damit:

$$\left(y' R \sqrt{f}\right)^{1+n} = \text{konst. } y' R y'^{n}$$

oder

$$f = \text{konst. } R^{-\frac{2n}{n+1}}.$$

Das empirische Gesetz hat aber die Form

$$f = \text{konst. } R^{-k},$$

und damit wird schließlich

$$n = \frac{k}{2-k}.$$

Die Geschwindigkeit nahe an der Wand ändert sich wie y^n, wobei sich der Wert von n folgendermaßen mit dem empirischen Wert von k ändert:

$$k = 1 \quad \tfrac{1}{2} \quad \tfrac{1}{4} \quad 0,$$
$$n = 1 \quad \tfrac{1}{3} \quad \tfrac{1}{7} \quad 0.$$

Bei laminarer Strömung ist $k = 1$, und die Geschwindigkeit ändert sich geradlinig mit dem Abstand von der Wand. Für turbulente

Strömung gibt Blasius $k = \frac{1}{4}$ an, und die Geschwindigkeit ändert sich mit der Siebtelpotenz des Abstandes von der Wand. Wenn der Wert von k bei höheren Reynoldsschen Zahlen noch mehr abnimmt, dann steigt die Geschwindigkeit an der Wand noch rascher an; im Grenzfall, wenn die Spannung τ an der Oberfläche einfach proportional ϱc_0^2 ist ($k = 0$), dann ist die Geschwindigkeit über den ganzen Querschnitt gleichförmig.

Das Gesetz der Geschwindigkeitsverteilung in Abhängigkeit vom Abstand von der Wand verliert seine Gültigkeit in unmittelbarer Nähe der Wand, da es einen unendlich großen Wert von $\frac{\partial c_x}{d y}$ statt des wahren Wertes $\frac{\tau}{\varrho \nu}$ ergibt. Diese Unstimmigkeit ist der Tatsache zuzuschreiben, daß die Flüssigkeitsschicht in unmittelbarer Nachbarschaft der Wand immer in laminarer Bewegung ist, und daß deshalb das empirische Gesetz für die turbulente Strömung nur bis zur äußeren Grenze dieser laminaren Schicht gilt. Die Kurve $c_x = \text{konst}\, y^n$ ist also bis zu dem Punkt anzunehmen, in dem $\frac{\partial c_x}{\partial y} = \frac{\tau}{\varrho \nu}$ wird und ist dann durch die Tangente an diese Kurve bis zum Anfangspunkt fortzusetzen.

8.3. Die allgemeinen Bewegungsgleichungen.

Bis jetzt haben wir die einfache Laminarströmung einer zähen Flüssigkeit betrachtet. Um die allgemeineren Bewegungstypen zu erörtern, müssen wir die Bewegungsgleichungen der Flüssigkeit aufstellen. Bei zweidimensionaler Strömung ist die Geschwindigkeit der Flüssigkeit in irgendeinem Punkt durch ihre Komponenten c_x und c_y parallel zu rechtwinkligen Achsen bestimmt; diese Geschwindigkeitskomponenten müssen die Kontinuitätsgleichung (5.1) erfüllen:

$$\frac{\partial c_x}{\partial x} + \frac{\partial c_y}{\partial y} = 0\,.$$

Die Geschwindigkeitskomponenten c_x und c_y bestimmen die Geschwindigkeit des Flüssigkeitsteilchens im Punkt (x, y). Nach einer kleinen Zeit dt wird sich das Teilchen im Punkt $(x + c_x dt, y + c_y dt)$ befinden, und die Geschwindigkeitskomponenten ergeben sich dann bzw. zu

$$c_x + \frac{\partial c_x}{\partial t} dt + \frac{\partial c_x}{\partial x} c_x dt + \frac{\partial c_x}{\partial y} c_y dt\,,$$

$$c_y + \frac{\partial c_y}{\partial t} dt + \frac{\partial c_y}{\partial x} c_x dt + \frac{\partial c_y}{\partial y} c_y dt\,.$$

In einer vollkommenen Flüssigkeit ist die einzige Kraft, die auf das Teilchen wirkt, der Druck auf seine Grenzflächen; er besitzt pro Volumeneinheit die Komponenten

$$-\frac{\partial p}{\partial x} \text{ und } -\frac{\partial p}{\partial y}.$$

Damit ergeben sich die Bewegungsgleichungen für das Flüssigkeitsteilchen:

$$\frac{\partial c_x}{\partial t} + c_x \frac{\partial c_x}{\partial x} + c_y \frac{\partial c_x}{\partial y} = -\frac{1}{\varrho} \frac{\partial p}{\partial x}$$

$$\frac{\partial c_y}{\partial t} + c_x \frac{\partial c_y}{\partial x} + c_y \frac{\partial c_y}{\partial y} = -\frac{1}{\varrho} \frac{\partial p}{\partial y}.$$

In einer zähen Flüssigkeit erfährt das Teilchen an seinen Grenzflächen auch Tangentialkräfte, die von seiner Bewegung gegen die benachbarten Flüssigkeitsteilchen abhängen; dadurch erscheinen auf der rechten Seite Zusatzglieder $\nu \nabla^2 c_x$ bzw. $\nu \nabla^2 c_y$. Die Ableitung dieser Ausdrücke aus den Grundtatsachen ist in den Lehrbüchern der Hydrodynamik[1] zu finden; die folgende Erörterung soll nur die physikalische Bedeutung der Ausdrücke klarstellen.

Wenn c_x die Geschwindigkeitskomponente im Punkt (x, y) parallel zur x-Achse bedeutet, dann können wir die entsprechende Geschwindigkeitskomponente in dem Nachbarpunkt $(x + \xi, y + \eta)$ schreiben:

$$c_x' = c_x + \left(\xi \frac{\partial c_x}{\partial x} + \eta \frac{\partial c_x}{\partial y}\right) + \frac{1}{2}\left(\xi^2 \frac{\partial^2 c_x}{\partial x^2} + 2\,\xi\,\eta \frac{\partial^2 c_x}{\partial x\,\partial y} + \eta^2 \frac{\partial^2 c_x}{\partial y^2}\right),$$

wenn wir höhere Potenzen von ξ und η als die zweite vernachlässigen. Der mittlere Wert dieser Geschwindigkeitskomponenten in den vier Punkten $(x \pm \xi,\ y \pm \eta)$ ist

$$\bar{c}_x' = c_x + \frac{1}{2}\left(\xi^2 \frac{\partial^2 c_x}{\partial x^2} + \eta^2 \frac{\partial^2 c_x}{\partial y^2}\right).$$

Für einen Kreisring von Punkten, die den Punkt (x, y) umgeben, sind die mittleren Werte von ξ^2 und η^2 gleich. Also bekommen wir

$$\bar{c}_x' - c_x = \text{konst} \cdot \left(\frac{\partial^2 c_x}{\partial x^2} + \frac{\partial^2 c_x}{\partial y^2}\right)$$

$$= \text{konst} \cdot \nabla^2 c_x.$$

---

[1] Z. B. Lamb: Hydrodynamik, Kap. XI.

Bei der Laminarströmung, die in 8.2) betrachtet wurde, um die Zähigkeitskraft zwischen zwei benachbarten Flüssigkeitsteilchen zu definieren, war nun die Geschwindigkeit eine Funktion von y allein, und die Kraft je Masseneinheit der Flüssigkeit ergab sich zu

$$X = \nu \frac{\partial^2 c_x}{\partial y^2}.$$

Diese Kraft hängt von der gegenseitigen Bewegung der benachbarten Flüssigkeitsteilchen ab; für die Zähigkeitskraft pro Masseneinheit können wir deshalb im allgemeinen Fall erwarten

$$X = \nu \nabla^2 c_x ,$$

wozu ein entsprechender Ausdruck für die zur y-Achse parallele Komponente hinzukommt. Die vollständigen Bewegungsgleichungen für die zweidimensionale Strömung einer zähen Flüssigkeit sind:

$$\frac{\partial c_x}{\partial t} + c_x \frac{\partial c_x}{\partial x} + c_y \frac{\partial c_x}{\partial y} = -\frac{1}{\varrho} \frac{\partial p}{\partial x} + \nu \nabla^2 c_x$$

$$\frac{\partial c_y}{\partial t} + c_x \frac{\partial c_y}{\partial x} + c_y \frac{\partial c_y}{\partial y} = -\frac{1}{\varrho} \frac{\partial p}{\partial y} + \nu \nabla^2 c_y .$$

Bei stationärer Bewegung sind die Glieder $\frac{\partial c_x}{\partial t}$ und $\frac{\partial c_y}{\partial t}$ gleich Null. Die Lösung dieser Gleichungen für die Strömung um einen Körper, an dessen Oberfläche die Bedingung des Festhaftens ($c_x = c_y = 0$) besteht, bietet mit Ausnahme einiger besonderer Fälle fast unüberwindliche Schwierigkeiten, und man muß deshalb zu irgendeiner Näherungsmethode greifen. Der Begriff einer idealen Flüssigkeit gründet sich auf die Tatsache, daß die Zähigkeit einer Flüssigkeit klein ist und daß die Glieder, welche das ν enthalten, gegenüber den dynamischen Gliedern, in denen das Quadrat der Geschwindigkeit vorkommt, vernachlässigbar sind. Im anderen Grenzfall kann man die langsame, stationäre Strömung einer zähen Flüssigkeit betrachten, bei der die dynamischen Glieder gegenüber den Zähigkeitsgliedern vernachlässigbar sind. Die linken Seiten der Bewegungsgleichungen verschwinden dann; wenn man den Druck eliminiert und die Geschwindigkeitskomponenten durch die Stromfunktion Ψ ausdrückt, erhält man eine einzige Gleichung:

$$\nabla^4 \Psi = \left(\frac{\partial^2}{\partial x^2} + \frac{\partial^2}{\partial y^2}\right)\left(\frac{\partial^2}{\partial x^2} + \frac{\partial^2}{\partial y^2}\right) \Psi = 0 .$$

Einige Probleme sind auf dieser Grundlage gelöst worden; die Lösungen gelten aber nur für außerordentlich niedrige Geschwindigkeiten. Im allgemeinen braucht man eine Näherung, die sowohl die dynamischen als auch die Zähigkeitsglieder erfaßt, die jedoch die Gleichungen auf eine einfachere Form zurückführt.

8.4. Die Grenzschichttheorie.

Prandtls Näherung für die allgemeinen Bewegungsgleichungen zäher Flüssigkeiten[1] gründet sich auf die Tatsache, daß die Zähigkeit einer Flüssigkeit klein ist und daß sie eine merkliche Wirkung nur dort ausübt, wo die Geschwindigkeit von Punkt zu Punkt rasch ansteigt. Nun treten aber rasche Geschwindigkeitsänderungen nur in unmittelbarer Nähe einer Körperoberfläche auf, wo die Geschwindigkeit von Null an der Oberfläche bis zu ihrem Wert im Hauptstrom ansteigt. Die Prandtlsche Auffassung des Problems geht also dahin, daß die Wirkung der Zähigkeit nur in einer schmalen Grenzschicht, welche die Körperoberfläche umgibt, von Wichtigkeit ist, und daß man in der freien Flüssigkeit außerhalb dieser Grenzschicht die Zähigkeit vernachlässigen kann. In der Grenzschicht steigt die Geschwindigkeit der Flüssigkeit rasch von Null auf ihren Wert im freien Strom an, und wie klein auch die Zähigkeit sei, in dieser Schicht behält sie immer ihre Wichtigkeit.

Wir wollen jetzt die allgemeinen Bewegungsgleichungen auf die Grenzschicht anwenden. Die Koordinate x soll längs einer ebenen Oberfläche gemessen werden; die Größen x, c_x und p seien endlich, während y und c_y klein von der Ordnung ε sein sollen. In der ersten Bewegungsgleichung ist $\frac{\partial^2 c_x}{\partial x^2}$ klein im Vergleich zu $\frac{\partial^2 c_x}{\partial y^2}$, und die Gleichung wird

$$\frac{\partial c_x}{\partial t} + c_x \frac{\partial c_x}{\partial x} + c_y \frac{\partial c_x}{\partial y} = -\frac{1}{\varrho} \frac{\partial p}{\partial x} + \nu \frac{\partial^2 c_x}{\partial y^2};$$

dabei ist das letzte Glied von der Ordnung $\frac{\nu}{\varepsilon^2}$. Wenn ν klein gegen ε^2 ist, dann verschwindet das letzte Glied, und die Gleichung geht in die einer idealen Flüssigkeit über. Wenn ν groß gegen ε^2 ist, dann können wir die dynamischen Glieder mit dem Quadrat

[1] Verh. d. III. intern. math. Kongresses (Heidelberg 1904).

der Geschwindigkeit vernachlässigen, und die Gleichung gilt für sehr langsame Bewegung. Im allgemeinen muß ν von derselben Ordnung wie ε^2 sein; die Ordinaten der Grenzschicht sind dann proportional $\sqrt{\nu}$.

Die zweite Bewegungsgleichung führt zu dem sehr einfachen Ergebnis

$$0 = -\frac{1}{\varrho}\frac{\partial p}{\partial y},$$

da alle anderen Glieder klein im Vergleich zu diesem Druckglied sind. Diese Gleichung zeigt, daß der Druck senkrecht durch die Grenzschicht hindurch gleichbleibt und nur von x abhängt.

Die Gleichungen, welche die Strömung in der Grenzschicht beherrschen, sind:

$$\frac{\partial c_x}{\partial t} + c_x\frac{\partial c_x}{\partial x} + c_y\frac{\partial c_x}{\partial y} = -\frac{1}{\varrho}\frac{\partial p}{\partial x} + \nu\frac{\partial^2 c_x}{\partial y^2}$$

$$\frac{\partial c_x}{\partial x} + \frac{\partial c_y}{\partial y} = 0\,.$$

Diese Gleichungen sind für die Strömung längs einer ebenen Wand aufgestellt; man kann sie jedoch in derselben Form allgemeiner auf eine gekrümmte Fläche beziehen, wenn man die Koordinate x längs der Fläche und die Koordinate y senkrecht dazu mißt.

8.4.1. Widerstand einer ebenen Platte. Die Grenzschichttheorie ist von H. Blasius[1] angewandt worden, um die Laminarströmung längs einer ebenen Platte und den dabei auftretenden Reibungswiderstand zu bestimmen. Wenn man die Koordinate x von der Vorderkante an längs der Platte mißt, so ergibt sich die Dicke

Abb. 64.

der Grenzschicht als proportional zu $\sqrt{\frac{\nu x}{c_0}}$; die Reibungskraft auf beiden Seiten einer Platte von der Länge l wird für die Breite Eins:

$$P_w = 1{,}327\sqrt{\frac{\nu}{l c_0}}\, l \varrho c_0^2\,.$$

[1] Grenzschichten in Flüssigkeiten mit kleiner Reibung. Z. Math. u. Phys. 1908.

Der Widerstand ist also proportional $c_0^{1,5}$, und der Widerstandsbeiwert der ebenen Platte, die wir als Tragflügel ansehen, ist

$$\zeta_w = 2{,}654 \sqrt{\frac{\nu}{l c_0}}.$$

Die Dicke der Grenzschicht ist nicht genau bestimmbar, da sich die Geschwindigkeit c_x in der Grenzschicht asymptotisch der Geschwindigkeit c_0 des freien Stroms nähert; wenn man jedoch die äußere Oberfläche der Grenzschicht durch die Bedingung definiert, daß sich c_x bis auf einen willkürlich kleinen Prozentsatz der Geschwindigkeit c_0 genähert habe, dann kann man die Dicke der Grenzschicht annehmen zu

$$\delta = 4{,}5 \sqrt{\frac{\nu x}{c_0}}.$$

Der Wert $l c_0 = 10^6 \nu$ bezeichnet die Grenze zwischen dem Modellbereich und dem Bereich natürlicher Größe für Tragflügel; bei diesem Wert ist die größte Dicke der Grenzschicht $0{,}0045\, l$.

Die Lösung von Blasius entspricht laminarer Strömung längs der Platte und stellt deshalb die wirkliche Strömung nur für kleine Werte der Reynoldsschen Zahl dar. Kármán[1] erhielt eine Lösung für die turbulente Strömung längs einer ebenen Platte, indem er das von Blasius für die turbulente Strömung in einem Rohr aufgestellte Gesetz (8. 2. 4) analysierte; für den Widerstandsbeiwert bekam er:

$$\zeta_w = 0{,}144 \left(\frac{\nu}{l c_0}\right)^{0.2}.$$

Der Widerstand ist also proportional $c_0^{1.8}$, die Dicke der Grenzschicht proportional $x^{0,8}$. Man kann Kármáns Ergebnis mit der experimentellen Bestimmung[2]

$$\zeta_w = 0{,}075 \left(\frac{\nu}{l c_0}\right)^{0,15}$$

vergleichen. Für den Bereich der Versuche ($R = 3 \cdot 10^5$ bis $7 \cdot 10^6$) zeigen die Zahlenwerte, die in Tabelle 8 gegeben sind, gute Übereinstimmung. Es sind zum Vergleich noch die Zahlenwerte beigefügt, die die Blasiussche Formel gibt; sie zeigen, daß der Übergang von laminarer zu turbulenter Strömung eine Erhöhung des Widerstandes verursacht.

---

[1] Über laminare und turbulente Reibung. ZAMM 1921.

[2] Ergebnisse der aerodynam. Versuchsanstalt zu Göttingen I. 1921.

Tabelle 8. Reibungswiderstandsbeiwert einer ebenen Platte.

$R=$	$3 \cdot 10^5$	10^6	$7 \cdot 10^6$
Versuch	0,0114	0,0094	0,0070
Kármán	0,0116	0,0090	0,0061
Blasius	0,0048	0,0026	0,0010

8.4.2. Die Grenzschichttheorie können wir auch benützen, um die Erscheinung des Ablösens der Strömung vom Körper und die Bildung einer Wirbelstraße zu erklären. In einer vollkommenen Flüssigkeit vereinigen sich die über und unter dem Körper vorbeifließenden Ströme wieder und bilden einen Staupunkt S auf der Oberfläche. Von A bis S nimmt die Geschwindigkeit der Flüssigkeit ab und der Druck zu; die Flüssigkeitsteilchen verlieren also kinetische Energie, indem sie sich ihren Weg längs der Oberfläche entgegen dem anwachsenden Druck erzwingen. Wenn in der am Körper anliegenden Grenzschicht auch Zähigkeitskräfte wirken, dann werden die Flüssigkeitsteilchen ihre Energie noch rascher verlieren und schon zur Ruhe kommen, ehe sie den Punkt S erreichen; es wird dann ein Gegenstrom von S gegen A einsetzen,

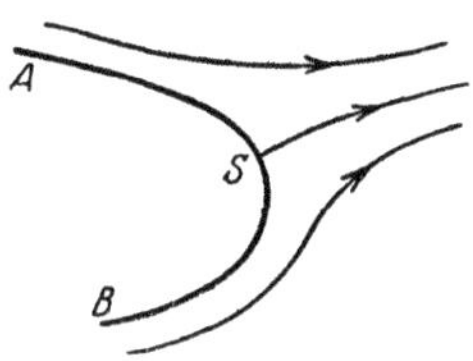

Abb. 65.

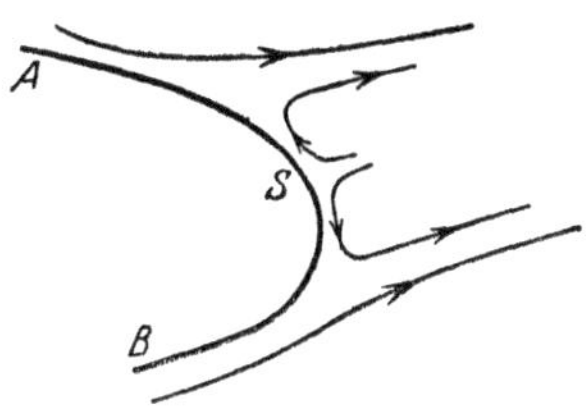

Abb. 66.

wie es Abb. 66 zeigt. Derselbe Vorgang wird auf der Unterseite des Körpers einsetzen. Es werden so zwei Unstetigkeitsflächen entstehen, wie sie in der Helmholtz-Kirchhoffschen Theorie angenommen wurden. Diese Unstetigkeitsflächen sind instabil und führen zur Entwicklung einer Kármánschen Wirbelstraße hinter dem Körper.

Die Bedingung für das Ablösen der Strömung hängt mit der Druckerhöhung längs der Oberfläche zusammen; für eine gegebene Druckverteilung längs der Oberfläche kann man mittels der Gleichungen für die Grenzschicht den Punkt berechnen, an dem die Strömung sich ablöst. Leider ist es nicht genügend genau, die für eine ideale Flüssigkeit vorhandene Druckverteilung zugrunde zu legen, und auch wenn man die Punkte bestimmt hat, von denen die Unstetigkeitsflächen ausgehen, dann ist doch noch ein weiterer Ausbau der Theorie nötig, um die Stärke und Breite der entstehenden Wirbelstraße zu bestimmen. Das Problem des Formwiderstandes eines Körpers harrt deshalb noch der Lösung, wenn auch die Theorie bereits die Bildung der Unstetigkeitsflächen und die Art der sich ergebenden Wirbelstraße angibt.

IX. Die Grundlage der Tragflügeltheorie.

9.1.

Die Theorie der Auftriebskraft, die ein Tragflügel in zweidimensionaler Strömung liefert, wurde entwickelt unter der Annahme idealer Flüssigkeit und Zuhilfenahme der Joukowskischen Hypothese, daß der Strom an der Hinterkante glatt abfließe. Wir müssen jetzt die innere Grundlage dieser Theorie betrachten und uns klar werden, bis zu welcher Grenze die angenommene Strömung mit den bei einer zähigkeitsbehafteten Flüssigkeit wirklich vorhandenen Verhältnissen übereinstimmt.

Alle wirklichen Flüssigkeiten besitzen die Eigenschaft der Zähigkeit; der Begriff einer idealen Flüssigkeit wäre so zu wählen, daß sie den Grenzfall einer Flüssigkeit darstellt, wo die Zähigkeit verschwindend klein geworden ist. Wir wissen nun, daß der Grenzwert einer Funktion $f(x)$, wenn x gegen Null geht, nicht gleich dem Wert der Funktion für x gleich Null zu sein braucht; es genügt also für den richtigen Begriff einer idealen Flüssigkeit nicht, die Zähigkeit einfach gleich Null zu setzen. Man muß die Zähigkeit in den Bewegungsgleichungen beibehalten und die Strömung einer idealen Flüssigkeit dadurch gewinnen, daß man die Zähigkeit verschwindend klein macht.

9.2. Gleiten auf der Grenzfläche.

Zunächst müssen wir vor allem die Bewegung der Flüssigkeit an der Oberfläche eines Körpers betrachten. In einer zähen Flüssigkeit ist die Relativgeschwindigkeit an der Oberfläche eines Körpers Null. Der Körper wird von einer schmalen Grenzschicht umgeben, in der die Geschwindigkeit rasch auf einen endlichen Wert ansteigt.

Die Dicke dieser Grenzschicht, die ihrem Wesen nach ein Wirbelgebiet darstellt, ist proportional $\sqrt{\nu}$ und geht mit der Zähigkeit gegen Null. Der Grenzfall dieser Grenzschicht ist also eine Wirbelfläche, welche die Oberfläche des Körpers umgibt, deren Wirbel als Kugellager zwischen der Körperoberfläche und der Hauptmasse der Flüssigkeit wirken. Die Annahme einer idealen Flüssigkeit mit einer Wirbelschicht um die Oberfläche des Körpers stellt also den Grenzfall einer zähen Flüssigkeit dar, wenn die Zähigkeit gegen Null geht; das Bestehen der Wirbelfläche bewirkt, daß die Lösung für die ideale Flüssigkeit die Bedingung des Festhaftens an der Begrenzung nicht zu erfüllen braucht. Wenn c die Geschwindigkeit der idealen Flüssigkeit an der Oberfläche darstellt, dann ist die Wirbelstärke der Wirbelfläche pro Längeneinheit gleich c. Wenn man annimmt, daß eine Wirbelfläche den ganzen Körper umgibt, dann ist die Bedingung des Festhaftens erfüllt; die Geschwindigkeit steigt jedoch beim Durchgang durch die unendlich dünne Wirbelschicht auf den Wert c an; außerhalb der Grenzschicht sind die Bedingungen genau dieselben, als wenn die Wirbelschicht nicht vorhanden und die Bedingung des Festhaftens an der Begrenzung verlassen wäre. Die Summe der Wirbelstärken, die die Wirbelschicht bilden, ist gleich der Größe der Zirkulation um den Körper, die bei der Lösung für die ideale Flüssigkeit auftritt.

Die Grenzschicht überträgt den Druck normal zu sich selbst ohne Änderung; die wirkliche Druckverteilung auf der Oberfläche des Körpers ist also ebenso, wie man sie mit der Bernoullischen Gleichung aus der Lösung für die ideale Flüssigkeit erhält.

Wenn man mit der Zähigkeit zur Grenze Null übergeht, muß man jedoch das bei der zähigkeitsbehafteten Flüssigkeit wirklich auftretende Strombild beibehalten. Bei einem Kreiszylinder zum Beispiel löst sich die Strömung in zwei Wirbelflächen von der Oberfläche los, die sich in eine Kármánsche Wirbelstraße entwickeln, und dieses Strombild muß auch im Grenzfall beibehalten werden. Das in 3.6 behandelte Strombild, bei dem die Flüssigkeit glatt bis zur Rückseite des Zylinders fließt, ist offenbar unbrauchbar und stellt die wirkliche Strömung, außer vielleicht auf der Zylindervorderseite (s. Abb. 14), auch nicht annähernd richtig dar. Die Stelle auf dem Zylinder, wo sich die Strömung von der Oberfläche ablöst, und die Art der entstehenden Wirbelstraße wird von der Zähigkeit abhängen; man kann jedoch leicht einsehen, daß dieses Merkmal der Strömung nicht verschwinden kann, wenn die Zähigkeit gegen Null geht. In Abb. 67 sei die Körperoberfläche von einer Wirbelschicht umgeben; das Wirbelelement in P hat dann die Geschwindigkeit $\frac{1}{2}c$ längs der Oberfläche (s. 4.3.5), die Wirbelelemente laufen also auf der Körperoberfläche ständig von vorn nach hinten. Diese Wirbelelemente müssen den Körper schließlich verlassen und wandern dann als Kármánsche Wirbelstraße weiter stromabwärts. Die Breite und Stärke dieser Kármánschen Wirbelstraße wird von der Form des Körpers abhängen; man muß jedoch in allen Fällen eine Wirbelstraße dieser Art annehmen.

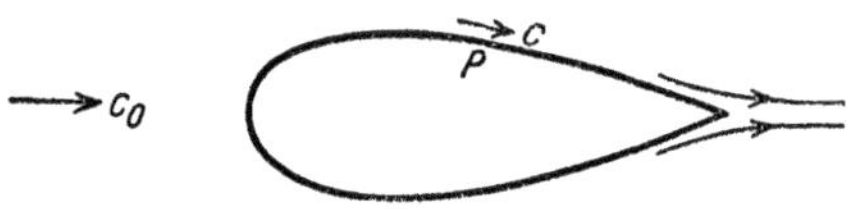

Abb. 67.

9.3. Joukowskis Hypothese.

Die Strömung einer idealen Flüssigkeit um ein Profil kann man mit jeder willkürlichen Zirkulation der Strömung um das Profil ansetzen; in der Entwicklung der Theorie wurde jedoch die Zirkulation um ein Profil mit scharfer Hinterkante mit Hilfe der Joukowskischen Hypothese, daß die Flüssigkeit am Hinterende glatt abströme, bestimmt. Mit jedem anderen Wert der Zirkulation wäre die Geschwindigkeit der Flüssigkeit an der Hinterkante unendlich groß, und die Zähigkeitskraft könnte in diesem Punkt auch dann nicht vernachlässigt werden, wenn die Zähigkeit unendlich klein wäre, denn wie klein auch der Wert von ν gewählt würde, es gäbe doch immer ein Gebiet in der Nähe der Hinterkante des Profils, wo das Produkt aus ν und der Geschwindigkeitsänderung $\frac{\partial c}{\partial n}$ groß wäre. Hieraus folgt, daß die einzige Lösung für ideale Flüssigkeit, die wir als Grenzfall der wirklichen Lösung für die zähigkeitsbehaftete Flüssigkeit ansehen können, jene ist, welche die unendliche Geschwindigkeit an der Hinterkante vermeidet; diese Lösung wird durch die Joukowskische Hypothese festgelegt.

Die Bedingung, daß die Flüssigkeitsgeschwindigkeit in allen Punkten endlich bleiben muß, können wir allgemeiner als ein Kriterium für die Gültigkeit irgendeiner für ideale Flüssigkeit geltenden Lösung anwenden. So ist die Strömung um eine Platte in Abb. 43 offenbar als Grenzlösung einer wirklichen zähigkeitsbehafteten Flüssigkeit für verschwindende Zähigkeit unmöglich; die wirklich Strömung muß deshalb so erfolgen, daß sie sich an den Enden der Strecke von der Oberfläche ablöst (Abb. 56).

Die Größe der Zirkulation um ein Profil, die sich nach der Joukowskischen Hypothese ergibt, ist nicht ganz genau, da sie den Einfluß der Wirbelstraße hinter dem Profil vernachlässigt. Die Strömung an der Unterfläche des Tragflügels, längs der der Druck gegen die Hinterkante zu abnimmt, wird stetig zur Hinterkante laufen und dort glatt abgehen; die Strömung auf der Oberseite, längs welcher der Druck gegen die Hinterkante zunimmt, wird sich von der Oberfläche ablösen, ehe sie die Hinterkante erreicht hat, und wird dort die obere Grenze des Wirbelgebiets bilden. Die wirkliche Zirkulation wird also um einen geringen Betrag kleiner sein, als sie sich aus der Joukowskischen Hypothese ergibt. Es zeigt sich jedoch, daß Profile von guter Form bei kleinen Anstellwinkeln einen außerordentlich kleinen Formwiderstand (s. 9.5) besitzen, und daß das Wirbelgebiet zu schwach und zu schmal ist, um eine merkbare Wirkung auf die Zirkulation auszuüben. Bei großen Anstellwinkeln ist das Wirbelgebiet von größerem Einfluß, da sich die Strömung dann eher von der Oberfläche des Profils ablöst. Die Joukowskische Hypothese verliert dann ihre Gültigkeit vollständig, der Auftrieb steigt nicht mehr mit dem Anstellwinkel und das Profil erreicht seinen kritischen Winkel. In diesem Gebiet gilt die Tragflügeltheorie des VII. Kapitels nicht mehr; das Profil ist als stumpfer Körper anzusehen, und der wichtigste Zug der Strömung ist weit mehr das Wirbelgebiet als die Zirkulation.

Im gewöhnlichen Arbeitsbereich eines Tragflügels kann man mittels der Joukowskischen Hypothese die Zirkulation mit großer Genauigkeit bestimmen; diese Bestimmung hängt nicht vom genauen Wert der Zähigkeit ab, den man nur sehr klein anzunehmen braucht. Es ist deshalb in diesem Bereich keine nennenswerte Maßstabswirkung für den Auftrieb eines Profils zu erwarten. Wenn man sich jedoch dem kritischen Winkel nähert, dann löst sich die Strömung auf der Oberseite des Profils ab und bildet ein breites Wirbelgebiet; dann kann eine erhebliche Maßstabwirkung auftreten, da die Natur des Wirbelgebiets von der Reynoldsschen Zahl der Strömung abhängen wird.

9.4. Ursprung der Zirkulation.

Der Vorgang, durch den die Zirkulation um ein Profil beim Anfahren aus der Ruhe entsteht, bietet gewisse theoretische Schwierigkeiten, denn in einer idealen Flüssigkeit wäre dieser Vorgang unmöglich; man muß deshalb wieder den Grenzfall betrachten, in dem die Zähigkeit gegen Null geht. Bei außerordentlich kleinen Geschwindigkeiten, wenn das Profil aus der Ruhe anfährt, wird sich die Strömung in der Nähe der Hinterkante wie in Abb. 68 (a) ausbilden mit einem Staupunkt S auf der Oberseite in gewissem kleinen Abstand von der Hinterkante. Wenn die Um-

a Abb. 68 *b*

strömungsgeschwindigkeit ansteigt, dann können die Stromlinien der Unterfläche wegen der Zähigkeitskräfte, die durch den hohen Geschwindigkeitsabfall hervorgebracht werden, nicht mehr um die Hinterkante herumfließen; die Strömung löst sich von der Hinterkante los und bildet zwischen der Hinterkante und dem alten Staupunkt S einen Wirbel, wie Abb. 68 (b) zeigt. Wenn dieser Wirbel eine gewisse Größe erreicht hat, löst er sich vom Profil los und wandert im Wirbelgebiet stromabwärts. Die Zirkulation um irgendeine weite Kontur $ABCD$ (Abb. 69), die das Profil ursprünglich umgab, war anfangs Null und muß auch Null bleiben; da diese Kontur jetzt den Wirbel E einschließt, muß eine Zirkulation Z um das Profil vorhanden sein, die der Zirkulation um den Wirbel E genau entgegengesetzt gleich ist. Im Laufe der Zeit wandert der Wirbel E weit stromabwärts, wo er die Strömung um den Tragflügel nicht mehr beeinflussen kann; das Profil befindet sich dann in einem stationären Strom, der eine Zirkulation um das Profil besitzt.

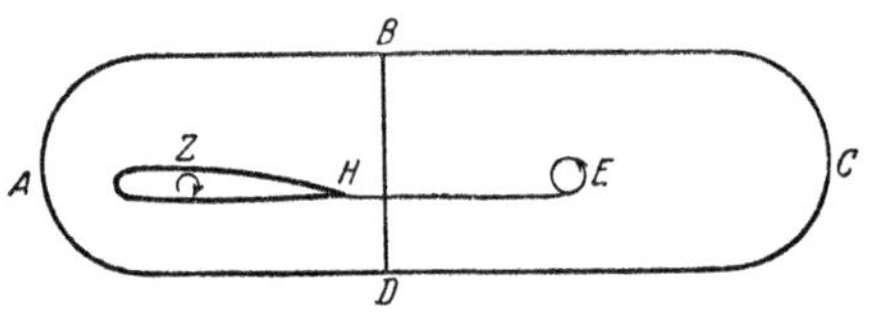

Abb 69.

Das Vorhandensein des Wirbels E in den ersten Stadien der Bewegung kann man versuchsmäßig in sehr einfacher Weise dadurch nachweisen, daß man eine ebene Platte in Wasser taucht und sie ruckweise in einer Richtung bewegt, die unter einem kleinen Winkel gegen ihre Oberfläche geneigt ist. Wenn sich die Strömung nicht ruckweise, sondern langsam entwickelt, dann werden von der Hinterkante eine ganze Reihe von Wirbeln abgehen; die obige Überlegung bleibt jedoch gültig, und die entstehende Zirkulation um den Tragflügel ist ihrer Größe nach gleich der Summe der abgegangenen Wirbelstärken.

Allgemein ist die Größe der Zirkulation um ein Profil durch die Stärke der Wirbel bestimmt, die in den Anfangsstadien der Bewegung oder zu irgendeiner Zeit ausgesandt wurden, wo sich die Geschwindigkeit oder die Lage änderten; sie ist jedoch außerdem kleinen Schwankungen unterworfen. Die Wirbel der Grenzschicht wandern stromabwärts in das Wirbelgebiet und bilden eine Kármánsche Wirbelstraße; um dieses System aufrechtzuerhalten, werden abwechselnd von der Ober- und Unterfläche Wirbel von entgegengesetztem Vorzeichen ausgesandt. Da die Summe der Zirkulation um das Profil und alle Wirbel des Wirbelgebietes Null sein muß, so folgt, daß die Zirkulation um das Profil zwischen den Grenzen $Z \pm \frac{1}{2} k$ schwanken muß, wenn Z die mittlere Zirkulation und k die Stärke der Wirbelstraße bedeuten. Für ein gutes Profil ist bei kleinem Anstellwinkel das Wirbelgebiet klein und schwach, und die Zirkulation um das Profil praktisch konstant; wenn sich die Lage des Profils dem kritischen Winkel nähert oder diesen überschreitet, dann kann die Größe der Zirkulationsschwankung einen erheblichen Teil der mittleren Zirkulation ausmachen.

9.5. Der Widerstand eines Profils.

Bei der Entwicklung der Theorie des Auftriebs eines Profils wurde der Widerstand vollständig vernachlässigt; dieses Vorgehen wird nur durch die Tatsache gerechtfertigt, daß der Widerstand einen so kleinen Bruchteil des Auftriebs darstellt, daß die zur Erklärung des Widerstandes nötige Abänderung der Strömung keinen merklichen Einfluß auf die Eigenschaften der Strömung ausübt, die den Auftrieb bestimmen. Die Methode wird offenbar ungültig in der Nähe des kritischen Winkels, wo der Widerstand infolge der Entwicklung eines starken Wirbelgebiets rasch anwächst, und ebenso in der Nähe des Winkels, bei dem kein Auftrieb eintritt, da dort Auftrieb und Widerstand von gleicher

Größenordnung sind. Da der Widerstand von der Zähigkeit abhängt und sich mit der Reynoldsschen Zahl der Strömung ändert, so ist sowohl in der Nähe des Winkels, bei dem kein Auftrieb eintritt, als auch in der Nähe des kritischen Winkels eine Maßstabswirkung auf den Auftrieb zu erwarten.

Der Widerstand eines Profils in zweidimensionaler Strömung heißt Profilwiderstand, da er wesentlich von der Gestalt des Profils abhängt. Diesen Profilwiderstand kann man in zwei Teile zerlegen, den Formwiderstand, der mit der Wirbelstraße hinter dem Profil zusammenhängt, und den Reibungswiderstand an der Oberfläche des Profils. Eine Messung der Druckverteilung an der Oberfläche des Profils kann den Auftrieb und den Formwiderstand liefern; den Reibungswiderstand kann man jedoch auf diese Weise nicht bestimmen.

Der Profilwiderstandsbeiwert eines guten Profilquerschnittes ist außerordentlich niedrig; die folgende Tabelle gibt die Werte der kleinsten Profilwiderstandsbeiwerte einiger Profilquerschnitte für die Reynoldssche Zahl $R = 2{,}5 \cdot 10^5$, bei der der Reibungswiderstandsbeiwert einer ebenen Platte 0,0116 beträgt. Im Falle eines dünnen, symmetrischen Querschnitts, Göttingen 443, wurde bei $R = 4 \cdot 10^5$ ein Profilwiderstandsbeiwert von 0,0054 erreicht, also nur die Hälfte des Reibungswiderstandsbeiwertes einer Platte bei demselben Wert der Reynoldsschen Zahl.

Tabelle 9. Kleinste Profilwiderstandsbeiwerte.

RAF 15	0,0116
RAF 25	0,0080
RAF 30	0,0112

Diese Versuchswerte rechtfertigen die Annahme, die bei der Entwicklung der Tragflügeltheorie gemacht wurde, daß der Widerstand im gewöhnlichen Anstellbereich im Vergleich zum Auftrieb verschwindend klein ist. Es zeigt sich auch, daß der Profilwiderstand eines Tragflügelprofils kleiner sein kann als der Reibungswiderstand einer ebenen Platte mit der gleichen Sehnenlänge. Der Formwiderstand muß also außerordentlich klein sein; man kann deshalb das Wirbelgebiet mit gutem Gewissen vernachlässigen und die Größe der Zirkulation nach der Joukowskischen Hypothese bestimmen.

X. Der Tragflügel in drei Dimensionen.

10.1. Zirkulation und Rotation.

Die für zwei Dimensionen aufgestellte Definition der Zirkulation um eine geschlossene Kurve als Integral der Tangentialkomponente der Geschwindigkeit um die Kurve herum können wir sofort auf den allgemeinen Fall dreidimensionaler Strömung ausdehnen, indem wir die Beschränkung fallen lassen, daß die Kurve in einer bestimmten Ebene liege. Wenn man irgendein von dieser Kurve umschlossenes Flächenstück durch eine Schar sich schneidender Linien in ein Netzwerk auflöst, kann man zeigen, daß die Zirkulation um diese Kurve gleich der Summe der Zirkulationen um die von dem Netzwerk gebildeten Elementarflächen ist.

Die Rotation eines Flüssigkeitselementes war für zweidimensionale Bewegung als die doppelte Winkelgeschwindigkeit des Elements definiert (s. 4.3). Diese Definition behalten wir in dem allgemeineren Fall dreidimensionaler Strömung bei, nur kann jetzt die Drehachse beliebig gerichtet sein. Wenn wir immer in Richtung der Drehachse aufeinanderfolgender Flüssigkeitsteilchen weitergehen, erhalten wir eine gekrümmte Linie, deren Richtung in jedem ihrer Punkte mit der Drehachse des entsprechenden Flüssigkeitspunktes zusammenfällt. Eine solche Linie heißt Wirbellinie.

Die Wirbellinien, die durch den Umfang einer kleinen geschlossenen Kurve C hindurchgehen, bilden die Oberfläche einer Wirbelröhre, zu der C ein Querschnitt ist. Wenn in diesem Querschnitt die Rotation $2\,\omega$ ist, und wenn man den Querschnitt senkrecht zur Achse der Röhre annimmt, dann ist die Zirkulation Z um die Kurve C gleich $2\omega F$, nämlich das Produkt aus Rotation und Fläche. Wenn man den Querschnitt so wählt, daß seine Normale unter dem Winkel φ gegen die Röhrenachse geneigt ist, dann wird die Fläche auf $F/\cos\varphi$ vergrößert, die Komponente der Winkelgeschwindigkeit um die Normale des Querschnittes wird jedoch auf $\omega\cos\varphi$ verkleinert; die Zirkulation, die ja das doppelte Produkt aus diesen beiden Größen darstellt, bleibt also ungeändert. Die Zirkulation um eine kleine Kurve, die auf der Oberfläche der Wirbelröhre liegt, wird Null sein, da ja die Kompo-

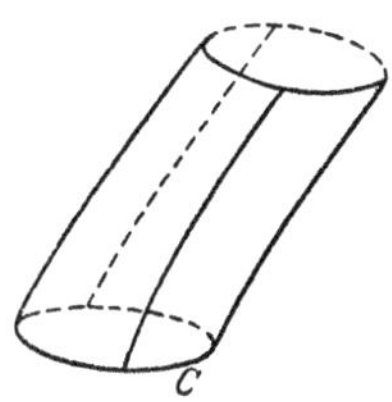

Abb. 70.

nente der Winkelgeschwindigkeit senkrecht zur Röhrenfläche Null ist.

Wenn man auf der Oberfläche einer Wirbelröhre eine Kurve zeichnet, wie Abb. 71 angibt, dann ist die Zirkulation um diese Kurve Null. Wenn nun $F(AB)$ den Beitrag des Integrals längs einer Kurve AB bezeichnet, kann man dieses Ergebnis in der Form ausdrücken:

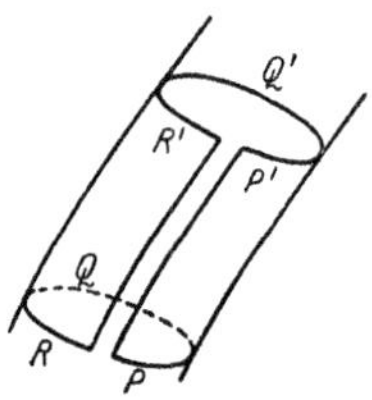

Abb. 71.

$$F(PQR) + F(RR') + F(R'Q'P') + F(P'P) = 0;$$

wenn PP' und RR' zusammenfallen, dann wird

$$F(PQR) = F(P'Q'R').$$

Die Zirkulation hat also für alle Kurven, die die Wirbelröhre umschließen, denselben Wert. Der Wert Z dieser Zirkulation heißt Stärke der Wirbelröhre.

10.1.1. Den Begriff der Wirbellinie erhält man aus dem einer Wirbelröhre, wenn man die Querschnittsfläche der Röhre gegen Null gehen läßt, während ihre Stärke Z ungeändert bleibt. Die Wirbellinie bei dreidimensionaler Strömung entspricht der Wirbelgeraden bei zweidimensionaler Strömung; während diese aber eine gerade Linie von unendlicher Länge senkrecht zu der Ebene darstellt, in der die zweidimensionale Strömung stattfindet, kann eine Wirbellinie im allgemeinen irgendeine Kurve sein. Die Zirkulation um irgendeine geschlossene Kurve ist gleich der Summe der Wirbelstärken aller Wirbellinien, die irgendeine von dieser Kurve begrenzte Fläche durchstoßen; hieraus folgt, daß eine Wirbellinie nicht in der Flüssigkeit endigen kann. Sie muß entweder eine geschlossene Kurve bilden oder an einer festen Begrenzung aufhören[1]. Eine Wirbellinie entspricht genau einem elektrischen Strom führenden Draht; die Stärke der Wirbellinie entspricht der Stärke des elektrischen Stromes, die induzierte Geschwindigkeit in irgendeinem Punkt entspricht der vom elektrischen Strom hervorgerufenen magnetischen Kraft.

[1] In Wirklichkeit hören die Wirbellinien an den Begrenzungen auch nicht auf, sondern sie laufen an den Begrenzungen entlang und müssen sich schließlich (genau wie ein elektrischer Stromkreis) irgendwie wieder schließen, Die oben benützte, streng genommen unrichtige Ausdrucksweise ist jedoch in vielen Lehrbüchern zu finden.

10.1.2. Die von einem Element einer Wirbellinie in einem Punkte P induzierte Geschwindigkeit ist durch die Gleichung bestimmt[1]

$$dc = \frac{Z\,ds}{4\pi r^2}\sin\varphi\,,$$

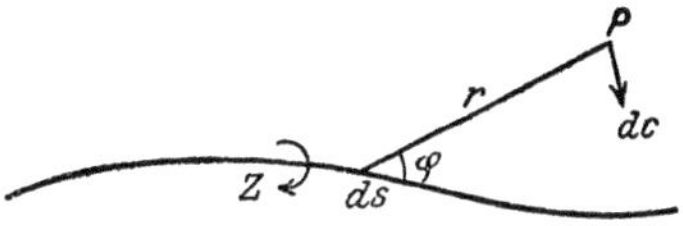

Abb. 72.

wo Z die Stärke und ds ein Längenelement der Wirbellinie, r die Entfernung des Punktes P von dem Element und φ den Winkel zwischen der Richtung des Elements und seiner Verbindungslinie mit dem Punkt P darstellen. Die Geschwindigkeit dc steht senkrecht zu der Ebene durch r und ds, und zwar besitzt sie denselben Drehsinn um die Wirbellinie wie die Zirkulation Z.

Ein Element ds einer Wirbellinie kann jedoch nicht für sich allein bestehen; die Gleichung ist deshalb eigentlich nur zur Integration der Gesamtwirkung einer vollständigen Wirbellinie zu benützen. Häufig kann man jedoch eine Wirbellinie aus einer Anzahl von geraden Stücken aufbauen; es ist daher nützlich, die durch eine

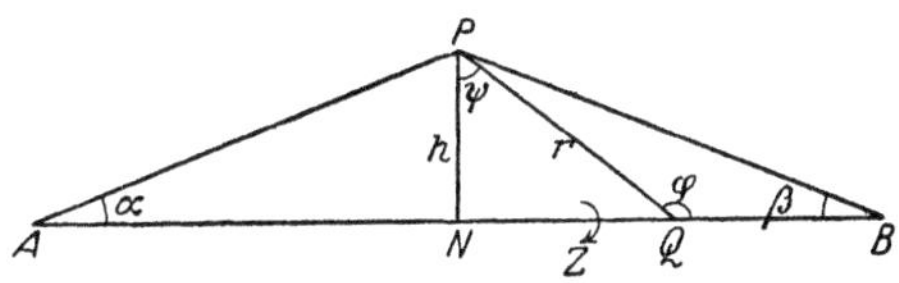

Abb. 73.

Wirbellinie von endlicher Länge AB induzierte Geschwindigkeit zu bestimmen. Wenn PN, die Normale von irgendeinem Punkt P auf die Strecke AB, die Länge h besitzt, und wenn Q ein beliebiger Punkt der Wirbellinie ist, dann wird die von dem bei Q gelegenen Element ds im Punkt P induzierte Geschwindigkeit:

$$dc = \frac{Z\cdot ds}{4\pi r^2}\sin\varphi = \frac{Z\cdot h\,ds}{4\pi r^3}\,.$$

Sie steht senkrecht auf der Ebene PAB. Wenn nun ψ den Winkel NPQ bezeichnet, kann man das Längenelement ds folgendermaßen ausdrücken:

$$ds = d(h\,\mathrm{tg}\,\psi) = \frac{h\,d\psi}{\cos^2\psi}\,.$$

Hiermit erhalten wir

$$dc = \frac{Z}{4\pi h}\cos\psi\,d\psi\,.$$

[1] Siehe Lamb: Hydrodynamik, § 149.

Die insgesamt von der Wirbellinie AB induzierte Geschwindigkeit erhalten wir durch Integration von $\psi = -\left(\frac{\pi}{2} - \alpha\right)$ bis $\psi = \left(\frac{\pi}{2} - \beta\right)$, wo α und β die Winkel PAB bzw. PBA sind. Es wird also schließlich

$$c = \frac{Z}{4\pi h}(\cos\alpha + \cos\beta)\,.$$

Wenn die Wirbellinie unendlich lang ist, erhalten wir daraus

$$c = \frac{Z}{2\pi h}\,.$$

Das stimmt mit der Gleichung für die induzierte Geschwindigkeit einer Wirbelgeraden im Zweidimensionalen überein.

Wir wollen uns hier auch anmerken, daß die in der Lotebene durch den Punkt N induzierte Geschwindigkeit einer Geraden, die im Punkte N anfängt und nur nach einer Richtung ins Unendliche läuft, gegeben ist durch

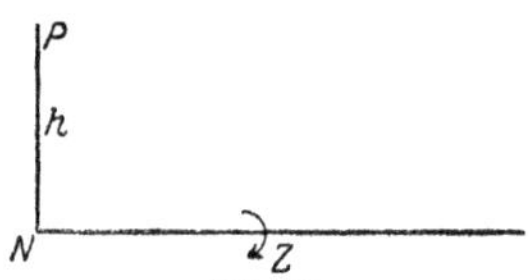

Abb. 74.

$$c = \frac{Z}{4\pi h}\,.$$

Dieses Ergebnis wird bei der Entwicklung der Tragflügeltheorie wiederholt benützt.

10.2. Das Wirbelsystem eines Tragflügels.

Bei der Behandlung des Problems eines Tragflügels mit endlicher Spannweite machen wir die Annahmen, daß die Sehne des Tragflügels klein im Vergleich zu seiner Spannweite ist, daß wir die Spannweite als geradlinig und rechtwinklig zur Strömungsrichtung ansehen dürfen und daß der Tragflügel nach beiden Seiten in bezug auf den Halbierungspunkt der Spannweite symmetrisch ist. Abgesehen von diesen Beschränkungen können sich die Sehne, der Anstellwinkel und die Form des Tragflügels in beliebiger Weise über die Spannweite ändern.

Wenn der Tragflügel einen Auftrieb erfährt, muß eine Zirkulation der Strömung um die Profilquerschnitte vorhanden sein; es läuft also eine Wirbellinie oder ein Wirbellinienbündel an der Spannweite des Tragflügels entlang. Diese Wirbellinien, die sich mit dem Tragflügel bewegen, heißen die gebundenen Wirbellinien des Tragflügels; sie werden durch die Grenzschicht oder Wirbelfläche gebildet, die die Oberfläche des Tragflügels umgibt. In Übereinstimmung mit der allgemeinen Theorie können diese Wirbel nicht an den Enden des Tragflügels aufhören, sondern müssen sich als freie Wirbellinien in der Flüssigkeit fortsetzen. Es wird auch jedes Flüssigkeitselement, das durch die Berührung mit dem gebundenen Wirbelsystem des Tragflügels eine Wirbelbewegung erhalten hat, mit der Hauptmasse der Flüssigkeit stromabwärts schwimmen, so daß also an der Oberfläche des Tragflügels freie Wirbellinien entspringen, und, wie in Abb. 75 gezeichnet, längs der Stromlinien stromabwärts laufen. Diese Wirbellinien heißen freie Wirbelenden des Tragflügels.

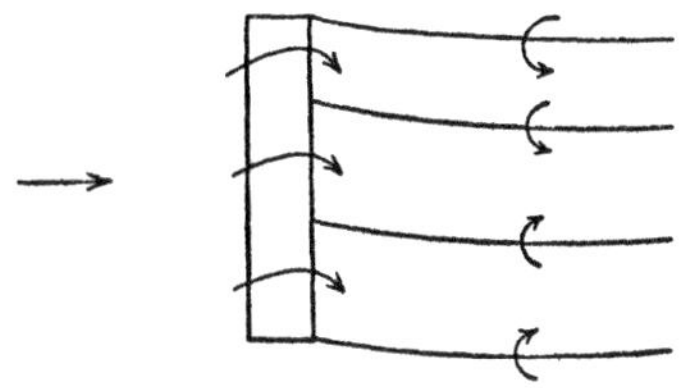

Abb. 75.

Das Wirbelsystem wird weit hinter dem Tragflügel durch einen parallel zur Spannweite liegenden Querwirbel vervollständigt, der den zu Beginn der Bewegung von der Hinterkante abgehenden Anfahrwirbel darstellt (s. 9.4). Für alle praktischen Zwecke kann man jedoch annehmen, daß die freien Wirbelenden unbegrenzt weit stromabwärts gehen.

10.2.1. Das einfachste Wirbelsystem tritt dann auf, wenn die Zirkulation um den Tragflügelquerschnitt über die ganze Spannweite konstant ist. Man kann dann das gebundene Wirbelsystem als eine einzige Wirbellinie von der Stärke Z auffassen; die freien Wirbelenden sind dann zwei Wirbellinien gleicher Stärke, die an den Enden des Tragflügels entspringen und in Richtung der Stromlinien stromabwärts gehen. Diese Wirbellinien werden infolge der Verschiedenheit der Abwärtskomponente der Geschwindigkeit in verschiedenen Entfernungen hinter dem Tragflügel gekrümmt sein; für die meisten Zwecke ist es jedoch genügend genau, sie als gerade Linien parallel zur Bewegungsrichtung anzunehmen. Auf diese Weise erhält man den einfachen Begriff eines „Hufeisenwirbels", den Abb. 76 zeigt.

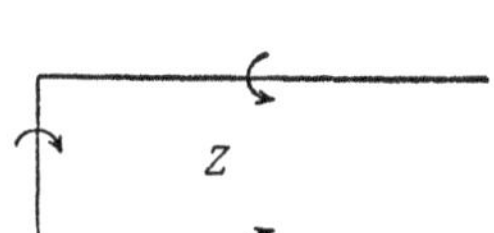

Abb. 76.

Das tatsächliche Wirbelsystem eines Tragflügels ist verwickelter als dieses einfache System, weil die Zirkulation nicht über die Spannweite konstant bleibt, sondern gewöhnlich in der Mitte ein Maximum besitzt und gegen die Enden bis auf Null abnimmt. Man kann aber jede Zirkulationsverteilung über die Spannweite durch Übereinanderlagern einer Anzahl der einfachen Hufeisenwirbel aufbauen; daraus ergibt sich, daß das System der freien Wirbelenden gewöhnlich eine an der Hinterkante entspringende Wirbelfläche darstellt.

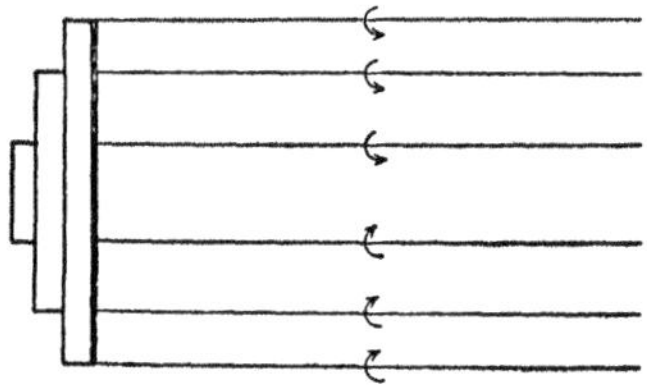

Abb. 77.

10.2.2. Den Ursprung des freien Wirbelsystems kann man auch von einem etwas anderen Gesichtspunkt aus betrachten. Wenn die Auftriebsverteilung über die Spannweite des Tragflügels in der Mitte einen Höchstwert besitzt, dann wird dort eine starke Druckerhöhung auf der Unterseite und eine starke Druckverminderung auf der Oberseite eintreten; diese Druckdifferenzen werden gegen die Flügelspitzen hin abnehmen (Abb. 78). Als Folge dieser Druckverteilung werden die Stromlinien auf der Oberseite nach der Mitte hin und auf der Unterseite nach außen streben. Wenn diese Stromlinien die Hinterkante überschreiten, bilden sie eine Unstetigkeitsfläche (Abb. 79); die freien Wirbelenden des Tragflügels stellen dann die Wirbelstärke dieser Unstetigkeitsfläche dar.

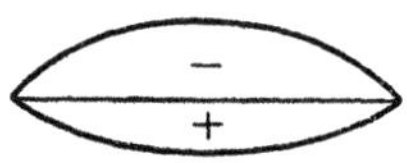

Abb. 78.

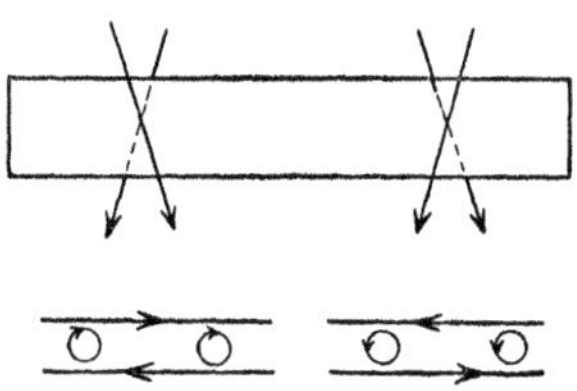

Abb. 79.

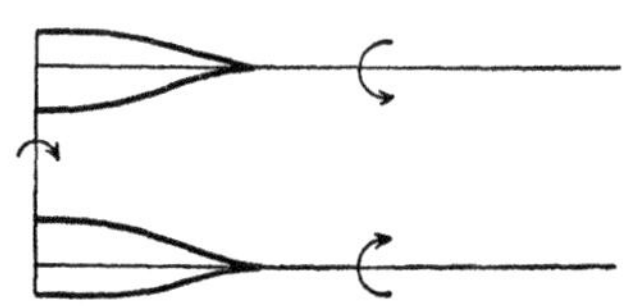

Abb. 80.

10.2.3. Die Unstetigkeitsfläche, die durch die freien Wirbelenden dargestellt wird, ist instabil und rollt sich in zwei Wirbelröhren auf, die mit einer etwas kleineren Entfernung als der Spannweite stromabwärts laufen (s. 12.4). Das System der freien Wirbelenden entspricht deshalb dem in Abb. 80 gezeichneten Bild[1]. Der Einfluß des Systems der freien Wirbelenden in der Nähe des Trag-

[1] Dieses Wirbelsystem wurde von Lanchester vorausgesagt: Aerodynamik, 1908.

flügels wird mit genügender Genauigkeit durch die Annahme erfaßt, daß die einzelnen Wirbellinien, die an der Hinterkante des Tragflügels entspringen, als gerade Linien stromabwärts laufen. Für Punkte des Wirbelgebiets ist es jedoch genauer, einen Hufeisenwirbel anzunehmen, dessen Spannweite etwas kleiner ist als die des Tragflügels; für Punkte, die vom Tragflügel und dem Wirbelgebiet weiter entfernt sind, sind beide Darstellungen mit gleicher Genauigkeit brauchbar.

10.3. Die induzierte Geschwindigkeit.

Infolge des Einflusses des Systems der abgehenden Wirbelenden unterscheidet sich die Strömung um irgendeinen Querschnitt des Tragflügels von der Strömung, die sich bei zweidimensionaler Umströmung des Profils einstellen würde. Die induzierte Geschwindigkeit dieses Wirbelsystems steht senkrecht zur Spannweite des Tragflügels und zur Bewegungsrichtung; sie ist im allgemeinen nach abwärts gerichtet. Die induzierte Abwärtsgeschwindigkeit oder Störungsgeschwindigkeit in einem Punkt des Tragflügels soll mit c_{i0}[1] bezeichnet werden; sie sei klein im Vergleich zur Geschwindigkeit c_0 des allgemeinen Stroms. Die

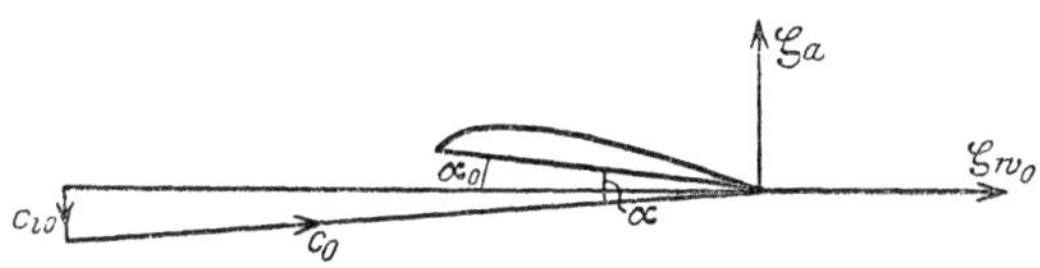

Abb. 81.

Wirkung der induzierten Geschwindigkeit ist dann gleichwertig einer Verkleinerung des Anstellwinkels des Tragflügelquerschnittes um den kleinen Winkel $\frac{c_{i0}}{c_0}$ (Abb. 81); wenn α den geometrischen Anstellwinkel des Profils bezeichnet, dann wird der wahre Anstellwinkel

$$\alpha_0 = \alpha - \frac{c_{i0}}{c_0}.$$

Genau genommen müßte man die induzierte Geschwindigkeit als längs der Profilsehne veränderlich betrachten, wo sie eine Änderung der effektiven Wölbung des Profils herbeiführt; die Theorie eines Tragflügels endlicher Spannweite kann jedoch mit genügender

[1] Der Index 0 von c_{i0} soll die Verhältnisse auf der tragenden Linie selbst bezeichnen.

Genauigkeit unter der Annahme entwickelt werden, daß die Sehne des Profils klein und die induzierte Geschwindigkeit längs der Sehne konstant ist. Die Geschwindigkeitskomponente parallel zur Spannweite des Tragflügels wird bei der Entwicklung der Theorie ebenfalls vernachlässigt, da diese Komponente, außer vielleicht an den Enden des Tragflügels, klein und unwichtig ist.

Der Tragflügelquerschnitt verhält sich genau so, als ob er zu einem Tragflügel mit unendlicher Spannweite mit dem Anstellwinkel α_0 gehörte; er gibt den Auftriebsbeiwert ζ_a und den Profilwiderstandsbeiwert ζ_w, die der zweidimensionalen Strömung bei diesem Anstellwinkel entsprechen. Die Auftriebskraft ist jedoch um den kleinen Winkel $\frac{c_{i0}}{c_0}$ nach rückwärts geneigt und gibt deshalb eine Komponente in Richtung der Widerstandskraft. Diese Komponente heißt induzierter Widerstand, da sie durch die induzierte Geschwindigkeit der abgehenden Wirbelenden verursacht wird. Der induzierte Widerstandsbeiwert des Profils ist

$$\zeta_{wi} = \frac{c_{i0}}{c_0} \zeta_a;$$

der Gesamtwiderstandsbeiwert des Tragflügelquerschnittes als Teil eines Eindeckers ist

$$\zeta_w = \zeta_{wp} + \frac{c_{i0}}{c_0} \zeta_a .$$

Die Arbeit, die der induzierte Widerstand an der Flüssigkeit leistet, erscheint wieder als die kinetische Energie des Systems der abgehenden Wirbelenden, die mit der Zeit immer länger werden.

Da sich der Tragflügelquerschnitt genau so verhält wie bei zweidimensionaler Strömung, so tritt bei irgendeinem bestimmten Wert des Auftriebsbeiwertes keine Änderung des Momentenbeiwertes oder der Lage des Druckpunktes ein.

Die Eigenschaften eines Eindeckers sind bestimmt, wenn man die induzierte Störungsgeschwindigkeit c_{i0} und den wahren Anstellwinkel α_0 für jeden Punkt der Spannweite feststellt, dazu die entsprechenden elementaren Auftriebs- und Widerstandskräfte bestimmt und dann über die Spannweite des Tragflügels integriert. Der erste Schritt bei der Berechnung der Eigenschaften eines Eindeckers ist deshalb die Bestimmung der induzierten Geschwindigkeit für einen Punkt des Tragflügels als Funktion der Stärke der abgehenden Wirbelenden.

10. 3. 1. Das einfachste System abgehender Wirbelenden tritt auf, wenn die Zirkulation über die Spannweite den konstanten Wert Z besitzt. Dieser Fall gleichmäßiger Belastung, der dem einfachen „Hufeisenwirbel" entspricht, stellt nicht die wahren Verhältnisse irgendeines wirklichen Tragflügels dar; wir benützen ihn hier nur als einfaches Beispiel für die Berechnung der induzierten Geschwindigkeit.

Den Auftrieb des Tragflügels mit der Fläche F und der Spannweite b kann man in den Formen

$$P_a = \tfrac{1}{2}\zeta_a F \varrho c_0^2 = b \varrho c_0 Z$$

ausdrücken; wir erhalten hieraus

$$Z = \frac{F}{2b}\zeta_a c_0 = \frac{1}{2}\zeta_a \cdot t \cdot c_0 ,$$

wo t die mittlere Sehne des Tragflügels darstellt. Das System der abgehenden Wirbelenden besteht einfach aus zwei von den Flügelenden abgehenden Wirbeln von der Stärke Z; wenn wir das normale Koordinatensystem (Abb. 82) mit dem Anfangspunkt in der Mitte des Tragflügels einführen, dann wird die in einem Punkt des Tragflügels induzierte Geschwindigkeit:

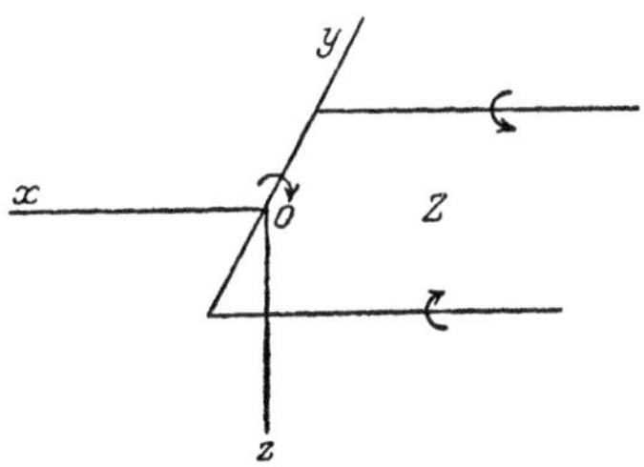

Abb. 82.

$$c_{i0} = \frac{Z}{4\pi\left(\frac{b}{2} - y\right)} + \frac{Z}{4\pi\left(\frac{b}{2} + y\right)} = \frac{Z}{4\pi}\,\frac{b}{\left(\frac{b}{2}\right)^2 - y^2}$$

oder

$$\frac{c_{i_0}}{c_0} = \frac{\zeta_a}{8\pi\lambda} \cdot \frac{b^2}{\left(\frac{b}{2}\right)^2 - y^2} ,$$

wo λ das Seitenverhältnis $\frac{b}{t}$ des Tragflügels bedeutet. Die induzierte Geschwindigkeit c_{i0} hat in diesem Falle in der Mitte des Tragflügels ein Minimum und steigt an den Enden des Tragflügels auf Unendlich an; wegen dieser übermäßigen Geschwindigkeit kann der einfache „Hufeisenwirbel" für keinen Tragflügel die Verhältnisse richtig darstellen.

10. 3. 2. Im allgemeinen wird sich die Zirkulation Z um einen Tragflügel über die Spannweite ändern; sie wird symmetrisch in bezug auf den Mittelpunkt sein und an den Enden auf Null abfallen. Zwischen den Punkten y und $y + dy$ nimmt die Zirkulation um den Betrag $-\frac{dZ}{dy}dy$ ab; es muß also vom Element dy der Spannweite ein freier Wirbel von dieser Stärke nach hinten abgehen, wie Abb. 83 zeigt. Es ist deshalb eine Fläche von abgehenden Wirbelenden vorhanden, die sich über die Spannweite erstreckt; die induzierte Geschwindigkeit ergibt sich als Summe der Wirkungen aller abgehenden Wirbel dieser Fläche. Die induzierte Geschwindigkeit im Punkte y_1 des Tragflügels ist

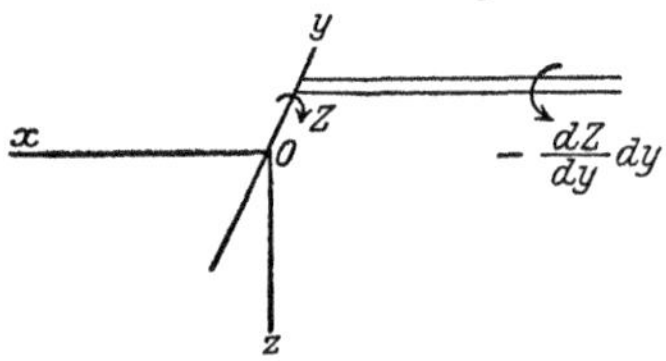

Abb. 83.

$$c_{i0}(y_1) = \int_{-\frac{b}{2}}^{+\frac{b}{2}} \frac{-\frac{dZ}{dy}dy}{4\pi(y - y_1)}$$

$$= \frac{1}{4\pi}\int_{-\frac{b}{2}}^{+\frac{b}{2}} \frac{\frac{dZ}{dy}dy}{y_1 - y}$$

Eine zweite Gleichung kann man auf eine andere Art ableiten. Das Element dy des Tragflügels können wir als Elementartragflügel mit der konstanten Zirkulation Z und einem entsprechenden Paar freier Wirbelenden von der Stärke Z ansehen. Die induzierte Geschwindigkeit im Punkt y_1 des Tragflügels ist

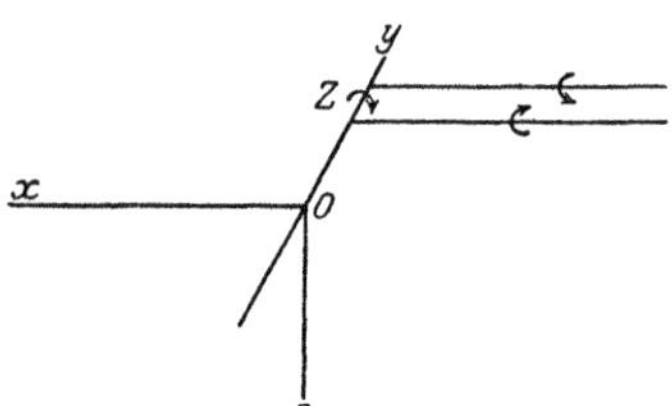

Abb. 84.

$$dc_{i0}(y_1) = -\frac{Z}{4\pi(y - y_1)} + \frac{Z}{4\pi(y + dy - y_1)}$$

$$= -\frac{Z\,dy}{4\pi(y - y_1)^2};$$

wenn wir über die Spannweite integrieren, wird

$$c_{i0}(y_1) = -\frac{1}{4\pi}\int\limits_{-\frac{b}{2}}^{+\frac{b}{2}} \frac{Z\,dy}{(y-y_1)^2}\,.$$

Man kann zeigen, daß die Gleichung dem oben erhaltenen Ergebnis gleichwertig ist; denn wenn man partiell integriert, wird

$$c_{i0}(y_1) = -\frac{1}{4\pi}\left[-\frac{Z}{y-y_1} + \int \frac{\frac{dZ}{dy}\,dy}{y-y_1}\right]_{-\frac{b}{2}}^{+\frac{b}{2}}.$$

Hierin verschwindet aber das erste Glied, da Z an den Flügelenden Null ist.

Für die meisten Zwecke ist die beste Gleichung für die Störungsgeschwindigkeit am Tragflügel:

$$c_{i0}(y_1) = \frac{1}{4\pi}\int\limits_{-\frac{b}{2}}^{+\frac{b}{2}} \frac{\frac{dZ}{dy}\,dy}{y_1-y}\,.$$

Die Auswertung des Integrals verlangt jedoch einige Vorsicht, da der Integrand im Punkt $y = y_1$ unendlich groß wird. Der Wert des Integrals ist so zu bestimmen, daß man von $-\frac{b}{2}$ bis $y_1 - \varepsilon$ und von $y_1 + \varepsilon$ bis $\frac{b}{2}$ integriert und dann mit ε zur Grenze Null geht.

XI. Der Eindecker.

11.1. Grundgleichungen.

Wenn Z die Zirkulation um irgendeinen Querschnitt des Tragflügels bezeichnet, dann ist die Störungsgeschwindigkeit durch die Gleichung bestimmt:

$$c_{i0}(y_1) = \frac{1}{4\pi}\int\limits_{-\frac{b}{2}}^{+\frac{b}{2}} \frac{\frac{dZ}{dy}\,dy}{y_1-y}\,;$$

das typische Tragflügelprofil erfährt dann einen Auftrieb, welcher in zweidimensionaler Strömung bei dem wahren Anstellwinkel

$$\alpha_0 = \alpha - \frac{c_{i0}}{c_0}$$

auftreten würde. Die Richtung der Wirkungslinie dieser Kraft wird um den kleinen Winkel $\frac{c_{i0}}{c_0}$ nach rückwärts geneigt (s. Abb. 81); der Widerstand des Tragflügels setzt sich jetzt aus Profilwiderstand und induziertem Widerstand (letzterer das Produkt aus $\frac{c_{i0}}{c_0}$ und dem Auftrieb des Profils) zusammen.

Wenn man nun die Winkel α und α_0 von der Lage aus mißt, in der kein Auftrieb auftritt, dann wird der Auftriebsbeiwert

$$\zeta_a = a_0 \alpha_0 ,$$

wo a_0 die Neigung der Kurve des Auftriebsbeiwertes in Abhängigkeit vom Anstellwinkel bei zweidimensionaler Strömung darstellt. Die Zirkulation um das Profil ergibt sich zu

$$Z = \tfrac{1}{2}\zeta_a \cdot t \cdot c_0 = \tfrac{1}{2}a_0 \cdot t\,(c_0\alpha - c_{i0}) .$$

Dies ist eine zweite Gleichung, die die Zirkulation Z mit der Störungsgeschwindigkeit c_{i0} verknüpft. Mittels dieser zwei Gleichungen ist es möglich, die Zirkulation und die Quergeschwindigkeit für einen beliebigen Tragflügel in Abhängigkeit von der Sehne und dem Anstellwinkel der Tragflügelquerschnitte, die sich über die Spannweite ändern können, darzustellen.

Genau genommen müßte man die Größe a_0 als abhängig von der Form des Tragflügelquerschnittes ansehen; die Theorie eines Profils in zweidimensionaler Strömung hat jedoch gezeigt, daß a_0 für alle praktisch vorkommenden Profile ungefähr gleich 2π ist, so daß man die Veränderlichkeit von a_0 ohne merkliche Einbuße an Genauigkeit vernachlässigen kann. Da ein Profil aber vom theoretischen Wert $a_0 = 2\pi$ abweichen kann, so soll für die Theorie des Tragflügels von endlicher Spannweite a_0 als Neigung der Kurve des Auftriebsbeiwertes in Abhängigkeit vom Anstellwinkel bei zweidimensionaler Strömung beibehalten werden; der Wert $a_0 = 2\pi$ soll nur in Zahlenbeispielen für die allgemeinen Gleichungen verwendet werden.

Wenn die Zirkulation Z und die induzierte Quergeschwindigkeit c_{i0} irgendeines Eindeckers bestimmt sind, dann erhält man den Auftrieb und den induzierten Widerstand durch Auswerten der Integrale:

$$P_a = \int_{-\frac{b}{2}}^{+\frac{b}{2}} \varrho c_0 Z \, dy ,$$

$$P_w = \int_{-\frac{b}{2}}^{+\frac{b}{2}} \varrho c_{i_0} Z \, dy .$$

11. 2. Lösungsmethode.

Eine zweckmäßige Methode für die Inangriffnahme des Problems irgendeines Eindeckers besteht darin, die Koordinate y, die von der Mitte des Tragflügels längs der Spannweite nach Steuerbord hin gemessen wird, durch den Winkel φ zu ersetzen, der durch die Gleichung definiert ist:

$$y = -\frac{b}{2} \cos\varphi ;$$

Damit ändert sich φ über die Spannweite von Backbord nach Steuerbord von 0 bis π. Die Zirkulation Z, die eine Funktion von y ist, kann man dann durch die Fourier-Reihe ausdrücken:

$$Z = 2 b c_0 \sum_{1}^{\infty}{}^{n} A_n \sin n\varphi .$$

Die Werte der Koeffizienten A_n sind so zu bestimmen, daß sie mit den beiden Gleichungen für Z und c_{i0} im Einklang stehen. Die für die Zirkulation Z gewählte Reihe erfüllt die Bedingung, daß die Zirkulation an den Enden des Tragflügels auf Null abnimmt; da der Tragflügel symmetrisch zu seinem Mittelpunkt ist, werden nur ungerade Werte von n in der Reihe auftreten.

Die induzierte Geschwindigkeit im Punkt y_1 oder φ_1 des Tragflügels wird nun

$$c_{i\,0}(\varphi_1) = \frac{c_0}{\pi} \int_0^{\pi} \frac{\sum n A_n \cos n\varphi}{\cos\varphi - \cos\varphi_1} d\varphi$$

$$= c_0 \sum n A_n \frac{\sin n\varphi_1}{\sin\varphi_1} ,$$

denn
$$\int_0^\pi \frac{\cos n\varphi\, d\varphi}{\cos\varphi - \cos\psi} = \pi \frac{\sin n\psi}{\sin\psi}.$$

In dem beliebigen Punkt φ des Tragflügels wird also
$$c_{i_0} \sin\varphi = c_0 \sum n A_n \sin n\varphi .$$

Die zweite Gleichung, welche die Zirkulation und die induzierte Geschwindigkeit verknüpft, wird
$$2 b c_0 \sum A_n \sin n\varphi = \frac{1}{2} a_0 t c_0 \left\{\alpha - \frac{\sum n A_n \sin n\varphi}{\sin\varphi}\right\}$$
oder
$$\sum A_n \sin n\varphi\, (n\mu + \sin\varphi) = \mu\alpha \sin\varphi ,$$
wo
$$\mu = \frac{a_0 \cdot t}{4b}.$$

Dies ist die Grundgleichung für die Bestimmung der Werte der Koeffizienten A_n für irgendeinen Eindecker. Die Gleichung muß in allen Punkten des Tragflügels erfüllt sein; da aber der Tragflügel symmetrisch zu seinem Mittelpunkt ist, so genügt es, die Werte von φ zwischen 0 und $\frac{\pi}{2}$ zu betrachten. Der Parameter μ, der der Sehne proportional ist, und der Anstellwinkel α müssen im allgemeinsten Fall als Funktionen von φ angesehen werden.

11.2.1. Auftrieb und induzierter Widerstand. Der Auftrieb und der induzierte Widerstand eines Eindeckers bestimmen sich sehr einfach durch die Koeffizienten der Reihe für die Zirkulation. Der Auftrieb des Tragflügels ist
$$P_a = \int_{-\frac{b}{2}}^{+\frac{b}{2}} \varrho c_0 Z\, dy$$
$$= \int_{-\frac{b}{2}}^{+\frac{b}{2}} b^2 \varrho c_0^2 (\sum A_n \sin n\varphi) \sin\varphi\, d\varphi$$
$$= \frac{1}{2} \pi b^2 \varrho c_0^2 A_1$$
oder durch den Auftriebsbeiwert ausgedrückt:
$$A_1 = \frac{F}{\pi b^2} \cdot \zeta_a .$$

Es zeigt sich, daß der Auftrieb durch den Wert des Koeffizienten A_1 bestimmt ist, und daß die anderen Koeffizienten der Reihe für die Zirkulation die Form der Belastungskurve über die Spannweite beeinflussen, ohne den Gesamtauftrieb zu ändern.

Den Ausdruck $\frac{F}{\pi b^2}$, der in der Gleichung zwischen A_1 und ζ_a vorkommt, kann man noch anders schreiben. Die mittlere Sehne des Tragflügels wird definiert als Quotient aus Fläche und Spannweite; dann ist das Seitenverhältnis definiert als Quotient aus Spannweite und mittlerer Sehne. Für einen Eindecker ist also

$$\lambda = \frac{b^2}{F} \quad \text{und} \quad \frac{F}{\pi b^2} = \frac{1}{\pi \lambda}.$$

Die Gleichungen, die diesen Parameter enthalten, werden wir gewöhnlich mit $\frac{F}{\pi b^2}$ schreiben; in einigen Sonderfällen und für zahlenmäßige Auswertung ist jedoch die zweite Form $\frac{1}{\pi\lambda}$ vorzuziehen.

Der induzierte Widerstand des Tragflügels ist

$$P_{wi} = \int_{-\frac{b}{2}}^{+\frac{b}{2}} \varrho c_{i0} Z\, dy = \int_0^{\pi} b^2 \varrho c_0^2 \left(\sum n A_n \sin n\varphi\right)\left(\sum A_n \sin n\varphi\right) d\varphi$$
$$= \tfrac{1}{2}\pi b^2 \varrho c_0^2 \sum n A_n^2 .$$

Man schreibt zweckmäßig

$$1 + \delta = \frac{\sum n A_n^2}{A_1^2},$$

wo δ eine positive, gewöhnlich kleine Größe ist; dann wird

$$P_{wi} = \frac{(1+\delta)\, P_a^2}{\frac{1}{2}\pi b^2 \varrho c_0^2}$$

oder

$$\zeta_{wi} = \frac{F}{\pi b^2}(1+\delta)\,\zeta_a^2 .$$

Den Gesamtwiderstand des Tragflügels erhält man, wenn man induzierten Widerstand und Profilwiderstand zusammenzählt. Wenn der Tragflügel über die ganze Spannweite dasselbe Profil und denselben wahren Anstellwinkel besitzt, dann wird der Profilwiderstandsbeiwert jedes Querschnittes denselben Wert ζ_{wp} besitzen, und der Gesamtwiderstandsbeiwert wird sein

$$\zeta_w = \zeta_{wp} + \frac{F}{\pi b^2}(1 + \delta)\,\zeta_a^2 .$$

Im allgemeinen werden sich das Profil und der wahre Anstellwinkel über die Spannweite des Tragflügels hin ändern; dann erhält man den Profilwiderstandsbeiwert als den Wert des Integrals

$$\frac{1}{F}\int_{-\frac{b}{2}}^{+\frac{b}{2}} \zeta_{wp} \cdot t \cdot dy .$$

Diese Verfeinerung ist jedoch nur nötig, wenn sich das Profil über die Spannweite des Tragflügels erheblich ändert.

11.2.2. Anstellwinkel. Wegen der induzierten Geschwindigkeit ist der wahre Anstellwinkel α_0 irgendeines Querschnittes des Tragflügels kleiner als der scheinbare Anstellwinkel α, und der Tragflügel gibt deshalb einen geringeren Auftrieb als in zweidimensionaler Strömung bei dem Anstellwinkel α. Die Werte der Koeffizienten A_n und im besonderen der von A_1 werden in Abhängigkeit vom Anstellwinkel aus der Grundgleichung bestimmt:

$$\sum A_n \sin n\varphi\,(n\mu + \sin\varphi) = \mu\,\alpha \sin\varphi .$$

Da A_1 auch dem Auftriebsbeiwert ζ_a proportional ist, haben wir damit eine Beziehung zwischen dem Auftriebsbeiwert und dem Anstellwinkel des Tragflügels. Die Neigung a der Kurve des Auftriebsbeiwertes in Abhängigkeit vom Anstellwinkel ist kleiner als der Wert a_0, der bei zweidimensionaler Strömung um das Profil auftreten würde.

Die Beziehung zwischen Auftriebsbeiwert und Anstellwinkel nimmt eine einfache Form an, wenn der Tragflügel über die ganze Spannweite einen konstanten Anstellwinkel besitzt. Die Koeffizienten A_n sind dann dem Anstellwinkel α einfach proportional, und die Gleichung

$$A_1 = \frac{F}{\pi b^2}\zeta_a = \frac{1}{\pi\lambda}\zeta_a$$

liefert sofort

$$\frac{a}{a_0} = \frac{\pi\lambda}{a_0} \cdot \frac{A_1}{\alpha} .$$

Der Anstellwinkel α übertrifft den Anstellwinkel α_0 bei zweidimensionaler Strömung, die denselben Auftriebsbeiwert liefern würde, um den Winkel

$$\alpha - \alpha_0 = \zeta_a\left(\frac{1}{a} - \frac{1}{a_0}\right).$$

Es ist zweckmäßig, dieses Ergebnis in einer ähnlichen Form zu schreiben wie die Gleichung für den Widerstand des Tragflügels:

$$\alpha = \alpha_0 + \frac{F}{\pi b^2}(1 + \tau)\,\zeta_a,$$

wo

$$1 + \tau = \frac{\pi b^2}{F}\left(\frac{1}{a} - \frac{1}{a_0}\right) = \frac{\alpha}{A_1} - \frac{\pi\lambda}{a_0}.$$

Im allgemeineren Fall eines verwundenen Profils verändert sich der Anstellwinkel α über die Spannweite und läßt sich in der Form ausdrücken:

$$\alpha = \overline{\alpha} + f(\varphi),$$

wo $\overline{\alpha}$ den Anstellwinkel des Profils in der Mitte bedeutet. Die Werte der Koeffizienten A_n erhalten wir dann in zwei Anteilen aus der Grundgleichung; der erste ist proportional $\overline{\alpha}$, der zweite davon unabhängig. Der Auftriebsbeiwert des Tragflügels hat daher die Form

$$\zeta_a = a\overline{\alpha} + k.$$

11.3. Elliptische Auftriebsverteilung.

Der Auftrieb und der induzierte Widerstand eines Tragflügels ergaben sich in den Formen

$$P_a = \tfrac{1}{2}\pi b^2 \varrho c_0^2 A_1,$$

$$P_{w_i} = \tfrac{1}{2}\pi b^2 \varrho c_0^2 \sum n A_n^2.$$

Wenn ein Tragflügel von bestimmter Spannweite bei der Geschwindigkeit c_0 den Auftrieb P_a ergibt, dann hat der Koeffizient A_1 einen bestimmten Wert, der von der Form des Tragflügels unabhängig ist; der induzierte Widerstand wird ein Minimum sein, wenn alle anderen Koeffizienten A_n in der Reihe für die Zirkulation Null sind. Die Zirkulationsverteilung über die Spannweite wird dann einfach

$$Z = 2bc_0 \cdot A_1 \cdot \sin\varphi = 2bc_0 A_1 \sqrt{1 - \frac{y^2}{\left(\frac{b}{2}\right)^2}}.$$

Die Größe der Zirkulation in irgendeinem Punkt der Spannweite ist proportional der Ordinate einer Ellipse mit der Spannweite als großer Achse. Diese Belastungsverteilung heißt deshalb elliptische Auftriebsverteilung.

Die elliptische Zirkulations- oder Auftriebsverteilung über die Spannweite eines Tragfügels ist wichtig, einmal, weil sie zum kleinstmöglichen induzierten Widerstand für einen gegebenen Gesamtauftrieb führt, und zweitens, weil sich die Auftriebsverteilungskurven der meisten Tragflügel üblicher Form nicht sehr von der elliptischen Form unterscheiden. Die Ergebnisse, die man unter der Annahme elliptischer Auftriebsverteilung ableitet, sind deshalb die bestmöglichen und stellen eine gute Annäherung an die Wirklichkeit dar.

Bei elliptischer Auftriebsverteilung hat die induzierte Geschwindigkeit den über die Spannweite konstanten Wert

$$c_{i0} = c_0 A_1 = \frac{F}{\pi b^2} c_0 \zeta_a ;$$

der induzierte Widerstandsbeiwert des Tragflügels hat den Wert

$$\zeta_{wi} = \frac{F}{\pi b^2} \zeta_a^2$$

Wenn α den scheinbaren Anstellwinkel in irgendeinem Punkt der Spannweite bezeichnet, dann ist der wahre Anstellwinkel gleich $\left(\alpha - \frac{c_{i0}}{c_0}\right)$, ein konstanter scheinbarer Anstellwinkel ergibt also auch einen konstanten wahren Anstellwinkel. Der Auftriebsbeiwert wird dann für alle Querschnitte des Tragflügels denselben Wert besitzen. Die Zirkulation Z um irgendeinen Querschnitt ist gleich $\frac{1}{2}\zeta_a \cdot t \cdot c_0$; da sich die Zirkulation elliptisch über die Spannweite verteilt, so wird sich auch die Sehne in gleicher Weise ändern. Wir erhalten also die elliptische Auftriebsverteilung an einem Eindecker mit elliptischem Umriß und konstantem Anstellwinkel. In diesem Fall sind der scheinbare und der wahre Anstellwinkel durch die Gleichung verknüpft:

$$\alpha = \alpha_0 + \frac{F}{\pi b^2} \zeta_a .$$

Man kann elliptische Auftriebsverteilung über die Spannweite auch an Tragflügeln mit anderem Umriß erhalten, wenn man den Anstellwinkel längs der Spannweite verändert; derartig verwundene Profile geben jedoch die elliptische Auftriebsverteilung nur für eine bestimmte Lage, da die nötige Verwindung vom mittleren Anstellwinkel des Tragflügels abhängt.

11.3.1. Einfluß des Seitenverhältnisses. Die Formeln, die für den Anstellwinkel und den Widerstandsbeiwert eines elliptischen Tragflügels entwickelt wurden, können wir benützen, um den Einfluß des Seitenverhältnisses zu berechnen. Wenn das Seitenverhältnis von λ auf λ' herabgesetzt wird, dann sind die Änderungen des Anstellwinkels bzw. des Widerstandsbeiwertes bei einem gegebenen Auftriebsbeiwert:

$$\alpha' - \alpha = \frac{1}{\pi}\left(\frac{1}{\lambda'} - \frac{1}{\lambda}\right)\zeta_a\,,$$

$$\zeta_w' - \zeta_w = \frac{1}{\pi}\left(\frac{1}{\lambda'} - \frac{1}{\lambda}\right)\zeta_a^2\,.$$

Für das für Modellversuche normale Seitenverhältnis $\lambda = 6$ besitzt der Faktor $\frac{1}{\pi\lambda}$ den Wert 0,053; wenn man den Anstellwinkel in Graden mißt, dann wird dieser Faktor 3,05°.

Die Transformationsformel für den Widerstandsbeiwert gilt nur für elliptische Auftriebsverteilung; die Auftriebsverteilung weicht jedoch für rechteckige Tragflügel und für die Mehrzahl der Flugzeugtragflächen nicht sehr von der elliptischen Form ab, so daß man die Transformationsformel allgemein verwenden kann, um die Wirkung einer kleinen Änderung des Seitenverhältnisses zu berechnen. Die genauen Formeln für rechteckige und trapezförmige Tragflügel werden in 11.4 bzw. 11.5 entwickelt.

Die Transformationsformel für den Anstellwinkel gilt nur für Tragflügel elliptischen Umrisses mit über die Spannweite konstantem Anstellwinkel und kann für Tragflügel mit anderem Umriß nur als rohe Näherung benützt werden. Die Formel für den Anstellwinkel führt auch zu einer einfachen Bestimmung der Neigung der Auftriebskurve. Wenn a_0 die Neigung bei zweidimensionaler Strömung darstellt und a die Neigung für einen elliptischen Tragflügel mit dem Seitenverhältnis λ bezeichnet, dann erhält man aus

$$\alpha = \alpha_0 + \frac{1}{\pi\lambda}\zeta_a$$

durch Differentiation

$$\frac{1}{a} = \frac{1}{a_0} + \frac{1}{\pi\lambda}$$

oder

$$\frac{a}{\pi} = \frac{\lambda}{1 + \frac{\pi}{a_0}\lambda}.$$

Nun ergibt die Theorie eines Profils für zweidimensionale Strömung näherungsweise den Wert $a_0 = 2\pi$; die entsprechenden Werte von a sind in der folgenden Tafel gegeben. Es sind auch die Werte von a angegeben, wenn α in Graden ausgedrückt ist, da Versuchsergebnisse meist in dieser Form angeführt sind.

Tabelle 10. Neigung der Auftriebskurve für elliptische Tragflächen.

λ	∞	10	8	6	4
a (je Bogengrad) .	6,28	5,24	5,02	4,70	4,18
a (je Grad)	0,110	0,092	0,088	0,082	0,074

11.4. Rechteckige Tragflügel.

Wenn die Zirkulation um einen Tragflügel in der Form ausgedrückt wird:

$$Z = 2bc_0 \sum A_n \sin n\varphi,$$

dann müssen die Koeffizienten A_n so gewählt werden, daß sie die Grundgleichung

$$\sum A_n \sin n\varphi\,(n\mu + \sin\varphi) = \mu\alpha\sin\varphi$$

erfüllen, wo

$$\mu = \frac{a_0 t}{4b} \text{ ist.}$$

Die aufeinanderfolgenden Koeffizienten A_1, A_3, A_5, ... nehmen rasch ab, so daß es genügt, nur die ersten drei oder vier Koeffizienten beizubehalten, um eine gute Bestimmung des Auftriebs und des Widerstandes eines Tragflügels zu erhalten. Die Lösungsmethode besteht darin, daß man, wenn p Koeffizienten bestimmt werden sollen, diese so bestimmt, daß die Grundgleichung in den p-Punkten

$$\varphi = \frac{m\pi}{2p}, \qquad m = 1, 2, 3 \ldots p$$

erfüllt ist. Die in untenstehender Tabelle angegebenen Zahlenwerte wurden unter Beibehaltung der ersten vier Koeffizienten

A_1, A_3, A_5, A_7 gefunden, wobei die Grundgleichung in den vier Punkten

$$\varphi = 22\tfrac{1}{2} \qquad 45 \qquad 67\tfrac{1}{2} \qquad 90 \text{ Grad},$$

$$\frac{y}{\frac{b}{2}} = 0{,}924 \qquad 0{,}707 \qquad 0{,}383 \qquad 0$$

erfüllt wurde. Wenn man diese vier Werte von φ wieder in die Grundgleichung einsetzt, erhält man vier lineare Gleichungen für die vier Koeffizienten. Man muß in diese Gleichung die genauen Werte von μ und α einsetzen, die von φ abhängig sind.

Der einfachste Fall ist der eines rechteckigen Tragflügels[1] mit über die Spannweite konstanter Sehne t und konstantem Anstellwinkel α. Der Parameter μ hat den konstanten Wert:

$$\mu = \frac{a_0}{4\lambda}.$$

Die Koeffizienten $A_1, A_2, \ldots$ bestimmt man zweckmäßig als Vielfache von $\mu\alpha$. Die Neigung der Kurve des Auftriebsbeiwertes in Abhängigkeit vom Anstellwinkel für den Tragflügel ist dann

$$\frac{a}{a_0} = \frac{\pi}{4}\,\frac{A_1}{\mu\alpha}.$$

Der Anstellwinkel und der Widerstand, die dem Auftriebskoeffizienten ζ_a entsprechen, sind:

$$\alpha = \alpha_0 + \frac{1}{\pi\lambda}(1+\tau)\,\zeta_a,$$

$$\zeta_w = \zeta_{wp} + \frac{1}{\pi\lambda}(1+\delta)\,\zeta_a^2,$$

wo

$$1 + \tau = \frac{1}{\mu}\left(\frac{\mu\alpha}{A_1} - \frac{\pi}{4}\right),$$

$$1 + \delta = \frac{\sum n A_n^2}{A_1^2}.$$

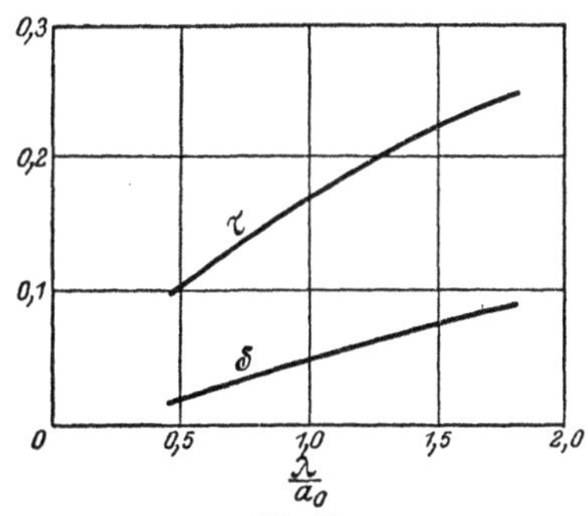

Abb. 85.

Die mit dieser Methode erhaltenen Zahlenwerte sind in Tabelle 11 angegeben. In Abb. 85 sind auch die Werte der Eindecker-

[1] Die Lösung für den rechteckigen Tragflügel wurde zuerst von Betz auf einem anderen und viel mühsameren Wege gefunden: „Beiträge zur Tragflügeltheorie mit besonderer Berücksichtigung des einfachen rechteckigen Flügels". Diss. Göttingen 1919.

koeffizienten τ und δ dargestellt. Die Werte von δ sind klein, so daß man eine gute Annäherung des induzierten Widerstandsbeiwertes erhält, wenn man δ vernachlässigt und elliptische Auftriebsverteilung annimmt. Die Werte von τ sind nicht so klein; man muß deshalb diesen Koeffizienten immer beibehalten, wenn man den Anstellwinkel eines rechteckigen Tragflügels bestimmen will.

11.4.1. Genauigkeit der Ergebnisse. Um die Genauigkeit der Ergebnisse zu zeigen, die man erhält, wenn man nur vier Koeffizienten A_1, A_2, A_3, A_4 in der Reihe für die Zirkulation beibehält, sind die Rechnungen in einem Fall ($\lambda = a_0$) der Reihe nach mit einem, zwei, drei und vier Gliedern der Reihe durchgeführt worden. Die Ergebnisse zeigt Tabelle 12; sie zeigen, daß die Werte für τ und δ fast ihre Grenzwerte erreicht haben, wenn man vier Glieder beibehält. Für rasche Rechnungen dürften drei Glieder schon eine gute Annäherung an die wahren Werte ergeben.

Tabelle 11. Rechteckige Tragflügel.

$\frac{\lambda}{a_0}$	$\frac{A_1}{\mu\alpha}$	$\frac{A_3}{\mu\alpha}$	$\frac{A_5}{\mu\alpha}$	$\frac{A_7}{\mu\alpha}$	$\frac{a}{a_0}$	$\frac{\lambda}{a}$	τ	δ
0,5	0,748	0,060	0,009	0,0014	0,587	0,85	0,10	0,019
0,75	0,859	0,090	0,016	0,0027	0,675	1,11	0,14	0,034
1,0	0,928	0,115	0,023	0,0041	0,729	1,37	0,17	0,049
1,25	0,976	0,136	0,030	0,0055	0,767	1,63	0,20	0,063
1,50	1,011	0,154	0,036	0,0070	0,794	1,89	0,22	0,076
1,75	1,038	0,169	0,042	0,0084	0,815	2,15	0,24	0,088

Tabelle 12. Schrittweise Näherungen.

Anzahl der Glieder	$\frac{A_1}{\mu\alpha}$	$\frac{A_3}{\mu\alpha}$	$\frac{A_5}{\mu\alpha}$	$\frac{A_7}{\mu\alpha}$	τ	δ
1	0,800	—	—	—	0,86	0,0
2	0,917	0,084	—	—	0,22	0,025
3	0,926	0,110	0,016	—	0,18	0,044
4	0,928	0,115	0,023	0,004	0,17	0,049

11.4.2. Wirkung des Seitenverhältnisses. Die Umrechnungsformeln für den Übergang vom Seitenverhältnis λ zu λ' sind für einen rechteckigen Tragflügel:

$$\alpha' - \alpha = \frac{1}{\pi}\left(\frac{1+\tau'}{\lambda'} - \frac{1+\tau}{\lambda}\right)\zeta_a,$$

$$\zeta_w' - \zeta_w = \frac{1}{\pi}\left(\frac{1+\delta'}{\lambda'} - \frac{1+\delta}{\lambda}\right)\zeta_a^2.$$

Tabelle 11 und Abb. 85 geben die Werte von τ und δ in Abhängigkeit von $\frac{\lambda}{a_0}$. Die Beziehung zwischen $\frac{\lambda}{a}$ und $\frac{\lambda}{a_0}$ kann man aus derselben Tabelle oder aus Abb. 86 gewinnen; sie ist mit großer Annäherung durch das lineare Gesetz

$$\frac{\lambda}{a} = 0{,}33 + 1{,}04\,\frac{\lambda}{a_0}$$

gegeben. Die experimentelle Bestimmung der kennzeichnenden Größen eines rechteckigen Tragflügels vom Seitenverhältnis λ gibt den Wert von $\frac{\lambda}{a}$; die entsprechenden Werte von $\frac{\lambda}{a_0}$, τ und δ kann man dann aus den Kurven entnehmen. Damit ist der Wert a_0 bekannt und die Werte von τ' und δ' können für irgendein anderes Seitenverhältnis λ' sofort aus Abb. 85 entnommen werden.

Wenn $a_0 = 2\pi$ ist, dann ergeben sich die Werte für das normale Seitenverhältnis 6 zu

$$\tau = 0{,}163\,,$$
$$\delta = 0{,}046\,.$$

Wenn man dann den Anstellwinkel in Graden ausdrückt, wird

$$\alpha = \alpha_0 + 3{,}55 \cdot \zeta_a\,,$$
$$\zeta_w = \zeta_{wp} + 0{,}0555\,\zeta_a^2\,.$$

Diese Zahlenwerte entsprechen den Werten 3,5° und 0,053 beim elliptischen Tragflügel mit demselben Seitenverhältnis.

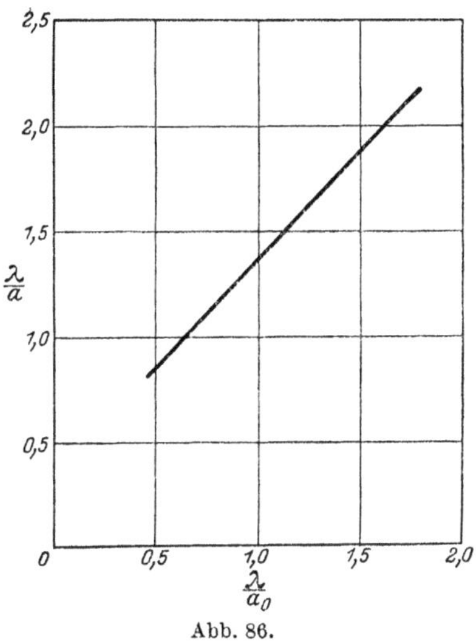

Abb. 86.

In Tabelle 13 ist schließlich noch die Neigung der Auftriebskurve für rechteckige Tragflächen mit verschiedenem Seitenverhältnis angegeben. Diese Werte liegen alle etwas unter den in Tabelle 10 angegebenen entsprechenden Werten für elliptische Tragflügel.

Tabelle 13. Neigung der Auftriebskurve für rechteckige Tragflügel.

λ	∞	10	8	6	4
a (Bogenmaß) . . .	6,28	5,04	4,84	4,54	4,12
a (Grad)	0,110	0,088	0,084	0,080	0,072

11.4.3. Aufbäummoment. Die Beziehung zwischen dem Momentenbeiwert und dem Auftriebsbeiwert eines gleichförmigen rechteckigen Tragflügels ist dieselbe wie für das Profil in zweidimensionaler Strömung, also von der Form

$$\zeta_m = m_0 + m_1 \zeta_a$$

wo m_0 und m_1 in der Regel beide negativ sind. Denn wenn diese Gleichung den Momentenbeiwert des Flügelprofils in zweidimensionaler Strömung darstellt, dann wird das Aufbäummoment um die Vorderkante des rechteckigen Tragflügels:

$$\frac{1}{2} \cdot \zeta_m \cdot t \cdot F \cdot \varrho c_0^2 = \frac{1}{2} \int\limits_{-\frac{b}{2}}^{+\frac{b}{2}} \left(m_0 + m_1 \frac{2Z}{t c_0}\right) t^2 \varrho c_0^2 dy \,,$$

wo $\frac{2Z}{t c_0}$ für den Auftriebsbeiwert des Flügelprofils geschrieben ist. Wenn wir setzen:

$$y = -\frac{b}{2} \cos\varphi$$

$$F = bt$$

$$Z = 2bc_0 \sum A_n \sin n\varphi \,,$$

dann erhalten wir

$$\zeta_m = \frac{1}{2} \int\limits_0^{\pi} \left\{m_0 + \frac{4bm_1}{t} \sum A_n \sin n\varphi\right\} \sin\varphi \, d\varphi$$

$$= m_0 + m_1 \frac{\pi b}{t} A_1$$

$$= m_0 + m_1 \zeta_a$$

denn

$$A_1 = \frac{F}{\pi b^2} \zeta_a = \frac{t}{\pi b} \zeta_a \,.$$

11.5. Trapezförmige Tragflügel.

Eine andere, wichtige Art von Tragflügeln ist die, bei denen die Sehne von einem Wert t_0 in der Mitte gleichmäßig auf $t_0(1-\varkappa)$ an den Spitzen abnimmt. Im allgemeinen ist diese Änderung der Sehne mit einer Änderung des Flügelprofils verbunden; wir wollen jedoch zunächst annehmen, daß der Tragflügel keine aerodynamische Verwindung besitze, d. h. daß der von der neutralen Linie der Querschnitte aus gemessene Anstellwinkel über die ganze Spannweite hin konstant sei.

Wir erhalten wie oben Lösungen aus der Grundgleichung

$$\sum A_n \sin n\varphi\,(n\mu + \sin\varphi) = \mu\alpha\sin\varphi\,.$$

Die Lösung ergibt sich in derselben Weise, nur hat jetzt μ an den betrachteten vier Punkten

$$\varphi = 22\tfrac{1}{2}^\circ, \qquad 45^\circ, \qquad 67\tfrac{1}{2}^\circ, \qquad 90^\circ$$

verschiedene Werte. Für diesen Bereich ist

$$t = t_0(1 - \varkappa\cos\varphi)$$

$$\mu = \mu_0(1 - \varkappa\cos\varphi)$$

wenn

$$\mu_0 = \frac{a_0 t_0}{4b} \text{ ist.}$$

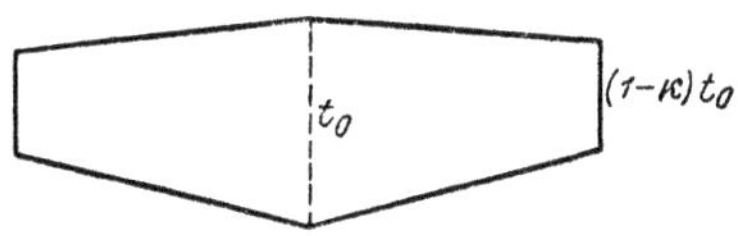

Abb. 87.

Die Fläche des Profils ist

$$F = (1 - \tfrac{1}{2}\varkappa)\,b\cdot t_0\,,$$

das Seitenverhältnis ist

$$\lambda = \frac{2b}{(2-\varkappa)t_0} = \frac{a_0}{2\cdot(2-\varkappa)\mu_0}\,.$$

Zahlenwerte, die den Einfluß der Abnahme der Sehne zeigen, gibt für das Seitenverhältnis $\lambda = a_0$ Tabelle 14; die entsprechenden Werte der Eindeckerkoeffizienten τ und δ sind in Abb. 88 gegeben. Es zeigt sich, daß man die besten Ergebnisse erhält, wenn die Sehne am Flügelende ein Drittel bis ein Halb der mittleren Sehne ist, denn es ist wünschenswert, τ und δ so klein als möglich zu machen.

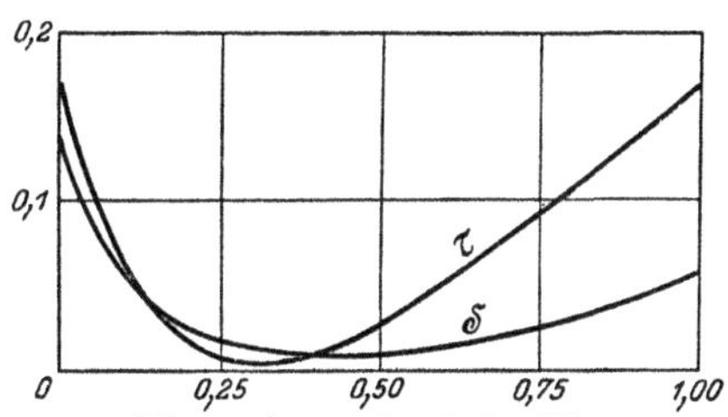

Abb. 88.

Tabelle 14. Trapezförmige Tragflügel ($\lambda = a_0$).

$\varkappa$	$\frac{A_1}{\alpha}$	$\frac{A_3}{\alpha}$	$\frac{A_5}{\alpha}$	$\frac{A_7}{\alpha}$	$\frac{a}{a_0}$	τ	δ
0	0,232	0,029	0,006	0,001	0,729	0,17	0,049
0,25	0,236	0,020	0,008	0,000	0,742	0,10	0,026
0,50	0,240	0,007	0,010	−0,001	0,754	0,03	0,011
0,75	0,241	−0,012	0,010	−0,002	0,757	0,01	0,016
1,00	0,232	−0,050	0,002	−0,004	0,729	0,17	0,141

11.6. Verwundene Tragflügel.

Wenn sich die Form des Tragflügelquerschnittes über die Spannweite hin ändert, während die Sehnen der Querschnitte in einer Ebene liegen, dann bezeichnen wir das Profil als aerodynamisch verwunden. Wegen der Veränderung des Anstellwinkels für die Nullinien der Querschnitte wird der dicke Querschnitt in der Mitte des Tragflügels einen größeren wahren Anstellwinkel besitzen als die dünnen Querschnitte in der Nähe der Enden.

Als Beispiel für die Berechnung der kennzeichnenden Größen eines verwundenen Tragflügels wollen wir einen rechteckigen Tragflügel mit konstantem Querschnitt betrachten, dessen Anstellwinkel von der Mitte nach den Enden hin gleichmäßig abnimmt. Es sei $\overline{\alpha}$ der Anstellwinkel in der Mitte des Tragflügels und ε die Abnahme von der Mitte nach jedem Ende. Für die Backbordhälfte des Tragflügels ist dann der Anstellwinkel

$$\alpha = \overline{\alpha} - \varepsilon \cos\varphi;$$

die Grundgleichung für die Koeffizienten A_1, A_2, ... der Reihe für die Zirkulation wird damit:

$$\sum A_n \sin n\varphi (n\mu + \sin\varphi) = \mu \sin\varphi (\overline{\alpha} - \varepsilon \cos\varphi) .$$

Die Lösung für die ersten vier Koeffizienten der Reihe erfolgt wie oben, jedoch wird jetzt jeder Koeffizient in zwei Teilen bestimmt, wovon der erste proportional $\mu\overline{\alpha}$ und der zweite proportional $\mu\varepsilon$ ist. Zahlenwerte für den Fall $\lambda = a_0$ sind

$$\begin{aligned} A_1 &= 0{,}928\,\mu\overline{\alpha} - 0{,}408\,\mu\varepsilon , \\ A_3 &= 0{,}115\,\mu\overline{\alpha} - 0{,}242\,\mu\varepsilon , \\ A_5 &= 0{,}023\,\mu\overline{\alpha} + 0{,}010\,\mu\varepsilon , \\ A_7 &= 0{,}004\,\mu\overline{\alpha} - 0{,}023\,\mu\varepsilon . \end{aligned}$$

Der Auftriebsbeiwert des verwundenen Tragflügels ist

$$\zeta_a = \frac{\pi b^2}{F} \cdot A_1 = 4{,}56\,\overline{\alpha} - 2{,}02\,\varepsilon .$$

Seine Neigung ist dieselbe wie für den entsprechenden nicht verwundenen Tragflügel.

Den induzierten Widerstandsbeiwert des Tragflügels können wir wieder in der Form schreiben:

$$\zeta_{w_i} = \frac{F}{\pi b^2}(1+\delta)\zeta_a^2 .$$

Der Koeffizient δ hängt aber jetzt vom Anstellwinkel des Tragflügels ab. Wenn $\varepsilon = 0{,}1$ Bogengrade (5,7°) ist, dann sind die kennzeichnenden Größen des Tragflügels bei verschiedenen Anstellwinkeln folgende:

$\overline{\alpha}$	ζ_a	δ
0,10	0,256	0,205
0,15	0,484	0,027
0,20	0,712	0,009
0,25	0,940	0,003

Diese Werte von δ entsprechen dem Wert 0,049 für den zugehörigen unverwundenen rechteckigen Tragflügel; es zeigt sich also, daß der verwundene Tragflügel mit einem Abfall des Anstellwinkels gegen die Enden außer bei sehr kleinen Auftriebsbeiwerten einen kleineren Widerstand besitzt.

Der allgemeinere Fall eines verwundenen trapezförmigen Tragflügels kann ähnlich gelöst werden; die einzige Änderung ist, daß der Parameter μ jetzt als Funktion der Koordinate φ (wie in 11.5) betrachtet werden muß.

11.7. Auftriebsverteilung.

Die Lösung des Problems eines Eindeckers mit Hilfe einer Fourier-Reihe für die Zirkulation können wir auch benützen, um die Form der Auftriebsverteilung über die Spannweite des Tragflügels zu bestimmen, da ja der Auftrieb irgendeines Elements der Spannweite des Tragflügels proportional der Zirkulation um dieses Element ist. Im allgemeinen haben wir nur die ersten vier Glieder der Fourier-Reihe bestimmt; die entsprechende Auftriebsverteilungskurve hat deshalb sinusartigen Charakter. Die Lösung ist jedoch nur an den vier Punkten $\varphi = 22\frac{1}{2}$, 45, $67\frac{1}{2}$ und 90° der halben Spannweite genau, die zur Bestimmung der Koeffizienten der Fourier-Reihe benützt wurden. Die Auftriebsverteilungskurve ist deshalb als glatte Kurve durch die in diesen Punkten bestimmten Werte zu ziehen.

Abb. 89 zeigt die Auftriebsverteilungskurven für verschiedene Tragflügelformen, die auf diese Weise bestimmt wurden; der Ordinatenmaßstab ist dabei so gewählt, daß jeder Tragflügel denselben Gesamtauftrieb besitzt. Ein Flügel von elliptischem Umriß gibt eine elliptische Auftriebsverteilung, ein Tragflügel mit irgendeiner anderen Form gibt eine Auftriebsverteilung, die eine Zwischenform zwischen der Form des Tragflügels und der Ellipse darstellt. Aerodynamisch wird die Güte eines Tragflügels durch den Grad der Annäherung seiner Auftriebsverteilung an die elliptische Form gemessen.

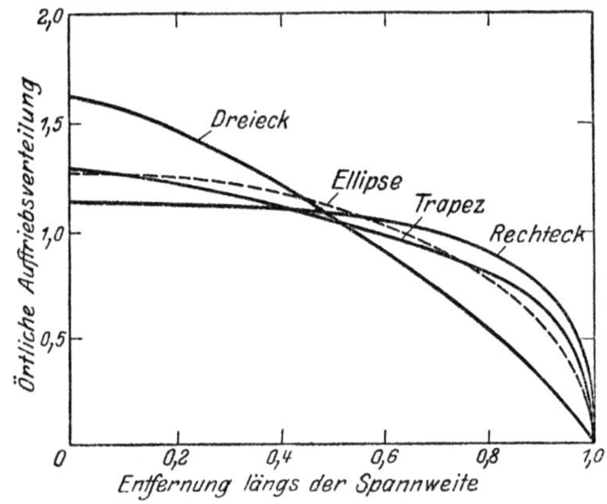

Abb. 89.

XII. Die Strömung um einen Tragflügel.

12.1. Das Strombild.

Die Abweichung der wirklichen Geschwindigkeit von der ungestörten c_0 in irgendeinem Punkt der Flüssigkeit rührt von dem vom Tragflügel erzeugten Wirbelsystem her und kann als Geschwindigkeitsfeld dieses Wirbelsystems berechnet werden. Die allgemeine Natur dieses Wirbelsystems, das die Zirkulation um den Tragflügel und die von seiner Hinterkante abgehenden Wirbelenden umfaßt, ist in 10.2 besprochen worden; die Untersuchung des Kapitels XI liefert eine Methode, die Stärke des Wirbelsystems irgendeines Eindeckers zu bestimmen. Die Untersuchung gründet sich auf die Annahme, daß man den Tragflügel durch eine Auftrieb liefernde Strecke ersetzen kann; die auf diese Annahme aufgebauten Rechnungen versagen offenbar für die Bestimmung der Strömung in unmittelbarer Nachbarschaft des Tragflügels, wo die Profilform das Strombild beeinflußt. In der Nähe des Wirbelgebietes muß man auch das Bestreben der abgehenden Wirbelfläche zum Aufrollen in zwei endliche Wirbel berücksichtigen. Abgesehen von diesen beiden Beschränkungen kann man aus der einfachen Annahme einer Auftriebslinie mit geraden Wirbellinien, die stromabwärts laufen, eine oefriediger de Darstellung des Strombildes um einen Tragflügel berommen. In großen Entfernungen vom Tragflügel und seinem Wimelgebiet schließlich wird das Geschwindigkeitsfeld nur vom Aumrieb des Tragflügels abhängen und unabhängig von der Spannwelte und der Auftriebsverteilung sein.

Zur Bestimmung des Stromfelues um einen Tragflügel wollen wir das normale Koordinatensystem mit dem Anfangspunkt in der Mitte des Tragflügels benützen. Die x-Achse läuft in der Bewegungsrichtung des Tragflügels relativ zur Luft nach vorn, die y-Achse erstreckt sich längs der Spannweite nach Steuerbord, und die z-Achse liegt senkrecht zu den beiden anderen (s. Abb. 90). Das Geschwindigkeitsfeld des Wirbelsystems, das die Störung des gleichförmigen Stromes c_0 durch den Tragflügel darstellt, wollen wir durch seine Geschwindigkeitskomponenten c_{i_x}, c_{i_y} und c_{i_z} parallel zu den Achsen ausdrücken.

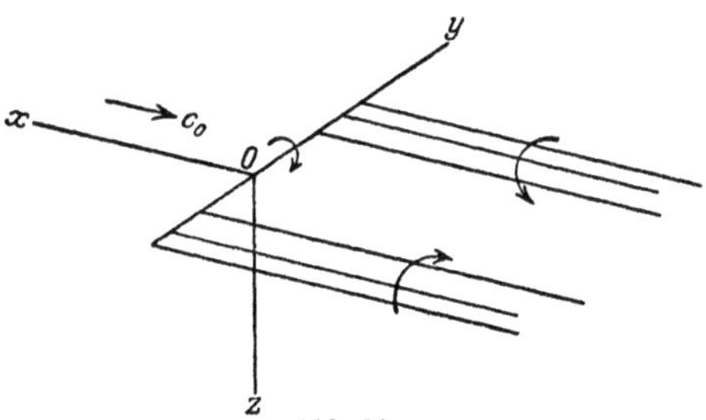

Abb. 90.

Aus der einfachen Form, die wir für das Wirbelsystem angenommen haben, folgt sofort, daß die Längskomponente der Geschwindigkeit c_{i_x} nur von der Zirkulation um den Tragflügel abhängt und daß die Komponente längs des Tragflügels c_{i_y} nur vom System der abgehenden Wirbelenden stammt, während die normale Komponente c_{i_z} vom ganzen Wirbelsystem herrührt.

Das Strombild soll zunächst unter der Annahme gleichmäßiger Auftriebsverteilung über die Spannweite untersucht werden, und zwar wollen wir hauptsächlich die senkrechte Geschwindigkeitskomponente c_{i_z} betrachten. Die Wirkung anderer Auftriebsverteilung soll nur in einigen wenigen Gebieten von besonderer Wichtigkeit untersucht werden.

12.2. Gleichmäßige Auftriebsverteilung.

Das Wirbelsystem eines Tragflügels mit gleichmäßiger Auftriebsverteilung über die Spannweite besteht aus dem Tragflügel AA' und den beiden geradlinigen abgehenden Wirbelenden AB und AB'; die Zirkulation ist für das ganze System gleich Z. Der Punkt P, in dem die induzierte Geschwindigkeit bestimmt werden soll, ist zweckmäßig mit negativen Werten für die Koordinaten x und z zu wählen, wie Abb. 91 zeigt. Es seien PL, PM und PN bzw. die Normalen von P auf die Ebene Oxy und die Geraden Oy und AB. Dann ist

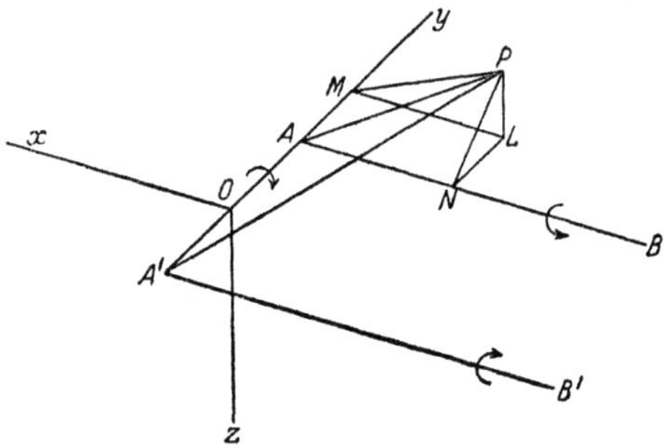

Abb. 91.

$$ML = -x = x',$$
$$OM = y,$$
$$PL = -z = z',$$
$$OA = OA' = \frac{b}{2}.$$

Die von der Zirkulation Z um den Tragflügel AA' herrührende in P induzierte Geschwindigkeit steht senkrecht zur Ebene PMO und hat den Wert

$$c_{i_1} = \frac{Z}{4\pi PM}(\cos PA'A + \cos PAA')$$
$$= \frac{Z}{4\pi\sqrt{x'^2+z'^2}}\left\{\frac{y+\frac{b}{2}}{\sqrt{x'^2+z'^2+\left(y+\frac{b}{2}\right)^2}} - \frac{y-\frac{b}{2}}{\sqrt{x'^2+z'^2+\left(y-\frac{b}{2}\right)^2}}\right\}.$$

Die Komponenten dieser Geschwindigkeit sind:

$$c_{i_1x} = -\frac{Z}{4\pi}\cdot\frac{z'}{x'^2+z'^2}\left\{\frac{y+\frac{b}{2}}{\sqrt{x'^2+z'^2+\left(y+\frac{b}{2}\right)^2}} - \frac{y-\frac{b}{2}}{\sqrt{x'^2+z'^2+\left(y-\frac{b}{2}\right)^2}}\right\}$$

$$c_{i_1y} = 0$$

$$c_{i_1z} = \frac{Z}{4\pi}\frac{x'}{x'^2+z'^2}\left\{\frac{y+\frac{b}{2}}{\sqrt{x'^2+z'^2+\left(y+\frac{b}{2}\right)^2}} - \frac{y-\frac{b}{2}}{\sqrt{x'^2+z'^2+\left(y-\frac{b}{2}\right)^2}}\right\}.$$

Die von der Zirkulation Z um das Wirbelende AB herrührende im Punkt P induzierte Geschwindigkeit steht senkrecht zu der Ebene PAB und hat den Wert:

$$c_{i_2} = \frac{Z}{4\pi PN}(1 + \cos PAB)$$

$$= \frac{Z}{4\pi\sqrt{z'^2 + \left(y - \frac{b}{2}\right)^2}}\left\{1 + \frac{x'}{\sqrt{x'^2 + z'^2 + \left(y - \frac{b}{2}\right)^2}}\right\};$$

die Komponenten dieser Geschwindigkeit sind:

$$c_{i_{2x}} = 0$$

$$c_{i_{2y}} = -\frac{Z}{4\pi}\frac{z'}{z'^2 + \left(y - \frac{b}{2}\right)^2}\left\{1 + \frac{x'}{\sqrt{x'^2 + z'^2 + \left(y - \frac{b}{2}\right)^2}}\right\}$$

$$c_{i_{2z}} = -\frac{Z}{4\pi}\cdot\frac{y - \frac{b}{2}}{z'^2 + \left(y - \frac{b}{2}\right)^2}\left\{1 + \frac{x'}{\sqrt{x'^2 + z'^2 + \left(y - \frac{b}{2}\right)^2}}\right\}.$$

Ähnlich ergeben sich die Geschwindigkeitskomponenten in P, die von der Zirkulation um das Wirbelende $A'B'$ herrühren, zu

$$c_{i_{3x}} = 0$$

$$c_{i_{3y}} = \frac{Z}{4\pi}\frac{z'}{z'^2 + \left(y + \frac{b}{2}\right)^2}\left\{1 + \frac{x'}{\sqrt{x'^2 + z'^2 + \left(y + \frac{b}{2}\right)^2}}\right\}$$

$$c_{i_{3z}} = \frac{Z}{4\pi}\frac{y + \frac{b}{2}}{z'^2 + \left(y + \frac{b}{2}\right)^2}\left\{1 + \frac{x'}{\sqrt{x'^2 + z'^2 + \left(y + \frac{b}{2}\right)^2}}\right\}.$$

Die Komponenten der in P induzierten Geschwindigkeit, die vom Tragflügel und seinen abgehenden Wirbelenden herrühren, ergeben sich als Summen der obigen Ausdrücke:

$$c_{i_x} = c_{i_{1x}},$$
$$c_{i_y} = c_{i_{2y}} + c_{i_{3y}}$$
$$c_{i_z} = c_{i_{1z}} + c_{i_{2z}} + c_{i_{3z}}$$

Die genaue Untersuchung dieser Ausdrücke soll auf die Gebiete beschränkt werden, die besonderes Interesse besitzen, d. h. auf Punkte der Querebene ($x = 0$) und auf Punkte der x-Achse.

Die induzierte Geschwindigkeit ist proportional der Zirkulation Z, die mit dem Auftrieb des Tragflügels durch die Gleichung verknüpft ist:

$$b \varrho c_0 \cdot Z = P_a = \tfrac{1}{2} \zeta_a F \cdot \varrho c_0^2$$

oder

$$\frac{Z}{\pi \frac{b}{2}} = \frac{F}{\pi b^2} c_0 \zeta_a .$$

Dieser letzte Ausdruck ist gleich der induzierten Störungsgeschwindigkeit c_{i0} eines Tragflügels mit elliptischer Auftriebsverteilung (s. 11.3); es ist zweckmäßig, die induzierten Geschwindigkeitskomponenten im allgemeinen Punkt P als Vielfache von c_{i0} auszudrücken.

12.2.1. Die Querebene. Die Längskomponente der induzierten Geschwindigkeit in einem Punkt der Querebene ($x = 0$) ist

$$c_{i_x} = \frac{Z}{4 \pi z} \left\{ \frac{y + \frac{b}{2}}{\sqrt{z^2 + \left(y + \frac{b}{2}\right)^2}} - \frac{y - \frac{b}{2}}{\sqrt{z^2 + \left(y - \frac{b}{2}\right)^2}} \right\} ;$$

für Punkte der z-Achse vereinfacht sich dieser Ausdruck zu

$$c_{i_x} = \frac{Z}{2 \pi} \frac{\frac{b}{2}}{z \sqrt{z^2 + \left(\frac{b}{2}\right)^2}}$$

$$= \frac{1}{2} \frac{b^2}{z \sqrt{z^2 + \left(\frac{b}{2}\right)^2}} \frac{F \cdot c_0 \zeta_a}{4 \pi b^2} .$$

Die Längskomponente der Luftgeschwindigkeit relativ zum Tragflügel ist ($c_0 - c_{i_x}$); über dem Tragflügel, wo z und c_{i_x} negativ sind, wird sie also vergrößert, unter dem Tragflügel verkleinert. Die Änderung der Längsgeschwindigkeit zeigen folgende Zahlenwerte:

$$\frac{z}{b} = \tfrac{1}{6} \qquad \tfrac{1}{3} \qquad \tfrac{1}{2} \qquad 1 ,$$

$$\frac{c_{i_x}}{c_{i0}} = 1{,}42 \qquad ,62 \qquad 0{,}35 \qquad 0{,}11 .$$

Für einen Tragflügel mit dem Seitenverhältnis 6 hat die Geschwindigkeit c_{i0} den Wert $0{,}53\, c_0 \zeta_a$. Die Änderung der Längsgeschwindigkeit ist also bei dem hohen Auftriebsbeiwert von 1,0 in einer Tiefe von einer halben Spannweite unter dem Tragflügel nur von der Größenordnung von 2%.

12.2.2. Die seitliche und die Normalkomponente der induzierten Geschwindigkeit in einem Punkt der Querebene ($x = 0$) sind

$$c_{i_y} = \frac{Z}{2\pi} \frac{b y z}{\left[y^2 + z^2 + \left(\frac{b}{2}\right)^2\right]^2 - y^2 s^2},$$

$$c_{i_z} = -\frac{Z}{2\pi} \frac{\frac{b}{2}\left[y^2 - z^2 - \left(\frac{b}{2}\right)^2\right]}{\left[y^2 + z^2 - \left(\frac{b}{2}\right)^2\right]^2 - y^2 b^2}.$$

Der Nenner dieser beiden Ausdrücke ist immer positiv. Die seitliche Komponente ist also über dem Tragflügel nach innen und unter dem Tragflügel nach außen gerichtet, während das Vorzeichen der senkrechten Komponente von dem des Ausdrucks $\left[y^2 - z^2 - \left(\frac{b}{2}\right)^2\right]$ abhängt.

In großer Entfernung vom Tragflügel nähern sich die Ausdrücke den Werten

$$c_{i_y} = \frac{Z}{2\pi} \frac{b y z}{(y^2 + z^2)^2} = \frac{2 y z}{(y^2 + z^2)^2} \frac{F c_0 \zeta_a}{8\pi},$$

$$c_{i_z} = -\frac{Z}{2\pi} \frac{\frac{b}{2}(y^2 - z^2)}{(y^2 + z^2)^2} = -\frac{y^2 - z^2}{(y^2 + z^2)^2} \frac{F c_0 \zeta_a}{8\pi},$$

Auf der z-Achse ist die Normalkomponente der induzierten Geschwindigkeit:

$$c_{i_z} = \frac{Z}{2\pi} \frac{\frac{b}{2}}{z^2 + \left(\frac{b}{2}\right)^2} = \frac{1}{2} \frac{\left(\frac{b}{2}\right)^2}{z^2 + \left(\frac{b}{2}\right)^2} \frac{F c_0 \zeta_a}{\pi b^2}.$$

Sie besitzt folgende Zahlenwerte:

$\frac{z}{b} =$	$\frac{1}{6}$	$\frac{1}{3}$	$\frac{1}{2}$	1
$\frac{c_{i_z}}{c_{i_0}} =$	0,45	0,35	0,25	0,10.

Für einen Tragflügel mit dem Seitenverhältnis 6 hat die Geschwindigkeit c_{i_0} den Wert $0{,}053\, c_0 \zeta_a$; in einer Tiefe von einer halben Spannweite unter dem Tragflügel ist die Abwärtsgeschwindigkeit 0,01325 $c_0 \zeta_a$, was einem Neigungswinkel von 0,75° ζ_a entspricht.

12.2.3. Die Längsachse. In einem Punkt der x-Achse ($y = z = 0$) sind die Längs- und die seitliche Komponente der induzierten Geschwindigkeit Null, die Normalkomponente besitzt den Wert

$$c_{i_z} = -\frac{Z}{2\pi} \frac{\frac{b}{2}}{x\sqrt{x^2+\left(\frac{b}{2}\right)^2}} + \frac{Z}{\pi b}\left\{1 - \frac{x}{\sqrt{x^2+\left(\frac{b}{2}\right)^2}}\right\}$$

$$= \frac{Z}{\pi b}\left\{1 - \frac{\sqrt{x^2+\left(\frac{b}{2}\right)^2}}{x^2}\right\}.$$

Vor dem Tragflügel ist die Normalgeschwindigkeit negativ; die Luft strömt nach oben, dem Tragflügel entgegen. Hinter dem Tragflügel ist die Normalgeschwindigkeit positiv, und in einer Entfernung l hinter dem Tragflügel ist die Neigung der Stromrichtung ε gleich

$$\varepsilon = \frac{c_{i_z}}{c_0} = \frac{Z}{\pi b c_0}\left\{1 + \frac{\sqrt{l^2+\left(\frac{b}{2}\right)^2}}{l}\right\}$$

$$= \frac{1}{2}\left\{1 + \frac{\sqrt{l^2+\left(\frac{b}{2}\right)^2}}{l}\right\} \frac{F}{\pi b^2} \zeta_a .$$

Wenn wir für den Neigungswinkel mit Hilfe der Vergleichsgeschwindigkeit c_{i0} schreiben

$$\varepsilon_0 = \frac{c_{i0}}{c_0} = \frac{F}{\pi b^2} \zeta_a ,$$

dann wird der Ausdruck für den Neigungswinkel hinter dem Tragflügel

$$\varepsilon = \frac{1}{2}\left\{1 + \frac{\sqrt{l^2+\left(\frac{b}{2}\right)^2}}{l}\right\} \varepsilon_0 .$$

Er ergibt folgende Zahlenwerte:

$\frac{l}{b} =$	$\frac{1}{6}$	$\frac{1}{3}$	$\frac{1}{2}$	1,
$\frac{\varepsilon}{\varepsilon_0} =$	2,08	1,40	1,21	1,06.

12.3. Elliptische Auftriebsverteilung.

Wir haben das Strombild bis jetzt unter der Annahme über die Spannweite des Tragflügels konstanter Auftriebsverteilung betrachtet. Diese Bedingung wird von keinem Tragflügel erfüllt; jedoch können wir die tatsächliche Auftriebsverteilung stets durch Überlagerung einer Anzahl einfacher Hufeisenwirbel (s. 10.2.1 und Abb. 77) aufbauen. Um die entsprechenden Werte der induzierten Geschwindigkeit in irgendeinem Punkt abzuleiten, ersetzen wir die Länge $\frac{b}{2}$ der Gleichungen von 12.2 durch eine längs der Spannweite des Tragflügels gemessene Koordinate η und die Zirkulation Z durch $-\frac{dZ}{d\eta}d\eta$ und integrieren die Ausdrücke von $\eta = 0$ bis $\eta = \frac{b}{2}$. Diese Integration ist jedoch im allgemeinen außerordentlich verwickelt.

Für den Fall elliptischer Auftriebsverteilung (s. 11.3) wird die Zirkulation in irgendeinem Punkt des Tragflügels

$$Z = 2bc_0A_1\sqrt{1-\left(\frac{\eta}{\frac{b}{2}}\right)^2},$$

die induzierte Geschwindigkeit am Tragflügel ist

$$c_{i0} = c_0A_1.$$

Hieraus folgt:

$$Z = 4c_{i0}\sqrt{\left(\frac{b}{2}\right)^2-\eta^2},$$

$$-\frac{dZ}{d\eta} = \frac{4c_{i0}\eta}{\sqrt{\left(\frac{b}{2}\right)^2-\eta^2}}.$$

12.3.1. Die Hochachse. Für die induzierte Geschwindigkeit in einem Punkt der z-Achse erhielten wir in 12.2.2 für gleichmäßige Auftriebsverteilung

$$c_{i_z} = \frac{Z}{2\pi}\frac{\frac{b}{2}}{z^2+\left(\frac{b}{2}\right)^2}.$$

Für elliptische Auftriebsverteilung wird also

$$c_{i_z} = \int_0^{\frac{b}{2}}\frac{1}{2\pi}\frac{4c_{i0}\eta}{\sqrt{\left(\frac{b}{2}\right)^2-\eta^2}}\cdot\frac{\eta}{z^2+\eta^2}d\eta.$$

Das läßt sich durch die Substitution $\eta = \frac{b}{2} \sin\varphi$ einfach integrieren und gibt:

$$c_{i_z} = c_{i0}\left(1 - \frac{z}{\sqrt{z^2 + \left(\frac{b}{2}\right)^2}}\right).$$

Diese Gleichung liefert die Zahlenwerte:

$$\begin{array}{lllll} \frac{z}{b} = & \frac{1}{6} & \frac{1}{3} & \frac{1}{2} & 1, \\ \frac{c_{i_z}}{c_{i0}} = & 0{,}68 & 0{,}45 & 0{,}29 & 0{,}11. \end{array}$$

Ein Vergleich mit den in 12.2.2 für gleichmäßige Auftriebsverteilung gegebenen Werten zeigt, daß in einer Tiefe von einer halben Spannweite unter dem Tragflügel der Unterschied der induzierten Geschwindigkeit 0,04 c_{i0} beträgt. Diesen Unterschied können wir vernachlässigen, denn er entspricht für einen Tragflügel mit dem Seitenverhältnis 6 einem Unterschied der Stromlinienneigung von nur $0{,}12^\circ\,\zeta_a$.

Für große Entfernung vom Tragflügel strebt die induzierte Geschwindigkeit sowohl für gleichmäßige als auch für elliptische Auftriebsverteilung dem Wert

$$c_{i_z} = \frac{1}{8}\,\frac{b^2}{z^2}\,c_{i0} = \frac{F}{8\pi z^2}\,c_0\zeta_a$$

zu und bestätigt damit den allgemeinen Satz, daß in großer Entfernung vom Tragflügel und seinem Wirbelgebiet die induzierte Geschwindigkeit nur vom Gesamtauftrieb abhängt, während sie von Spannweite und Form der Auftriebsverteilung unabhängig ist.

12.3.2. Die Querebene. Bei elliptischer Auftriebsverteilung können wir die Strömung in der Querebene ($x = 0$) aus der Tatsache ableiten, daß die induzierte Geschwindigkeit über die ganze Spannweite des Tragflügels den konstanten Wert c_{i0} besitzt. Die Strömung ist deshalb identisch mit der Strömung, die eine Platte von der Länge b verursacht, wenn sie sich mit der Geschwindigkeit c_{i0} senkrecht zu sich selbst bewegt. Die Stromfunktion dieser Strömung wurde in 6.2.3 angegeben, und das Strombild wird durch Abb. 44 veranschaulicht. Wenn wir schreiben:

$$y = \frac{b}{2}\sin\lambda\,\mathfrak{Cos}\,\mu\,,$$

$$z = \frac{b}{2}\cos\lambda\,\mathfrak{Sin}\,\mu\,,$$

so kann man zeigen, daß die Normalgeschwindigkeit

$$c_{i_z} = c_{i0}\left\{1 - \frac{\mathfrak{Sin}\,\mu\,\mathfrak{Cos}\,\mu}{\mathfrak{Cos}^2\mu - \sin^2\lambda}\right\} \text{ wird.}$$

Die Zahlenwerte von c_{i_z}, die diese Formel für Punkte in der Nähe des Tragflügels ergibt, sind in Tabelle 15 angegeben und in Abb. 92 veranschaulicht.

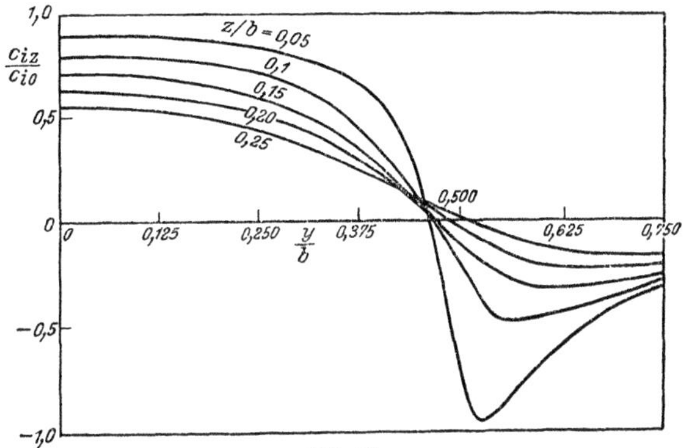

Abb. 92.

Tabelle 15. Werte von $\frac{c_{i_z}}{c_{i0}}$.

$\frac{y}{b}$ =	0	0,125	0,250	0,375	0,45	0,55	0,625	0,75
$\frac{z}{b}$ = 0	1,00	1,00	1,00	1,00	1,00	−1,40	−0,67	−0,34
0,05	0,90	0,89	0,84	0,68	0,17	−0,89	−0,58	−0,32
0,10	0,80	0,79	0,72	0,46	0,09	−0,48	−0,44	−0,29
0,15	0,71	0,69	0,60	0,35	0,07	−0,26	−0,32	−0,26
0,20	0,63	0,60	0,51	0,29	0,09	−0,13	−0,22	−0,21
0,25	0,55	0,53	0,44	0,25	0,11	−0,06	−0,15	−0,16

In großer Entfernung vom Tragflügel werden folgende Grenzwerte erreicht:

$$y = \tfrac{1}{4}\, b e^{\mu} \sin\lambda\,,$$

$$z = \tfrac{1}{4}\, b e^{\mu} \cos\lambda\,,$$

$$\frac{c_{i_z}}{c_{i0}} = 2e^{-2\mu}(\cos^2\lambda - \sin^2\lambda)$$

$$= -\frac{b^2}{8}\,\frac{y^2 - z^2}{(y^2 + z^2)^2}$$

oder

$$c_{i_z} = -\frac{y^2 - z^2}{(y^2 + z^2)^2} \cdot \frac{F c_0 \zeta_a}{8\pi}\,.$$

Das ist aber wieder derselbe Grenzwert, den wir auch in 12. 2. 2 unter Annahme gleichmäßiger Auftriebsverteilung erhielten.

12.3.3. Die Längsachse. Die Neigung der Stromlinien in einem Punkt der x-Achse haben wir in 12.2.3 für gleichmäßige Auftriebsverteilung in der Form

$$\varepsilon = \frac{Z}{\pi b c_0}\left\{1 + \frac{\sqrt{l^2 + \left(\frac{b}{2}\right)^2}}{l}\right\}$$

erhalten; damit ergibt sich für die elliptische Auftriebsverteilung

$$\varepsilon = \int_0^{\frac{b}{2}} \frac{1}{2\pi c_0} \frac{4 c_{i0}}{\sqrt{\left(\frac{b}{2}\right)^2 - \eta^2}} \left\{1 + \frac{\sqrt{l^2 + \eta^2}}{l}\right\} d\eta$$

$$= \frac{2}{\pi}\varepsilon_0 \int_0^{\frac{b}{2}} \left\{1 + \frac{\sqrt{l^2 + \eta^2}}{l}\right\} \frac{d\eta}{\sqrt{\left(\frac{b}{2}\right)^2 + \eta^2}}.$$

Wenn wir setzen:

$$\eta = \frac{b}{2}\cos\varphi,$$

$$l^2 = \frac{1 - k^2}{k^2}\left(\frac{b}{2}\right)^2,$$

dann wird dieses Integral

$$\frac{\varepsilon}{\varepsilon_0} = \frac{2}{\pi}\int_0^{\frac{\pi}{2}} \left\{1 + \sqrt{\frac{1 - k^2 \sin^2\varphi}{1 - k^2}}\right\} d\varphi$$

$$= 1 + \frac{2}{\pi}\frac{E}{\sqrt{1 - k^2}},$$

wo E das vollständige elliptische Integral

$$E = \int_0^{\frac{\pi}{2}} \sqrt{1 - k^2 \sin^2\varphi}\, d\varphi$$

bedeutet.

Aus dieser Gleichung erhält man folgende Zahlenwerte für die Neigung der Stromlinien:

$\frac{l}{b} =$	$\frac{1}{6}$	$\frac{1}{3}$	$\frac{1}{2}$	$1,$
$\frac{\varepsilon}{\varepsilon_0} =$	3,23,	2,43,	2,22,	2,06.

Diese Werte sind beträchtlich höher als die in 12.2.3 angegebenen, die für gleichmäßige Auftriebsverteilung abgeleitet wurden. Sie streben überdies für Unendlich werdendes l dem Wert $2\,\varepsilon_0$ statt ε_0 zu. Es kann keine dieser Wertereihen als befriedigend angesehen werden. Sie gründen sich auf die Annahme, daß die abgehenden Wirbelenden sich geradlinig bis ins Unendliche erstrecken; wenn man zu einer verläßlichen Schätzung der Neigung der Stromlinien hinter dem Tragflügel kommen will, dann muß man der Tatsache Rechnung tragen, daß die Fläche der abgehenden Wirbelenden instabil ist und sich in ein Wirbelpaar aufrollt.

12.4. Neigung der Stromlinien.

Die Gleichungen für die induzierte Geschwindigkeit c_{i_z} auf der Längsachse, die in den Abschnitten 12.2.3 und 12.3.3 entwickelt wurden, stützen sich auf die Annahme, daß sich die abgehenden Wirbelenden geradlinig bis ins Unendliche erstrecken. In Wirklichkeit ist die Fläche der abgehenden Wirbelenden instabil und rollt sich in ein Wirbelpaar auf, dessen Abstand b' etwas kleiner als die Spannweite b des Tragflügels ist. Die Stärke jedes dieser entstehenden Wirbel wird offenbar gleich der Zirkulation $\overline{Z}$ um die Mitte des Tragflügels sein. In Punkten, die vom Tragflügel und seinem Wirbelgebiet weit entfernt sind, wird dieses abgeänderte Wirbelsystem einem Tragflügel von der Spannweite b' mit gleichmäßiger Auftriebsverteilung $\overline{Z}$ gleichwertig sein; hiermit können wir die Entfernung b' bestimmen aus der Gleichung

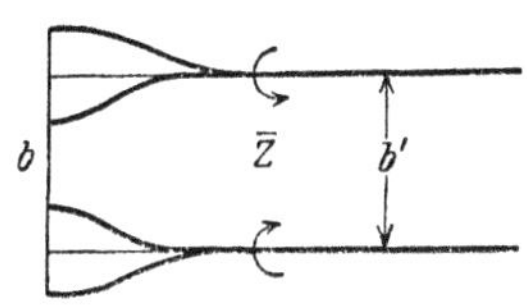

Abb. 93.

$$P_a = b' \cdot \varrho\, c_0 \overline{Z}\,.$$

Nun kann aber jede Auftriebsverteilung über die Spannweite eines Tragflügels wie in 11.2 durch die Reihe

$$Z = 2\,b\,c_0 \sum A_n \sin n\,\varphi$$

dargestellt werden; dann wird

$$P_a = \tfrac{1}{2}\pi b^2 \varrho c_0^2 A_1\,,$$
$$\overline{Z} = 2 b c_0 (A_1 - A_3 + A_5 - \cdots)\,.$$

Hiermit ergibt sich

$$\frac{b'}{b} = \frac{P_a}{b \varrho c_0 \overline{Z}} = \frac{\pi}{4} \frac{A_1}{(A_1 - A_3 + A_5 - \cdots)}.$$

Die induzierte Geschwindigkeit c_{i_z} in einem Punkte der Längsachse in einiger Entfernung hinter dem Tragflügel wird mit Hilfe dieses abgeänderten Wirbelsystems genauer erfaßt werden als mit der Annahme, die das Aufrollen der Wirbelfläche vernachlässigt. Wir nehmen also als Wirbelsystem das eines Tragflügels von der Spannweite b' mit konstanter Auftriebsverteilung $\overline{Z}$ an; dann wird die induzierte Abwärtsgeschwindigkeit nach 11.2.3:

$$c_{i_z} = \frac{\overline{Z}}{\pi b'}\left(1 + \frac{\sqrt{l^2 + \left(\frac{b'}{2}\right)^2}}{l}\right)$$

$$= \frac{P_a}{\pi b'^2 \varrho c_0}\left(1 + \frac{\sqrt{l^2 + \left(\frac{b'}{2}\right)^2}}{l}\right).$$

Die Neigung der Stromlinien ist also

$$\varepsilon = \frac{1}{2} \frac{b^2}{b'^2}\left(1 + \frac{\sqrt{l^2 + \left(\frac{b'}{2}\right)^2}}{l}\right)\varepsilon_0,$$

wo

$$\varepsilon_0 = \frac{F}{\pi b^2} \zeta_a \text{ ist.}$$

Der Grenzwert der Neigung für unendlich werdende Entfernung ist

$$\varepsilon = \frac{b^2}{b'^2} \varepsilon_0.$$

Die Werte von $\frac{b'}{b}$ können für rechteckige Tragflächen aus den in Tabelle 11 (Kap. XI) gegebenen Zahlen berechnet werden und sind in Tabelle 16 zusammen mit den entsprechenden Werten von $\frac{\varepsilon}{\varepsilon_0}$ im Punkt $l = \frac{b}{2}$ und den Grenzwerten für unendlich groß werdende Entfernung eingetragen.

Die Änderung der Stromlinienneigung schließlich wird

$$\frac{d\varepsilon}{d\alpha} = \frac{1}{2} \frac{b^2}{b'^2}\left(1 + \frac{\sqrt{l^2 + \left(\frac{b'}{2}\right)^2}}{l}\right)\frac{F}{\pi b^2} \frac{d\zeta_a}{d\alpha} = \frac{\varepsilon}{\varepsilon_0} \frac{a}{\pi \lambda}.$$

Der Wert dieses Ausdrucks im Punkt $l = \frac{b}{2}$ ist ebenfalls in Tabelle 16 eingetragen.

Tabelle 16. Neigung der Stromlinien.

Tragflügelform	$\frac{b'}{b}$	$\frac{\varepsilon}{\varepsilon_0}$ (Grenzwert)	$\frac{\varepsilon}{\varepsilon_0}\left(l=\frac{b}{2}\right)$	$\frac{d\varepsilon}{d\alpha}\left(l=\frac{b}{2}\right)$
Ellipse	0,785	1,62	1,84	0,44 ($\lambda = a_0$)
Rechteck: $\frac{\lambda}{a_0}$ = 0,50	0,844	1,40	1,62	0,61
0,75	0,862	1,35	1,57	0,45
1,00	0,875	1,31	1,52	0,35
1,25	0,887	1,27	1,48	0,29
1,50	0,896	1,25	1,46	0,25
1,75	0,903	1,23	1,44	0,21

Die Definition der Länge l ist etwas unsicher, da die Berechnungen auf der Annahme aufgebaut sind, daß der Tragflügel durch eine Wirbellinie ersetzbar ist, wobei jedoch die Lage dieser tragenden Linie im Tragflügel nicht festgelegt wurde. Die tragende Linie muß jedoch offenbar durch den Druckpunkt des Tragflügels gehen; die Länge l ist also die Entfernung hinter dem Druckpunkt des Tragflügels.

Die Änderung der Neigung der Stromlinien mit der Entfernung hinter dem Tragflügel zeigt Abb. 94, wo die Kurven für einen elliptischen und einen rechteckigen Tragflügel vom Seitenverhältnis $\lambda = a_0$ gezeichnet sind. Die gestrichelten Linien stellen die entsprechenden Werte für gleichmäßige und elliptische Auftriebsverteilung dar, wenn das Aufrollen der Wirbelfläche vernachlässigt wird.

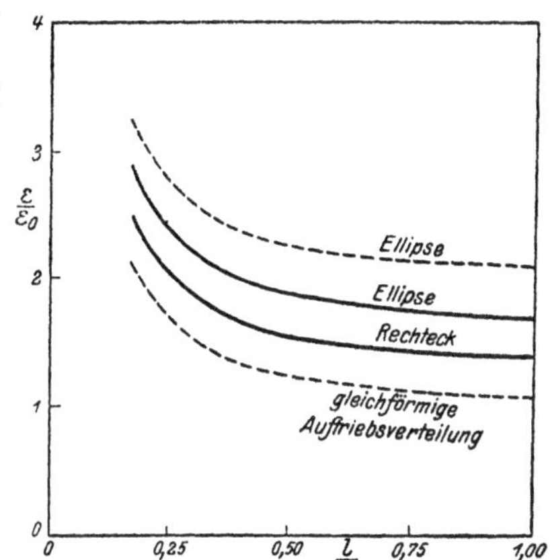

Abb. 94.

Die Ergebnisse des Kapitels beziehen sich sämtlich auf einen Eindecker; man kann jedoch hieraus das Strombild für einen Doppeldecker ableiten, wenn man die von den beiden Einzelflügeln herrührenden Wirkungen addiert. Im besonderen wird die Neigung der Stromlinien hinter einem Doppeldecker, der aus zwei rechteckigen Tragflächen mit dem Seitenverhältnis λ besteht, nahezu doppelt so groß sein wie hinter einem Eindecker mit dem gleichen Seitenverhältnis und demselben Auftriebsbeiwert. Andererseits wird $\frac{d\varepsilon}{d\alpha}$ nicht verdoppelt, da $\frac{d\zeta_a}{d\alpha}$ für einen Doppeldecker kleiner wird. Wenn wir die in 11.4.2 und 13.2.4 angegebenen Zahlenwerte für rechteckige Tragflügel vom Seitenverhältnis 6 benützen, finden wir, daß der Wert von $\frac{d\varepsilon}{d\alpha}$ für den Eindecker etwa 0,35 und für den Doppeldecker etwa 0,55 beträgt.

XIII. Der Doppeldecker.

13.1. Zweidimensionale Strömung.

Das Problem der zweidimensionalen Strömung um ein Tragflügelpaar, das einen Doppeldecker bildet, ist sehr verwickelt; vollständige Lösungen sind nur für den Fall aufgestellt worden, daß die Tragflügelquerschnitte gerade Linien sind. Es wird hier nur eine kurze Übersicht gegeben, um die Untersuchungsmethode und die Art der Ergebnisse zu zeigen.

13.1.1. Tandemdoppeldecker. Wir betrachten zuerst eine Tandemanordnung, die von zwei Abschnitten AB und $A'B'$ der reellen Achse gebildet wird, deren Endpunkte bei $x = \pm\, p,\ \pm\, q$ liegen. Die allgemeinste wirbelfreie Strömung um diese Anordnung kann in der Form ausgedrückt werden:

$$c_x - i c_y = \frac{dw}{dz} = c_0' + c_0'' \frac{z^2 - m^2}{\sqrt{(p^2 - z^2)(z^2 - q^2)}} + \frac{Z}{\pi} \frac{z}{\sqrt{(p^2 - z^2)(z^2 - q^2)}} + \frac{Z'}{\pi} \frac{n}{\sqrt{(p^2 - z^2)(z^2 - q^2)}},$$

wo die vier Ausdrücke vier Teilströme darstellen: einen Parallelstrom mit der Geschwindigkeit c_0 in Richtung der x-Achse, einen Parallelstrom mit der Geschwindigkeit c_0'' in Richtung der y-Achse, eine Zirkulationsströmung mit gleicher Zirkulation Z um jeden Tragflügel und eine Zirkulationsströmung mit positiver Zirkulation Z' um den ersten und negativer Zirkulation Z' um den zweiten Tragflügel. Die Größen m und n sind Konstanten, deren Wert später als Funktion von p und q bestimmt wird.

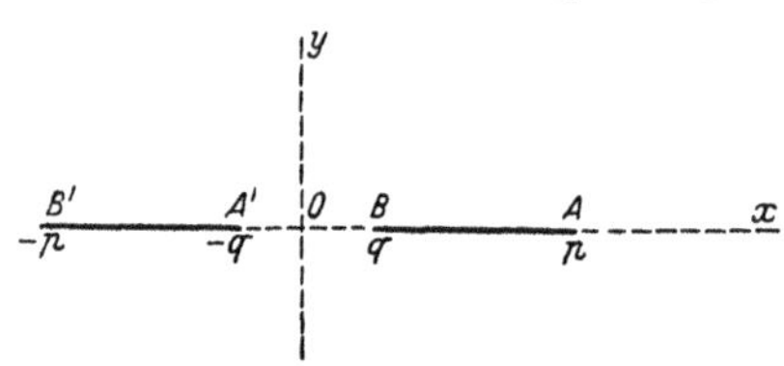

Abb. 95.

Der allgemeine Ausdruck stellt eine mögliche wirbelfreie Strömung dar, denn die Potentialfunktion w ist eine Funktion der komplexen Veränderlichen z und besitzt für unendlich groß werdendes z den richtigen Grenzwert; sie liefert an den Oberflächen der Tragflügel keine Normalkomponente der Geschwindigkeit und gibt endliche Geschwindigkeiten an allen Punkten mit Ausnahme der Endpunkte der Tragflächen. Das Vorzeichen der Wurzel $\sqrt{(p^2 - z^2)(z^2 - q^2)}$ ist in Übereinstimmung mit der vektoriellen Deutung des Ausdrucks zu wählen. Das Vorzeichen ist positiv an der Unterseite von AB und an der Oberseite von $A'B'$, negativ an den entgegengesetzten Oberflächen.

Den Wert der Konstanten m bestimmt die Bedingung, daß für die einfache Vertikalströmung c_0'' um keinen der beiden Tragflügel eine Zirkulation vorhanden ist; der Wert der Konstanten n ergibt sich aus der Bedingung, daß für den vierten Teilstrom um den Tragflügel AB eine Zirkulation Z' vorhanden ist. Diese Werte sind:

$$m = p\sqrt{\frac{E}{K}},$$

$$n = \frac{\pi}{2} \cdot \frac{p}{K},$$

wo E und K die vollständigen elliptischen Integrale für den Modul k darstellen, die durch die Gleichungen definiert sind:

$$k^2 = \frac{p^2 - q^2}{p^2},$$

$$E = \int_0^1 \sqrt{\frac{1 - k^2 x^2}{1 - x^2}}\, dx,$$

$$K = \int_0^1 \frac{dx}{\sqrt{(1 - x)^2 (1 - k^2 x^2)}}.$$

Die Punkte $x = \pm m$ sind die Staupunkte der einfachen Vertikalströmung auf der Oberfläche der Tragflügel.

Um für den Anstellwinkel α die Strömung zu bekommen, die an den Hinterkanten B und B' glatt abfließt, müssen wir schreiben:

$$c_0' = -c_0 \cos\alpha, \qquad c_0'' = c_0 \sin\alpha.$$

Die Werte von Z und Z' sind so zu wählen, daß der Zähler über der Wurzel in dem allgemeinen Ausdruck für $c_x - i c_y$ in den Punkten B und B' Null wird. Damit ergibt sich

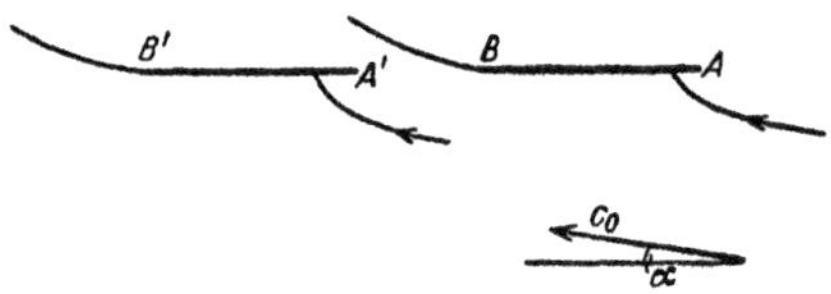

Abb. 96.

$$Z = \pi (p - q) c_0 \sin\alpha$$

$$Z' = 2 (pE - qK) c_0 \sin\alpha .$$

Die resultierende Kraft auf das Tandemsystem ist der Auftrieb

$$P_a = 2 \varrho c_0 Z = 2 \pi (p - q) \varrho c_0^2 \sin\alpha ,$$

der der Gesamtzirkulation $2Z$ entspricht; das Tandemsystem ergibt also denselben Gesamtauftrieb wie ein einfacher Tragflügel mit der gleichen gesamten Sehnenlänge $2(p - q)$.

Die auf jeden einzelnen Tragflügel ausgeübten Kräfte können wir bestimmen, wenn wir das Integral

$$X - iY = \frac{i\varrho}{2} \int \left(\frac{dw}{dz}\right)^2 dz$$

der Reihe nach um die Oberfläche jedes Tragflügels auswerten. Wenn man das ausführt, ergibt sich, daß der vordere Tragflügel AB eine größere Auftriebskraft erfährt als der rückwärtige $A'B'$, und daß der rückwärtige Tragflügel einen Widerstand erfährt, der durch einen gleichgroßen Vortrieb des vorderen Tragflügels ausgeglichen wird.

13.1.2. Der ungestaffelte Doppeldecker. Durch die konforme Abbildung

$$\frac{d\zeta}{dz} = \frac{z^2 - m^2}{\sqrt{(p^2 - z^2)(z^2 - q^2)}}$$

kann man aus dem Tandemsystem die Anordnung eines ungestaffelten Doppeldeckers gewinnen, der von zwei gleichen, parallelen Tragflächen gebildet ist. Die Lage entsprechender Punkte der zwei Ebenen zeigt Abb. 97. Im besonderen entsprechen die Endpunkte der Tragflächen des Doppeldeckers den Staupunkten $z = \pm m$ des Tandemsystems, während die Mittelpunkte der Tragflächen des Doppeldeckers den Endpunkten $z = \pm p, \pm q$

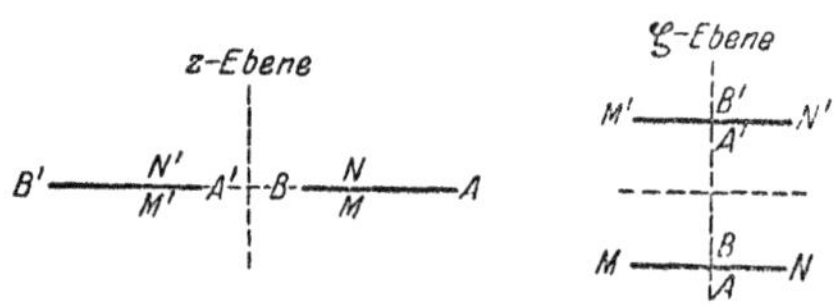

Abb. 97.

der Tandemtragflächen entsprechen. Den Abstand h der Doppeldeckertragflächen erhält man als Integral über $\frac{d\zeta}{dz}$ von B bis A', und die Sehne t als das Doppelte des Integrals über $\frac{d\zeta}{dz}$ von M bis A. Die entsprechenden Werte ergeben sich mit Hilfe von elliptischen Integralen in der Form:

$$h = 2p\left\{E' - \frac{p^2 - m^2}{p^2} K'\right\},$$

$$t = 2p\left\{E(k,\tau) - \frac{m^2}{p^2} F(k,\tau)\right\},$$

wo

$$\tau = \sqrt{\frac{p^2 - m^2}{p^2 - q^2}}, \quad k' = \frac{q}{p}$$

$$E' = \int_0^1 \sqrt{\frac{1 - k'^2 x^2}{1 - x^2}}\, dx$$

$$K' = \int_0^1 \frac{dx}{\sqrt{(1 - x^2)(1 - k'^2 x^2)}}$$

$$E(k,\tau) = \int_0^\tau \sqrt{\frac{1 - k^2 x^2}{1 - x^2}}\, dx$$

$$F(k,\tau) = \int_0^\tau \frac{dx}{\sqrt{(1 - x^2)(1 - k^2 x^2)}}.$$

In großer Entfernung von den Tragflügeln wird die Transformation $\zeta = -iz$. Um die Strömung zu erhalten, die zur Sehne des Doppeldeckers unter dem Winkel α geneigt ist, muß also der Grenzwert der Potentialfunktion sein:

$$\begin{aligned} w &= -c_0(\cos\alpha + i\sin\alpha)\,\zeta \\ &= -c_0(\sin\alpha - i\cos\alpha)\,z\,. \end{aligned}$$

Die allgemeine Strömung in der z-Ebene, die in die gewünschte Strömung in der ζ-Ebene übergeführt wird, ist dann:

$$\frac{dw}{dz} = -c_0\sin\alpha - c_0\cos\alpha\,\frac{z^2 - m^2}{\sqrt{(p^2 - z^2)(z^2 - q^2)}} + \frac{1}{\pi}\,\frac{Zz + Z'n}{\sqrt{(p^2 - z^2)(z^2 - q^2)}}$$

wo m und n die oben bestimmten Werte darstellen. Um an den

Hinterkanten M und M' des Doppeldeckers endliche Geschwindigkeiten zu erhalten, muß der Zähler über der Wurzel in den Punkten M und M' des Tandemsystems Null werden. Wenn wir die Verschiedenheit des Vorzeichens der Wurzel bei M und M' berücksichtigen, liefert diese Bedingung:

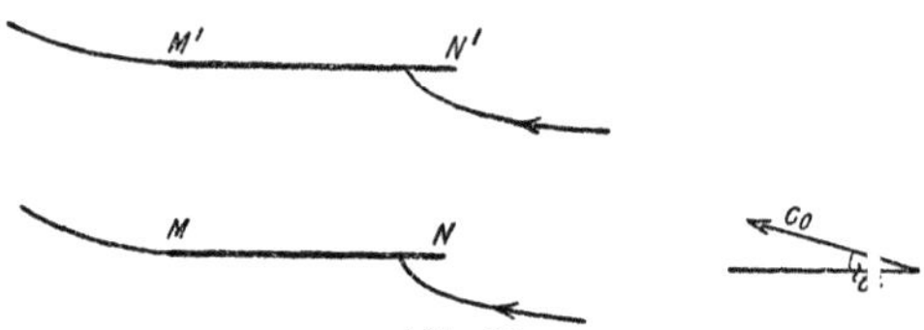

Abb. 98.

$$Z' = 0\,, \qquad Z = \frac{\pi c_0 \sin\alpha}{m} \sqrt{(p^2 - m^2)(m^2 - q^2)}\,.$$

Die Zirkulation hat also um beide Tragflächen denselben Wert.

Die auf den Doppeldecker ausgeübte resultierende Kraft ist die Auftriebskraft

$$P_a = 2\varrho c_0 Z = 2\pi\varrho c_0^2 \sin\alpha \frac{\sqrt{(p^2 - m^2)(m^2 - q^2)}}{m}\,.$$

Der Auftriebsbeiwert des Doppeldeckers kann also in der Form geschrieben werden:

$$\zeta_a = 2\pi B \sin\alpha\,,$$

wo

$$B = \frac{\sqrt{(p^2 - m^2)(m^2 - q^2)}}{m\,t}\,.$$

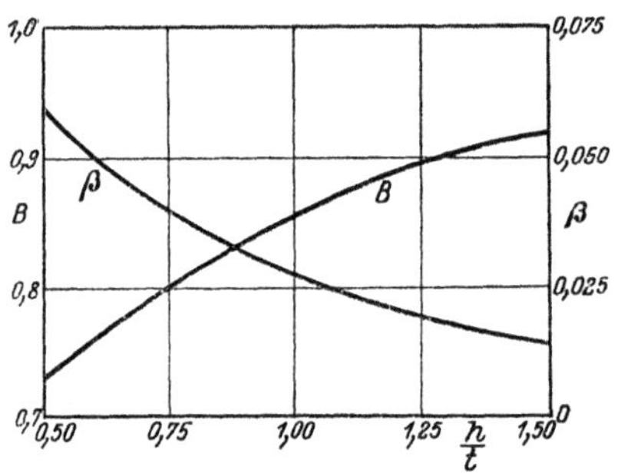

Abb. 99.

Der Faktor B stellt die Verringerung des Auftriebsbeiwertes eines nicht gestaffelten Doppeldeckers gegenüber dem eines Eindeckers bei gleichem Anstellwinkel dar; die Zahlenwerte von B sind in Tabelle 17 angegeben. Für kleine Anstellwinkel kann man das Ergebnis auch durch die Vergrößerung des Anstellwinkels darstellen, die man bei einem Doppeldecker braucht, um denselben Auftriebsbeiwert wie beim Eindecker zu erreichen. Wenn α den Anstellwinkel des Doppeldeckers und α_0 den des Eindeckers bezeichnet, dann kann man leicht zeigen, daß

$$\alpha = \alpha_0 + \beta\zeta_a\,,$$

wo

$$\beta = \frac{1 - B}{2\pi B} \quad \text{ist}$$

Die auf die einzelnen Tragflächen des Doppeldeckers ausgeübten Kräfte können mit derselben Methode wie für die Tandemanordnung bestimmt werden; dabei ergibt sich, daß der obere Tragflügel eine größere Auftriebskraft erfährt als der untere.

Tabelle 17. Korrekturfaktoren für einen Doppeldecker.

$\frac{h}{t}$	B	β
0,50	0,730	0,059
0,75	0,800	0,039
1,00	0,855	0,027
1,25	0,895	0,019
1,50	0,920	0,014

13.1.3. Der allgemeine Doppeldecker. Ein gestaffelter Doppeldecker, der von zwei gleichen parallelen Flächen gebildet wird, kann aus dem Tandemsystem durch die konforme Abbildung

$$\frac{d\zeta}{dz} = -\sin\varphi + \cos\varphi \frac{z^2 - m^2}{\sqrt{(p^2 - z^2)(z^2 - q^2)}}$$

gewonnen werden, wo φ den Staffelungswinkel des Doppeldeckers bezeichnet. Allgemeiner kann man auch einen Doppeldecker mit ungleichen parallelen Tragflächen erhalten, wenn man von einem Tandemsystem mit ungleich tiefen Tragflächen ausgeht und eine passende konforme Abbildung anwendet.

Die Untersuchung dieser allgemeineren Fälle wird höchst verwickelt, und die Ergebnisse gelten in allen Fällen nur für ebene Tragflächen. Es ist deshalb nützlich, eine Näherungsmethode für die Lösung des Doppeldeckerproblems zu entwickeln, die eine klarere Einsicht in die gegenseitige Beeinflussung der beiden Tragflächen gibt und eine Methode liefert, die auch den Einfluß der Form des Tragflügels abzuschätzen erlaubt.

Die Beeinflussung des einen Tragflügels durch den anderen rührt von der von diesem verursachten Verzerrung der Strömung her. Man kann eine Näherungsmethode zur Lösung des Problems darauf aufbauen, daß man den störenden Tragflügel durch eine Wirbellinie von der richtigen Stärke durch den Druckpunkt des Tragflügels ersetzt. Diese Methode wird für große Werte des Verhältnisses von Abstand zu Sehne befriedigend sein; ihre Genauigkeit im allgemeinen Fall kann man prüfen durch Vergleich der von dieser Methode für ebene Tragflächen gelieferten Ergebnisse mit den genauen Werten der Tabelle 17.

13.1.4. Näherungslösung. Die Zirkulation Z um den unteren Tragflügel des Doppeldeckers sei im Druckpunkt C angenommen. Die Strömung in der Nähe des oberen Tragflügels, die von dieser Zirkulation und dem Parallelstrom c_0 herrührt, wird nach unten gekrümmt sein. Im Punkt P des oberen Tragflügels in der Entfernung x hinter C', das senkrecht über C liegt, ist die von der Zirkulation Z induzierte Geschwindigkeit

$$c_{i_z} = \frac{Z}{2\pi} \frac{x}{h^2 + x^2}.$$

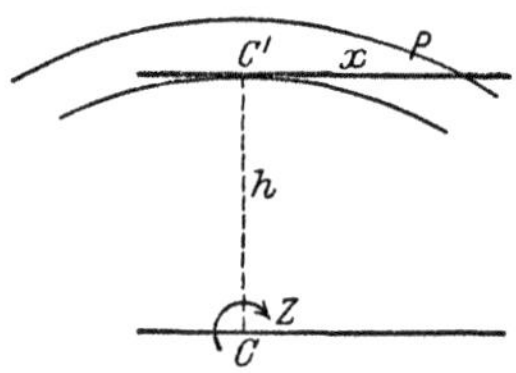

Abb. 100.

Der Krümmungsradius R der Stromlinien, die von der Zirkulation Z und dem Parallelstrom c_0 erzeugt werden, kann dann in der Form geschrieben werden:

$$\frac{c_0}{R} = \frac{d c_{i_z}}{dx} = \frac{Z}{2\pi} \frac{h^2 - x^2}{(h^2 + x^2)^2},$$

wenn man die beiden verschiedenen Formen $\frac{c_0^2}{R}$ und $c_0 \frac{d c_{i_z}}{dx}$ der Normalbeschleunigung einander gleichsetzt. In der Nachbarschaft des oberen Tragflügels wird auch die Längsgeschwindigkeit vergrößert; die Wirkung dieser Vergrößerung auf die Kenngrößen des Doppeldeckers wird jedoch durch eine ebenso große Abnahme für den unteren Tragflügel gerade ausgeglichen, so daß wir die Änderung der Längsgeschwindigkeit vernachlässigen können.

Die Beeinflussung, die der obere Tragflügel erfährt, wird nun durch die induzierte Geschwindigkeit im Mittelpunkt des Tragflügels und durch die Krümmung der Stromlinien in seiner Nachbarschaft dargestellt; bei der Entwicklung von Näherungsausdrücken für diese Einflüsse soll das Verhältnis von Abstand zu Sehne groß angenommen werden. Wenn φ den Druckpunktsbeiwert des unteren Tragflügels bedeutet, dann kann man die induzierte Geschwindigkeit im Mittelpunkt des oberen Tragflügels setzen:

$$c_{i0} = \frac{Zt}{2\pi h^2} (\tfrac{1}{2} - \varphi);$$

der Krümmungsradius wird

$$\frac{c_0}{R} = \frac{Z}{2\pi h^2}.$$

Der untere Tragflügel erfährt dieselben Beeinflussungen durch die Zirkulation um den oberen Tragflügel; man kann also diese Formeln auf den ganzen Doppeldecker anwenden.

Die Zirkulation um einen Tragflügelquerschnitt ist gleich $\frac{1}{2}\xi_a t c_0$; der Druckpunktsbeiwert kann durch den Momentenbeiwert $\zeta_m = -\varphi\zeta_a$ ersetzt werden. Damit wird die induzierte Störungsgeschwindigkeit

$$c_{i0} = \frac{c_0}{8\pi}\left(\frac{t}{h}\right)^2 (\zeta_a + 2\zeta_m).$$

Um denselben Auftrieb wie für einen Eindecker zu erhalten, muß man also den Anstellwinkel des Doppeldeckers um den kleinen Winkel $\frac{c_{i0}}{c_0}$ vergrößern.

Eine weitere Korrektur ist wegen der Krümmung der Stromlinien anzubringen. Ein Tragflügel mit kreisbogenförmigem Querschnitt vom Radius R, der Sehne t und der Wölbung $\gamma_0 = \frac{t}{8R}$ würde sich in der gekrümmten Strömung genau so verhalten wie ein ebener Tragflügel im Parallelstrom; die Krümmung der Strombahnen ist also einer Herabsetzung der wirksamen Krümmung um γ_0 gleichwertig. Für einen Tragflügel mit kreisbogenförmigem Querschnitt von der Wölbung γ ist aber

$$\zeta_a = 2\pi(\alpha + 2\gamma),$$

$$\zeta_m = -\tfrac{1}{4}\zeta_a - \pi\gamma.$$

Um also denselben Auftriebsbeiwert zu behalten, muß man den Anstellwinkel um $2\gamma_0$ vergrößern; damit ergibt sich ein entsprechender Zuwachs $\pi\gamma_0$ für den Momentenbeiwert. Der Wert von γ_0 ist auch

$$\gamma_0 = \frac{t}{8R} = \frac{Zt}{16\pi h^2 c_0} = \frac{1}{32}\left(\frac{t}{h}\right)^2 \zeta_a.$$

Wenn wir diese beiden Korrekturen zusammenzählen, dann muß der Anstellwinkel des Doppeldeckers um

$$\alpha - \alpha_0 = \frac{1}{16\pi}\left(\frac{t}{h}\right)^2 [3\zeta_a + 4\zeta_m],$$

$$= \frac{1}{8\pi}\left(\frac{t}{h}\right)^2 (\zeta_a + 2\zeta_{m_0})$$

größer sein als der des Eindeckers; dabei bedeutet ζ_{m_0} den Wert des Momentenbeiwertes beim Auftrieb Null. Für die Neigung der

Kurve des Momentenbeiwertes in Abhängigkeit vom Auftriebsbeiwert ergibt sich für die einzelnen Tragflügel des Doppeldeckers:

$$\frac{d\zeta_m}{d\zeta_a} = -\frac{1}{4}\left\{1 - \frac{1}{8}\left(\frac{t}{h}\right)^2\right\}.$$

Diese Ausdrücke sind nur Annäherungen an die wirklichen Werte und sind mit Hilfe der Annahme gewonnen worden, daß das Verhältnis von Abstand zu Sehne groß ist. Man erhält einen Vergleich mit den genauen Werten für ebene Tragflächen, für die ζ_{m_0} Null ist, wenn man die Werte von β aus Tabelle 17 mit dem angenäherten Ausdruck $\frac{1}{8\pi}\left(\frac{t}{h}\right)^2$ vergleicht.

Tabelle 18.

$\frac{h}{t}$	β	$\frac{1}{8\pi}\left(\frac{t}{h}\right)^2$
0,50	0,059	0,159
0,75	0,039	0,071
1,00	0,027	0,040
1,25	0,019	0,026
1,50	0,014	0,018

Die Näherungsformeln geben für den gewöhnlichen Doppeldecker zu große Werte; man kann sie aber vielleicht benützen, um die Wirkung einer Änderung des Tragflügelprofils zu übersehen. Dabei soll als Anstellwinkel eines Doppeldeckers der Winkel

$$\begin{aligned}\alpha &= \alpha_0 + \beta\left(\zeta_a + 2\zeta_{m_0}\right)\\ &= \alpha_0 + \beta\left(\tfrac{3}{2}\zeta_a + 2\zeta_m\right)\end{aligned}$$

bezeichnet werden. Diese Korrektur vom Eindecker auf den Doppeldecker besitzt beträchtliche Bedeutung. Für ein Verhältnis von Abstand zu Sehne gleich Eins wird die Neigung der Kurve des Auftriebs in Abhängigkeit vom Anstellwinkel von 6,28 auf 5,36 und des Momentenbeiwertes in Abhängigkeit vom Auftriebsbeiwert von 0,250 auf 0,219 verringert.

13.2. Der Doppeldecker mit endlicher Spannweite.

Wenn die beiden Tragflügel des Doppeldeckers endliche Spannweite besitzen, dann verhält sich jeder Tragflügel wie ein Eindecker und schickt eine Fläche abgehender Wirbelenden aus.

Die Störung in irgendeinem Punkt ist dann die induzierte Geschwindigkeit, die von der Zirkulation um die Tragflächen und den zwei Wirbelflächen herrührt; die induzierte Geschwindigkeit übersteigt dann für jeden Querschnitt die für den Eindecker auftretende um die von der Wirbelfläche des zweiten Tragflügels induzierten Geschwindigkeit. Um diese zusätzliche Geschwindigkeit zu berechnen, kann man die abgehenden Wirbelenden wie beim Eindecker als geradlinig stromabwärtsgehend annehmen.

Die Bestimmung des induzierten Widerstandes eines Doppeldeckers wird vereinfacht durch Munks Äquivalenztheorem für die Staffelung[1]; dieses sagt aus, daß der insgesamt induzierte Widerstand irgendeines Mehrdeckers nicht geändert wird, wenn man irgendeines der tragenden Elemente in Richtung der Bewegung verschiebt, wenn man nur die Lage der Elemente so verändert, daß die Auftriebsverteilung dieselbe bleibt. Die Richtigkeit dieser Behauptung folgt sofort aus der Tatsache, daß die vom induzierten Widerstand geleistete Arbeit gleich ist der Zunahme der kinetischen Energie des abgehenden Wirbelsystems (s. 10.3), und diese kinetische Energie wird durch eine geometrische Transformation, wie sie das Theorem verlangt, nicht beeinflußt. Auf Grund dieses Satzes kann man jedes gestaffelte System durch ein entsprechendes ungestaffeltes ersetzen, für das dieselben Beziehungen zwischen Gesamtauftrieb und Widerstand gelten. Die Verteilung des Widerstands auf die einzelnen Tragflügel wird in beiden Fällen verschieden sein. In einem vorwärts gestaffelten Doppeldecker wird der obere Tragflügel weniger und der untere mehr Widerstand erfahren als bei dem entsprechenden ungestaffelten System mit derselben Auftriebsverteilung über die beiden Tragflügel.

In einem ungestaffelten Doppeldecker ist der induzierte Widerstand des einen Tragflügels, der vom Einfluß der abgehenden Wirbelenden des zweiten Tragflügels herrührt, gleich dem induzierten Widerstand des zweiten Tragflügels, der von den abgehenden Wirbelenden des ersten herrührt; denn wir können jeden Tragflügel in eine große Anzahl kleiner Elemente einteilen,

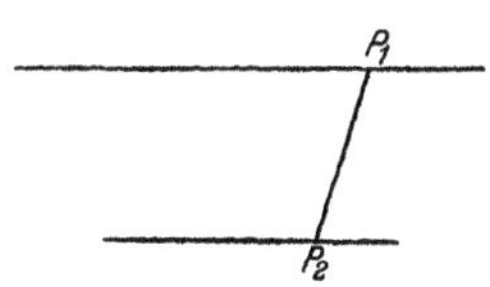

Abb. 101.

[1] Isoperimetrische Aufgaben aus der Theorie des Fluges. Diss. Göttingen 1918.

von denen jedes dieselbe kleine Auftriebskraft aufnimmt; wenn P_1 und P_2 zwei solche Elemente auf den beiden Tragflügeln darstellen, dann wird die an P_1 von den von P_2 abgehenden Wirbelenden induzierte Geschwindigkeit gleich der an P_2 von den von P_1 abgehenden Wirbelenden induzierten sein. Da die Auftriebskräfte an beiden Elementen gleich sind, müssen es auch die induzierten Widerstände sein, die von dem Element des anderen Flügels herrühren. Dieser Zusammenhang gilt für jedes Elementenpaar; wenn man die Wirkungen aller Elemente des ersten Tragflügels auf P_2 zusammenzählt, so zeigt sich, daß der induzierte Widerstand des Elementes P_2, der vom abgehenden Wirbelsystem des ersten Tragflügels herrührt, gleich ist dem induzierten Widerstand des ersten Tragflügels, der von den von P_2 abgehenden Wirbelenden herrührt. Wenn man schließlich die Wirkungen aller Elemente des zweiten Tragflügels zusammenzählt, dann ist die Richtigkeit des Satzes nachgewiesen.

13.2.1. Der induzierte Widerstand. Wegen des Munkschen Äquivalenzsatzes für die Staffelung genügt es, den Fall eines ungestaffelten Doppeldeckers zu betrachten. Es soll ferner elliptische Auftriebsverteilung über die Spannweite jedes Tragflügels angenommen werden, da sich die Auftriebsverteilung der meisten Tragflügel dieser Form eng anpaßt, und da mit dieser Methode die gegenseitige Beeinflussung mit genügender Genauigkeit bestimmt wird.

Es sei h der Abstand, b_1 und b_2 die Spannweiten der beiden Tragflügel und P_{a_1} und P_{a_2} die Auftriebskräfte auf die beiden Tragflügel. Dann sind die Widerstandskräfte der beiden Tragflügel, die von ihren eigenen Wirbelenden induziert werden:

$$P_{w_{i_1}} = \frac{P_{a_1}^2}{\frac{1}{2}\pi b_1^2 \varrho c_0^2},$$

$$P_{w_{i_2}} = \frac{P_{a_2}^2}{\frac{1}{2}\pi b_2^2 \varrho c_0^2};$$

der von den abgehenden Wirbelenden des anderen Tragflügels induzierte Widerstand wird von der Form sein:

$$P_{w_{i_{12}}} = \frac{\sigma P_{a_1} P_{a_2}}{\frac{1}{2}\pi b_1 b_2 \varrho c_0^2},$$

wo σ eine Funktion der Längen h, b_1 und b_2 ist.

Die Werte des Koeffizienten σ kann man durch eine einfache graphische Methode bestimmen. Abb. 92 zeigt die Normalgeschwindigkeit für einen beliebigen Punkt über oder unter einem Flügel mit elliptischer Belastung; sie bestimmt deshalb die Störungsgeschwindigkeit $c_{i_{12}}$, die in irgendeinem Punkt des ersten Tragflügels von den abgehenden Wirbelenden des zweiten induziert wird. Den gegenseitig induzierten Widerstand $P_{w_{12}}$ kann man durch Auswerten des Integrals

$$P_{w_{12}} = \int \frac{c_{i_{12}}}{c_0} \, d P_{a_1}$$

über die Spannweite des ersten Tragflügels bestimmen. Ohne Beeinträchtigung der Allgemeingültigkeit kann die Länge b_1 kleiner oder gleich b_2 angenommen werden. Die Werte des Koeffizienten σ sind dann eine Funktion der zwei Parameter $\frac{b_1}{b_2}$ und $\frac{h}{b_1 + b_2}$, die das Verhältnis der Spannweiten der beiden Tragflügel und das Verhältnis des Abstandes zur Summe der Spannweiten darstellen. Zahlenwerte[1] für σ geben Tabelle 19 und Abb. 102.

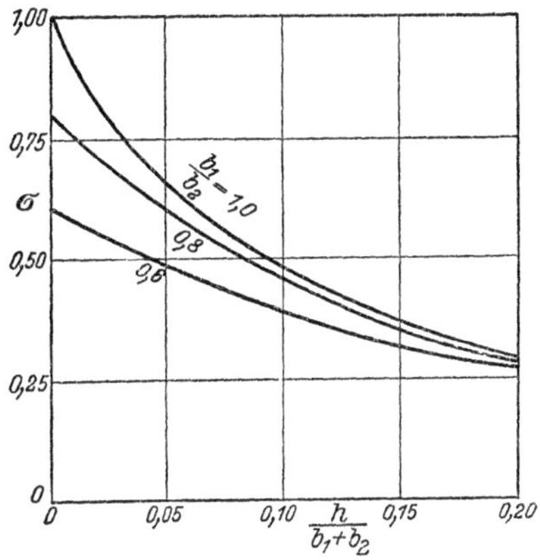

Abb. 102.

Tabelle 19. Werte von σ.

$\frac{h}{b_1+b_2} =$	0	0,025	0,050	0,075	0,100	0,150	0,200
$\frac{b_1}{b_2} = 1{,}0$	1,000	0,780	0,655	0,561	0,485	0,370	0,290
0,8	0,800	0,690	0,600	0,523	0,459	0,355	0,282
0,6	0,600	0,540	0,485	0,437	0,394	0,315	0,255

Der induzierte Widerstand der zwei Tragflächen des ungestaffelten Doppeldeckers ist

$$P_{w_1} = P_{w_{11}} + P_{w_{12}} = \frac{1}{\frac{1}{2}\pi \varrho c_0^2} \left(\frac{P_{a_1}^2}{b_1^2} + \sigma \frac{P_{a_1} P_{a_2}}{b_1 b_2} \right)$$

$$P_{w_2} = P_{w_{22}} + P_{w_{12}} = \frac{1}{\frac{1}{2}\pi \varrho c_0^2} \left(\frac{P_{a_2}^2}{b_2^2} + \sigma \frac{P_{a_1} P_{a_2}}{b_1 b_2} \right);$$

[1] Prandtl, L.: Tragflügeltheorie. Göttinger Nachr. 1919.

der gesamte induzierte Widerstand des Doppeldeckers ist:

$$P_w = \frac{1}{\frac{1}{2}\pi \varrho c_0^2}\left(\frac{P_{a_1}^2}{b_1^2} + 2\sigma \frac{P_{a_1} P_{a_2}}{b_1 b_2} + \frac{P_{a_2}^2}{b_2^2}\right).$$

Für einen gegebenen Gesamtauftrieb $(P_{a_1} + P_{a_2})$ ist der induzierte Widerstand ein Minimum, wenn

$$\frac{P_{a_1}}{P} = \frac{b_1 (b_1 - \sigma b_2)}{b_2 (b_2 - \sigma b_1)};$$

diese Gleichung bestimmt die beste Verteilung des Auftriebs auf die beiden Tragflügel. Der zugehörige kleinste induzierte Widerstand ist

$$P_w = \frac{P_a^2}{\frac{1}{2}\pi \varrho c_0^2} \frac{1 - \sigma^2}{b_1^2 - 2\sigma b_1 b_2 + b_2^2}.$$

13.2.2. Tragflügel von gleicher Spannweite. Für einen Doppeldecker mit Tragflügeln von gleicher Spannweite wird der induzierte Widerstand am kleinsten, wenn jeder Flügel denselben Auftrieb aufnimmt:

$$P_w = \frac{P_a^2}{\frac{1}{2}\pi b^2 \varrho c_0^2} \cdot \frac{1 + \sigma}{2}$$

oder

$$\zeta_w = \frac{F}{\pi b^2} \zeta_a^2 \frac{1 + \sigma}{2}.$$

Nun ist aber für einen Doppeldecker, dessen beide Flügel gleiche Abmessungen besitzen, das Seitenverhältnis λ definiert als der Wert von $\frac{2b^2}{F}$, um mit der Definition für den Eindecker im Einklang zu bleiben. Die Formel für den induzierten Widerstandsbeiwert können wir also auch schreiben:

$$\zeta_w = \frac{1}{\pi\lambda} (1 + \sigma) \zeta_a^2.$$

Der induzierte Widerstandsbeiwert ist gegenüber seinem Wert für einen Eindecker von gleichem Seitenverhältnis um den Faktor $(1 + \sigma)$ erhöht.

Diese Formel für den induzierten Widerstandsbeiwert kann man mit guter Genauigkeit über einen größeren Bereich verwenden, als sie eigentlich gilt. Die Wirkung einer kleinen Änderung in der Verteilung der Auftriebskraft auf die beiden Tragflügel ist ganz unwesentlich; denn wenn $P_{a_1} = x P_{a_2}$ ist, dann kann man die allgemeine Formel für den induzierten Widerstand eines Doppeldeckers mit Tragflächen gleicher Spannweite in der Form ausdrücken:

$$P_w = \frac{P_a^2}{\frac{1}{2}\pi b^2 \varrho c_0^2}\left\{\frac{1+\sigma}{2} + \frac{1-\sigma}{2}\left(\frac{x-1}{x+1}\right)^2\right\}.$$

Auch mit den ziemlich extremen Werten $x = 1{,}25$ und $\sigma = 0{,}4$ stellt das Zusatzglied einen Zuwachs des induzierten Widerstands von nur 0,5% zu seinem Kleinstwert dar; es ist also in den meisten praktischen Fällen genügend genau, mit dem Ausdruck für den kleinsten induzierten Widerstand zu rechnen.

Die Formeln sind auf der Grundlage elliptischer Auftriebsverteilung über die Spannweite jedes Tragflügels entwickelt worden, was für die Abschätzung der gegenseitigen Beeinflussung genügend genau sein dürfte; es kann jedoch wünschenswert erscheinen, den Korrekturfaktor $(1 + \delta)$ für den induzierten Widerstand der Tragflügel infolge ihrer eigenen Wirbelschleppe, der in der Theorie des Eindeckers vorkommt (s. 11.2.1), beizubehalten. Der induzierte Widerstandsbeiwert eines Doppeldeckers mit Tragflächen von gleicher Spannweite erhält dann die Form:

$$\zeta_w = \frac{1}{\pi\lambda}(1 + \delta + \sigma)\zeta_a^2.$$

Der gesamte Widerstandsbeiwert eines Doppeldeckers übertrifft den induzierten Widerstandsbeiwert um den Profilwiderstandsbeiwert des Tragflügelquerschnittes; der gesamte Widerstandsbeiwert eines Doppeldeckers wird also schließlich:

$$\zeta_w = \zeta_{wp} + \frac{1}{\pi\lambda}(1 + \delta + \sigma)\zeta_a^2.$$

Er übertrifft den eines Eindeckers von gleichem Seitenverhältnis um

$$\frac{1}{\pi\lambda}\sigma^2\zeta_a^2.$$

13.2.3. Anstellwinkel. Um von einem Doppeldecker denselben Auftriebsbeiwert zu erhalten wie von einem Eindecker mit gleichem Seitenverhältnis, muß man einen größeren Anstellwinkel wählen, teils wegen der zusätzlichen induzierten Geschwindigkeit, teils wegen der unmittelbaren Beeinflussung der Tragflügel, die schon bei zweidimensionaler Bewegung auftritt. Für einen Doppeldecker mit Tragflächen von gleicher Spannweite beträgt die Erhöhung des Widerstandsbeiwertes gegenüber dem Eindecker von gleichem

Seitenverhältnis $\frac{1}{\pi\lambda}\sigma\zeta_a^2$, und die entsprechende Vergrößerung des Anstellwinkels wird einfach $\frac{1}{\pi\lambda}\sigma\zeta_a$. Auch die Korrektur für die unmittelbare gegenseitige Beeinflussung der Tragflügel haben wir schon früher gefunden (13.1.4) in der Form $\beta(\frac{3}{2}\zeta_a + 2\zeta_m)$; die gesamte Vergrößerung des Anstellwinkels ist also

$$\frac{1}{\pi\lambda}\sigma\zeta_a + \beta\left(\frac{3}{2}\zeta_a + 2\zeta_m\right).$$

Wir können schließlich den Anstellwinkel eines Doppeldeckers in der Form ausdrücken:

$$\alpha = \alpha_0 + \frac{1}{\pi\lambda}(1 + \tau + \sigma)\zeta_a + \beta\left(\frac{3}{2}\zeta_a + 2\zeta_m\right),$$

wo α_0 den Anstellwinkel des Tragflügelprofils in zweidimensionaler Strömung darstellt, der den Auftriebsbeiwert ζ_a liefert, und wo τ der beim Eindecker auftretende Faktor ist (s. 11.2.2).

13.2.4. Zusammenfassung. Ein ungestaffelter Doppeldecker mit Tragflügeln von gleicher Spannweite ist durch die Gleichungen gekennzeichnet:

$$\alpha = \alpha_0 + \frac{1}{\pi\lambda}(1 + \tau + \sigma)\zeta_a + \beta\left(\frac{3}{2}\zeta_a + 2\zeta_m\right),$$

$$\zeta_w = \zeta_{wp} + \frac{1}{\pi\lambda}(1 + \delta + \sigma)\zeta_a^2,$$

wo α_0 und ζ_{wp} die Kenngrößen des Tragflügelprofils in zweidimensionaler Strömung bedeuten, die dem Auftriebsbeiwert ζ_a entsprechen; λ ist das Seitenverhältnis, β und σ sind die in Tabelle 17 und 19 angegebenen Doppeldeckerkoeffizienten, und τ und δ sind die Eindeckerkoeffizienten aus Kapitel XI, die vom Umriß der Tragflügel abhängen.

In Überschlagsrechnungen kann man τ und δ vernachlässigen und ζ_m gleich $-\frac{1}{4}\zeta_a$ setzen, so daß sich die Ausdrücke für den Anstellwinkel und den Widerstandsbeiwert näherungsweise ergeben zu

$$\alpha = \alpha_0 + \frac{1}{\pi\lambda}(1 + \sigma)\zeta_a + \beta\zeta_a$$

$$\zeta_w = \zeta_{wp} + \frac{1}{\pi\lambda}(1 + \sigma)\zeta_a^2.$$

Diese Formeln für die Kenngrößen eines ungestaffelten Doppeldeckers mit Tragflügeln von gleicher Spannweite gelten nur für den normalen Anstellbereich, da das Maximum des Auftriebsbeiwertes beim Doppeldecker niedriger liegt als beim entsprechenden Eindecker. Die Verringerung des Auftriebs bei einem gegebenen Anstellwinkel in zweidimensionaler Strömung wird durch den Faktor B der Tabelle 17 dargestellt; dieser Faktor gibt auch eine rohe Schätzung für die Verringerung, die man für den maximalen Auftriebsbeiwert erwarten darf.

Für einen Doppeldecker, der von zwei rechteckigen Tragflächen vom Seitenverhältnis 6 gebildet wird bei einem Verhältnis von Abstand zu Sehne gleich Eins, sind die Werte für die verschiedenen Koeffizienten:

$$\tau = 0{,}163\,, \qquad \delta = 0{,}046\,,$$
$$\beta = 0{,}027\,, \qquad \sigma = 0{,}535\,.$$

Wenn man also $\zeta_m = \frac{1}{4}\zeta_a$ setzt, dann ergeben die Formeln

$$\zeta_w = \zeta_{wp} + 0{,}084\,\zeta_a^2\,,$$
$$\alpha = \alpha_0 + 0{,}117\,\zeta_a\,;$$

wenn man den Anstellwinkel in Graden mißt, gilt:

$$\alpha = \alpha_0 + 6{,}7^0\,\zeta_a\,.$$

Die Neigung der Kurve des Auftriebskoeffizienten in Abhängigkeit vom Anstellwinkel ist 3,62 je Bogengrad statt 6,28 für das Tragflügelprofil in zweidimensionaler Strömung und statt 4,54 für einen Eindecker von gleichem Seitenverhältnis.

XIV. Der Tragflügel im Windkanal.

14. 1.

Die beschränkte Ausdehnung des Luftstromes in einem Windkanal, sei er nun mit offenem oder geschlossenem Arbeitsraum ausgerüstet, erlegt der Strömung um einen Tragflügel oder einen anderen zu untersuchenden Körper gewisse Beschränkungen auf; die Bestimmung der Größe dieses Einflusses ist von erheblicher Bedeutung, da sich zeigt, daß man an den aerodynamischen Kenngrößen eines Tragflügels, die durch Versuche im Windkanal gewonnen wurden, gewisse Korrekturen anbringen muß, damit sie für die Verhältnisse im freien Luftstrom brauchbar sind. Diese Korrektur ist unabhängig von irgendeiner Korrektur, die vielleicht durch das Maßstabsverhältnis von Modell zu einem wirklichen Tragflügel hereinkommt, und ist zu dieser hinzuzufügen.

Die Theorie dieses Einflusses ist von Prandtl in seiner zweiten Tragflügelarbeit[1] durch Betrachtung der an der Grenze des Luftstrahls zu erfüllenden Bedingung entwickelt worden. Die Windkanäle auf dem Festlande haben gewöhnlich einen offenen Arbeitsraum; an den Begrenzungen des Luftstromes muß dann die Bedingung konstanten Druckes erfüllt sein. Britische Windkanäle haben dagegen einen abgeschlossenen Arbeitsraum von quadratischem oder rechteckigem Querschnitt; die Grenzbedingung nimmt dann die Form an, daß die Geschwindigkeitskomponente senkrecht zu den Kanalwänden Null ist. Diese Grenzbedingung kann analytisch erfüllt werden, wenn man eine passende Anzahl von Spiegelbildern des Modells einführt; die Beeinflussung des Modells ist dann die von den Wirbelsystemen dieser Bilder induzierte Geschwindigkeit. Das Problem des Windkanaleinflusses besteht also in der Wahl des geeigneten Spiegelbildersystems und der Bestimmung der entsprechenden am Modell induzierten Geschwindigkeit. Die Untersuchung wird durch die Tatsache vereinfacht, daß es bei einer Spannweite des Tragflügelmodells von weniger als dreiviertel der Windkanalbreite genügt, den Auftrieb gleichmäßig über die Spannweite des Tragflügels verteilt anzunehmen und vorauszusetzen, daß am ganzen Tragflügel dieselbe induzierte Geschwindigkeit wie in der Mitte des Windkanals auftritt.

14.2. Kanal mit Kreisquerschnitt.

Wir betrachten einen Tragflügel von der Spannweite b und der Fläche F in einem geschlossenen Windkanal mit Kreisquerschnitt mit dem Radius R. Wenn wir gleichmäßige Auftriebsverteilung über die ganze Spannweite annehmen, dann sind nur zwei abgehende Wirbelenden vorhanden, von denen jedes die Stärke Z, nämlich die Zirkulation um den Flügel, besitzt. Im Querschnitt (Abb. 103) liegen diese Wirbel bei A und B, also auf einem Durchmesser des Kreises, der die Begrenzung des Kanals

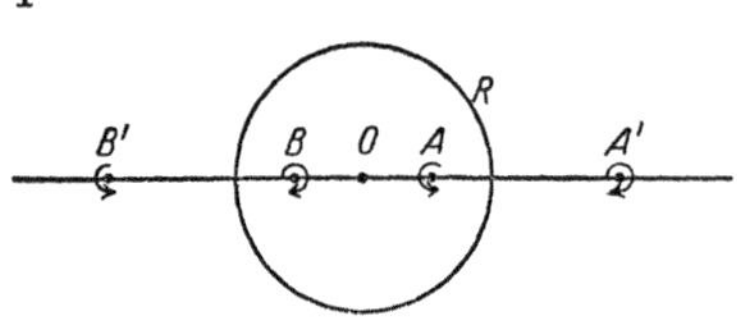

Abb. 103.

[1] Tragflügeltheorie. Göttinger Nachr. 1919.

darstellt, in einer Entfernung $\frac{b}{2}$ von dessen Mittelpunkt. Die Spiegelbilder A' und B' liegen außerhalb des Kreises auf demselben Durchmesser in einer Entfernung $\frac{R^2}{\frac{b}{2}}$ vom Mittelpunkt. Die Stärke der Spiegelbilder ist ebenso groß wie die der ursprünglichen Wirbel, nur der Zirkulationssinn ist entgegengesetzt. Dieses System von Spiegelbildern gründet sich auf die Tatsache, daß der Kreis eine Stromlinie für jedes der Wirbelpaare AA' und BB' ist.

Die am Tragflügel induzierte Geschwindigkeit ist die Summe der von den Wirbeln A' und B' hervorgebrachten Wirkungen und berechnet sich sofort zu

$$c_i = -2\frac{Z}{4\pi 0A'} = -\frac{Zb}{4\pi R^2}.$$

Das negative Vorzeichen ergibt sich deshalb, weil die Störungsgeschwindigkeit c_i nach abwärts positiv gerechnet wird, während die Spiegelbilder in O eine nach oben gerichtete induzierte Geschwindigkeit hervorrufen. Mit Hilfe der Gleichung für den Auftrieb des Tragflügels

$$\tfrac{1}{2}\zeta_a F \varrho c_0^2 = b \varrho c_0 Z$$

erhält das Ergebnis die Form

$$c_i = -\frac{\zeta_a F c_0}{8\pi R^2}.$$

Es sei F_0 der Querschnitt des Kanals und ε_1 die Aufwärtsneigung der Stromlinien infolge der Wirkung der Begrenzung oder der Spiegelbilder; dann wird

$$\varepsilon_1 = -\frac{c_i}{c_0} = \frac{1}{8}\frac{F}{F_0}\zeta_a.$$

Der Kanaleinfluß ist einer Aufwärtsneigung der Stromlinien um den Winkel ε_1 gleichwertig; die Auftriebskraft ist also um denselben Winkel nach vorwärts geneigt und verursacht deshalb eine Verringerung des Widerstandes gegenüber den Verhältnissen im freien Luftstrom. Ebenso wird der wahre Anstellwinkel des Tragflügels um diesen selben Winkel ε_1 größer sein als die Neigung der Tragflügelsehne gegen die Kanalachse. Die Korrekturen, die man an den Windkanalbeobachtungen anbringen muß, um den

Zwang durch die Wandungen zu erfassen, müssen also folgende Formen annehmen:

$$\Delta\alpha = \delta \frac{F}{F_0} \zeta_a ,$$

$$\Delta\zeta_w = \delta \frac{F}{F_0} \zeta_a^2 .$$

Für einen Kanal von kreisförmigem Querschnitt hat δ den Zahlenwert 0,125. Der Anstellwinkel ist in dieser Formel natürlich im Bogenmaß einzusetzen. Man bemerkt, daß die Korrektur proportional dem Auftrieb ist und nicht vom Umriß oder dem Seitenverhältnis abhängt. Die Korrektur kann also auf jedes Flügelsystem, sei es ein Eindecker oder ein Doppeldecker, angewandt werden.

Eine eingehendere Untersuchung des Problems wurde von Prandtl[1] gegeben; er nimmt elliptische Auftriebsverteilung über die Spannweite des Tragflügels an und erhält den Koeffizienten δ in der Form

$$\delta = \frac{1}{8}\left\{1 + \frac{3}{256}\left(\frac{b}{R}\right)^4 + \dots\right\}.$$

Auch wenn die Spannweite dreiviertel des Windkanaldurchmessers beträgt, stellt das zweite Glied eine Korrektur von δ von nur 6% dar und ist praktisch vollkommen vernachlässigbar.

Prandtl betrachtet auch den Kanal mit offenem Arbeitsraum und findet genau dieselbe Form für die Korrektur, nur mit umgekehrtem Vorzeichen. Es werden also der Anstellwinkel und der Widerstandsbeiwert bei einem bestimmten Auftriebsbeiwert in einem Kanal mit offenem Arbeitsraum zu hoch und in einem Kanal mit geschlossenem Arbeitsraum zu niedrig gemessen.

14.3. Vertikale und horizontale Begrenzungen.

Im Fall eines Kanals von rechteckigem Querschnitt[2] wollen wir annehmen, daß der Tragflügel mit seiner Spannweite horizontal in der Mitte des Kanals liegt. Als Koordinatenanfangspunkt soll der Mittelpunkt des Tragflügels gewählt werden mit der y-Achse horizontal nach Steuerbord und der z-Achse nach abwärts. Ehe wir jedoch den rechteckigen Kanal betrachten, ist es lehrreich,

[1] Prandtl: a. a. O.

[2] Glauert, H.: The interference of wind channel walls on the aerodynamic characteristics of an aerofoil. RM 1923, S. 867.

die Wirkung der vertikalen und horizontalen Begrenzungen gesondert zu betrachten.

Das System der Spiegelbilder für vertikale Begrenzungen, die den Abstand l voneinander haben, ist in Abb. 104 dargestellt. Die Spiegelbilder sind alle mit dem ursprünglichen Tragflügel identisch und bilden eine unendliche Reihe, die in den Punkten $y = \pm ml$ gleichmäßig längs der y-Achse angeordnet ist, wobei m alle positiven ganzen Zahlen durchläuft. Dieses System liefert offenbar keine Geschwindigkeitskomponente senkrecht zu den vertikalen Begrenzungen und erfüllt also die Bedingungen des Problems.

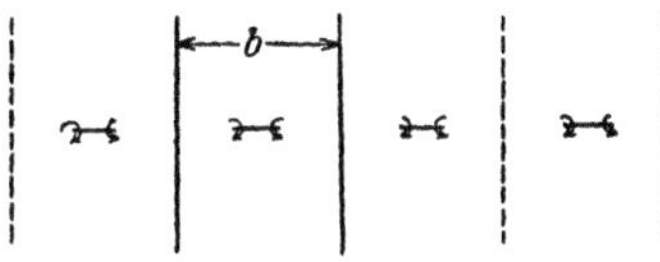

Abb. 104.

Nun ergibt sich aber aus 12.2, daß die induzierte Geschwindigkeit weit außerhalb des Tragflügels in Richtung seiner Spannweite gesetzt werden kann:

$$c_i = -\frac{F}{8\pi y^2}\zeta_a \cdot c_0 .$$

Um nun die Wirkung des Systems der Spiegelbilder zu erhalten, muß man y durch ml ersetzen und über alle positiven und negativen ganzen Werte von m summieren. Die Aufwärtsneigung der Strömung infolge des Zwanges durch die Begrenzungen ist deshalb

$$\varepsilon_1 = \frac{c_i}{c_0} = \frac{F \cdot \zeta_a}{4\pi l^2}\sum_1^\infty \frac{1}{m^2} = \frac{\pi}{24}\,\frac{F}{l^2}\zeta_a .$$

Horizontale Wände über und unter dem Tragflügel werden in ähnlicher Weise behandelt. Man braucht wieder eine unendliche Anzahl von Spiegelbildern, die auf der z-Achse in den Punkten $z = \pm nh$ liegen; sie haben jetzt abwechselndes Vorzeichen, positives wie der ursprüngliche Tragflügel für gerades n und negatives für ungerades n. Die induzierte Geschwindigkeit weit außen in der Richtung der z-Achse ist (aus 12.2.2):

$$c_i = \frac{F}{8\pi z^2}\zeta_a c_0 .$$

Die Wirkung des ganzen Systems von Spiegelbildern ist also

$$\varepsilon_1 = -\frac{c_i}{c_0} = -\frac{F\zeta_a}{4\pi h^2}\sum_1^\infty \frac{(-1)^n}{n^2} = \frac{\pi}{48}\,\frac{F}{h^2}\zeta_a .$$

Ein Vergleich dieses Ergebnisses mit dem vorhergehenden zeigt, daß die seitlichen, vertikalen Begrenzungen einen größeren Einfluß ausüben als die horizontalen, parallel zur Spannweite liegenden Begrenzungen. In jedem Fall bewirkt dieser Einfluß eine Verkleinerung des Anstellwinkels und des Widerstandsbeiwertes in einem geschlossenen Windkanal im Vergleich zu den Verhältnissen im freien Luftstrom.

14.4. Kanal mit rechteckigem Querschnitt.

Für einen rechteckigen Kanal von der Breite b und der Höhe h braucht man eine zweifach unendliche Reihe von Spiegelbildern, die in den Punkten ($y = mb$, $z = nh$) liegen, wo m und n alle positiven und negativen ganzen Zahlen annehmen mit Ausnahme des Paares (o, o). Die Zirkulation des Spiegelbildes ist für gerades n positiv, für ungerades n negativ.

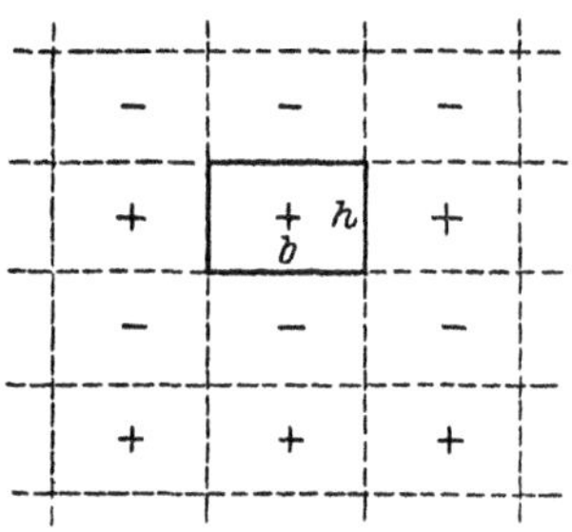

Abb. 105.

Die induzierte Geschwindigkeit im Punkt (y, z) in großer Entfernung vom Tragflügel ist (aus 12.2.2):

$$c_i = -\frac{1}{8\pi}\frac{y^2 - z^2}{(y^2 + z^2)^2} F \cdot \zeta_a \cdot c_0 .$$

Die Wirkung des ganzen Systems von Spiegelbildern bewirkt also eine Aufwärtsneigung des Stromes

$$\varepsilon_1 = -\frac{c_i}{c_0} = \frac{F\zeta_a}{8\pi}\sum_{-\infty}^{+\infty}\sum_{-\infty}^{+\infty}(-1)^n \frac{m^2 b^2 - n^2 h^2}{(m^2 b^2 + n^2 h^2)^2}$$

$$= \frac{F\zeta_a}{8\pi}\sum_{-\infty}^{+\infty}\sum_{-\infty}^{+\infty}(-1)^n \frac{m^2 - \lambda^2 n^2}{(m^2 + \lambda^2 n^2)^2},$$

wo $h = \lambda b$ ist. Die zweifache Summation erstreckt sich über alle Spiegelbilder, d. h. über alle ganzen Werte von m und n mit Ausnahme des Paares (o, o). Für die Summe dieser Reihe ist noch keine einfache Form gefunden worden; man kann aber folgende Reduktionsmethode anwenden: Wir gehen aus von der Entwicklung[1]

[1] Hobson: Plane Trigonometry, S. 334.

$$\operatorname{ctg} z = \frac{1}{z} + 2z \sum_{1}^{\infty} \frac{1}{z^2 - m^2\pi^2},$$

setzen

$$z = i\lambda\pi x;$$

dann erhalten wir

$$\mathfrak{Ctg}\,\lambda\pi x = \frac{1}{\lambda\pi x} + \frac{2\lambda x}{\pi} \sum_{1}^{\infty} \frac{1}{m^2 + \lambda^2 x^2}.$$

Dann wird unmittelbar und durch Differentation nach x:

$$\sum_{1}^{\infty} \frac{1}{m^2 + \lambda^2 x^2} = -\frac{1}{2\lambda^2 x^2} + \frac{\pi}{2\lambda x} \mathfrak{Ctg}\,\lambda\pi x$$

$$\sum_{1}^{\infty} \frac{-2\lambda^2 x^2}{(m^2 + \lambda^2 x^2)^2} = \frac{1}{\lambda^2 x^2} - \frac{\pi}{2\lambda x} \mathfrak{Ctg}\,\lambda\pi x - \frac{\pi^2}{2} \frac{1}{\mathfrak{Sin}^2 \lambda\pi x}$$

durch Addition ergibt sich:

$$\sum_{1}^{\infty} \frac{m^2 - \lambda^2 x^2}{(m^2 + \lambda^2 x^2)^2} = \frac{1}{2\lambda^2 x^2} - \frac{\pi^2}{2} \frac{1}{\mathfrak{Sin}^2 \lambda\pi x}.$$

Dieses Ergebnis führt zur Summation

$$\sum_{1}^{\infty}\sum_{1}^{\infty} (-1)^n \frac{m^2 - \lambda^2 n^2}{(m^2 + \lambda^2 n^2)^2} = \frac{1}{2\lambda^2} \sum_{1}^{\infty} \frac{(-1)^n}{n^2} - \frac{\pi^2}{2} \sum_{1}^{\infty} (-1)^n \frac{1}{\mathfrak{Sin}^2 \lambda\pi x}$$

$$= -\frac{\pi^2}{24\lambda^2} - 2\pi^2 \sum_{1}^{\infty}\sum_{1}^{\infty} (-1)^n p e^{-2\lambda\pi n p}$$

$$= -\frac{\pi^2}{24\lambda^2} + 2\pi^2 \sum_{1}^{\infty} \frac{p}{1 + e^{2\lambda\pi p}}.$$

Schließlich wird

$$\sum_{-\infty}^{+\infty}\sum_{-\infty}^{+\infty} (-1)^n \frac{m^2 - \lambda^2 n^2}{(m^2 + \lambda^2 n^2)^2} = 4 \sum_{1}^{\infty}\sum_{1}^{\infty} (-1)^n \frac{m^2 - \lambda^2 n^2}{(m^2 + \lambda^2 n^2)^2}$$

$$+ 2 \sum_{1}^{\infty} \frac{1}{m^2} - \frac{2}{\lambda^2} \sum_{1}^{\infty} \frac{(-1)^n}{n^2}$$

$$= \frac{\pi^2}{3} + 8\pi^2 \sum_{1}^{\infty} \frac{p}{1 + e^{2\lambda\pi p}}.$$

Hieraus kann man die Zahlenwerte rasch ausrechnen, da es genügt, von der letzten Exponentialreihe nur das erste Glied beizubehalten. Wenn wir den Winkel der Abweichung der Stromlinien ε_1 in der Form

$$\varepsilon_1 = \delta \frac{F}{F_0} \zeta_a$$

ausdrücken, wo F_0 der Querschnitt des Windkanals ist, dann erhalten wir folgende Zahlenwerte:

Rechteckige Windkanäle.

$\frac{h}{b}$	$\frac{1}{4}$	$\frac{1}{2}$	$\frac{1}{\sqrt{2}}$	1	2	4.
δ	0,262	0,137	0,119	0,137	0,262	0,524.

Diese Zahlenwerte zeigen das merkwürdige Ergebnis, daß für den betrachteten Wertebereich der Einfluß unverändert bleibt, wenn man den Kanal von der Breite b und der Höhe h durch einen solchen von der Breite $h\sqrt{2}$ und der Höhe $\frac{b}{\sqrt{2}}$ ersetzt. Das beste Verhältnis von Breite zu Höhe für einen gegebenen Querschnitt ist $\sqrt{2}$; der Einfluß der Wände ist dann ein wenig kleiner als in einem Kanal mit kreisförmigem Querschnitt, für den δ den Wert 0,125 besitzt.

14.5. Neigung der abgehenden Wirbelfläche und Einstellwinkel des Höhenruders.

Die obige Untersuchung bezieht sich auf die Beeinflussung eines Tragflügels oder Tragflügelsystems durch den Zwang der Kanalwände und führt zu Korrekturen, die an den im Wandkanal gemessenen Größen des Anstellwinkels und des Widerstandsbeiwerts anzubringen sind. Wir fanden diesen Einfluß in Form einer zusätzlichen Neigung ε_1 der Wirbelfläche nach oben. Dieser Einfluß wird in der Nähe der Ruderflächen eines Flugzeugmodells noch um einen weiteren Winkel vergrößert[1]. Die Neigung der abgehenden Wirbelfläche und der zum Trimmen des Flugzeuges nötige Einstellwinkel α_T des Leitwerkes werden also in einem

[1] Glauert and Hartshorn: The interference of wind channel walls on the downwash angle and tailsetting. RM Nr 947, 1924.

Windkanal kleiner als in freier Luft gemessen und erfordern folgende Korrekturen:

$$\Delta \varepsilon = \varepsilon_1 + \varepsilon_2,$$

$$\Delta \alpha_T = \varepsilon_2.$$

Zur Berechnung des Winkels ε_2 müssen wir die von den Spiegelbildersystemen in der Nähe der Ruderflächen des Modells induzierte Geschwindigkeit bestimmen. Wir betrachten zunächst die Wirkung eines einzelnen Tragflügels mit gleichförmiger Auftriebsverteilung über die Spannweite in dem allgemeinen Punkt (x, y, z), wo x stromabwärts, y nach Steuerbord hin und z nach abwärts gemessen werden sollen. Der vollständige Ausdruck für die Störungsgeschwindigkeit ist (s. 12.2):

$$\frac{4\pi c_i}{Z} = \frac{x}{x^2+z^2}\left\{\frac{y+s}{\sqrt{(y+s)^2+x^2+z^2}} - \frac{y-s}{\sqrt{(y-s)^2+x^2+z^2}}\right\}$$
$$+ \frac{y+s}{(y+s)^2+z^2}\left\{1+\frac{x}{\sqrt{(y+s)^2+x^2+z^2}}\right\}$$
$$- \frac{y-s}{(y-s)^2+z^2}\left\{1+\frac{x}{\sqrt{(y-s)^2+x^2+z^2}}\right\},$$

wobei s die halbe Spannweite des Tragflügels bedeutet.

Wir können diesen Ausdruck jedoch vereinfachen, wenn wir annehmen, daß x von derselben Größenordnung wie s und daß $\sqrt{y^2+z^2}$ groß gegen s ist. In erster Näherung wird dann der Wert von c_i:

$$\frac{c_i}{c_0} = -\frac{1}{8\pi}\,\frac{y^2-z^2}{(y^2+z^2)^2}\,F\cdot\zeta_a - \frac{1}{8\pi}\,\frac{x(y^2-2z^2)}{(y^2+z^2)^{\frac{5}{2}}}\,F\zeta_a,$$

wobei Z durch $\frac{F}{4s}\zeta_a c_0$ ersetzt wurde. Der erste dieser Ausdrücke ist von x unabhängig, und zwar ist es derselbe Ausdruck, den wir oben zur Berechnung des Wertes von ε_1 verwandten. Der zweite Ausdruck stellt den zusätzlichen Einfluß ε_2 auf die Ruderflächen eines Flugzeugmodells dar. Der Wert von ε_2 für einen Windkanal von rechteckigem Querschnitt ist also zu berechnen aus

$$\varepsilon_2 = \frac{xF\zeta_a}{8\pi b^3}\sum_{-\infty}^{+\infty}\sum_{-\infty}^{+\infty}(-1)^n\,\frac{m^2-2\lambda^2n^2}{(m^2+\lambda^2n^2)^{\frac{5}{2}}},$$

wo wie früher $h = \lambda b$ gesetzt ist. Dieses Ergebnis können wir in der Form schreiben:

$$\varepsilon_2 = \delta' \frac{x F}{h F_0} \zeta_a .$$

Für den Beiwert δ' ergeben sich folgende Zahlenwerte:

$$\lambda = \frac{1}{2} \qquad \delta' = 0{,}293$$

$$\lambda = 1 \qquad \delta' = 0{,}240 .$$

14. 6. Zusammenfassung.

Die aerodynamischen Kenngrößen eines Flugzeugmodells, die man durch Versuche in einem Windkanal mit geschlossenem Arbeitsraum gewonnen hat, erfordern wegen des Einflusses der Kanalwände folgende Korrekturen:

Anstellwinkel	$\Delta\alpha = \varepsilon_1$
Einstellwinkel	$\Delta\alpha_T = \varepsilon_2$
Neigung der abgehenden Wirbelfläche	$\Delta\varepsilon = \varepsilon_1 + \varepsilon_2$
Widerstandsbeiwert	$\Delta\zeta_w = \varepsilon_1 \zeta_a$,

wobei ε_1 und ε_2 durch die Gleichungen definiert sind:

$$\varepsilon_1 = \delta \frac{F}{F_0} \zeta_a$$

$$\varepsilon_2 = \delta' \frac{x F}{h F_0} \zeta_a ;$$

hierbei bedeuten:

F = Gesamtflügelfläche des Modells,
x = Entfernung der Ruderfläche vom Schwerpunkt,
F_0 = Querschnitt des Windkanals,
h = Höhe des Windkanals senkrecht zur Flügelspannweite.

Alle Winkel sind im Bogenmaß zu nehmen. Für typische Fälle haben die Beiwerte δ und δ' folgende Werte:

Windkanalquerschnitt	δ	δ'
Kreisförmig	0,125	—
Quadratisch	0,137	0,240
Rechteckig ($b = 2h$)	0,137	0,293

XV. Die Luftschraube: Impulssatz.

15. 1.

Eine Luftschraube besteht gewöhnlich aus einer Anzahl gleichmäßig verteilter radialer Blätter von gleicher Form; der Querschnitt eines Blattes in irgendeinem radialen Abstand r hat die Form eines Tragflügelprofils, dessen Sehne mit der Drehebene einen Winkel β bildet. Der Blattwinkel β und die Wölbung des Profils nehmen längs des Blattes nach außen hin ab. Wenn sich die Luftschraube durch die Luft wie durch ein festes Medium bewegen würde, dann würde sie je Umdrehung um $2\pi r \operatorname{tg} \beta$ fortschreiten; diese Größe würde die Steigung der Schraube bestimmen. In Wirklichkeit wird diese Größe nicht für alle Radialelemente des Blattes denselben Wert haben; es ist deshalb gebräuchlich, als geometrische Steigung der Luftschraube den Wert von $2\pi r \operatorname{tg} \beta$ in einem radialen Abstand von zwei Drittel des Spitzenradius zu bezeichnen[1]. Eine Luftschraube rotiert in einer nachgiebigen Flüssigkeit, und ihr Fortschritt entspricht deshalb nicht der geometrischen Steigung, sondern kann jeden Wert annehmen. Einige Bedeutung besitzt der Wert des Fortschritts je Umdrehung, für den der Schub der Luftschraube verschwindet; denn die Eigenschaften einer Luftschraube sind in vieler Hinsicht durch das Verhältnis dieses besonderen Fortschrittsgrades zum Durchmesser bestimmt.

Eine gewöhnliche Treibschraube erfährt ein Drehmoment, das ihrer Drehung entgegenwirkt, und erzeugt einen Schub in Richtung ihrer Achse. Der Schub S und das Drehmoment M werden ausgedrückt in Abhängigkeit von der Axialgeschwindigkeit c_0, der Anzahl der Umdrehungen in der Zeiteinheit n (oder der Winkelgeschwindigkeit ω) und dem Durchmesser D. Der Betriebszustand einer Luftschraube ist gekennzeichnet durch den Fortschritt je Umdrehung; es ist jedoch vorzuziehen, diesen Parameter in der dimensionslosen Form

$$\lambda = \frac{c_0}{n D \pi} = \frac{c_0}{u}$$

auszudrücken. Die britischen dimensionslosen Normalbeiwerte für Schub und Drehmoment einer Luftschraube sind

$$k_S = \frac{S}{\varrho n^2 D^4} \quad \text{bzw.} \quad k_M = \frac{M}{\varrho n^2 D^5}.$$

[1] In Deutschland pflegt man den Wert von $2\pi r \operatorname{tg} \beta$ an der Spitze des Schraubenblattes als die Steigung der Schraube zu bezeichnen.

Es ist manchmal zweckmäßig, folgende anderen Beiwerte zu benützen:

$$\sigma = \frac{S}{\varrho c_0^2 D^2} \quad \text{und} \quad \mu = \frac{M}{\varrho c_0^2 D^3}.$$

Von anderen Autoren werden andere Formen dieser Beiwerte benützt; man kann eine große Mannigfaltigkeit von Formen erhalten, wenn man statt n die Winkelgeschwindigkeit ω, statt D^2 die Scheibenfläche $\frac{\pi}{4} D^2$, und den Staudruck $\frac{1}{2} \varrho c_0^2$ statt ϱc_0^2 einsetzt. Diese Beiwerte sind alle von den oben definierten nur durch einen Zahlenfaktor unterschieden; jede Form hat in bestimmten Fällen ihre Vorzüge.

Luftschrauben werden für verschiedenartige Zwecke verwendet. Es seien davon folgende erwähnt:

1. Propeller: Eine Luftschraube, die zum Antrieb etwa eines Luftfahrzeugs dient und so ausgelegt ist, daß sie für eine gegebene Antriebsleistung $M\omega$ eine hohe Schubleistung Sc_0 ergibt.

2. Windmühle: Eine Luftschraube, die aus ihrer Axialbewegung relativ zur Luft durch das dabei entstehende Drehmoment Arbeit gewinnt. Man muß unterscheiden zwischen einer auf einem Flugzeug angebrachten Windmühle, wo der Widerstand von Wichtigkeit und die Axialgeschwindigkeit hoch ist, und einer auf der Erde feststehenden Windmühle, wo der Widerstand unwesentlich und die Axialgeschwindigkeit klein ist.

3. Ventilator: Eine Luftschraube, die einen Luftstrom erzeugt.

4. Anemometer: Eine Luftschraube, mit der man aus der Drehzahl die relative Axialgeschwindigkeit bestimmt.

Die Theorie des Verhaltens einer Luftschraube baut sich in gleicher Weise für alle Luftschrauben auf, welches auch ihr Verwendungszweck sei. Die Auslegung wird jedoch verschieden sein; außer aerodynamischen Gesichtspunkten sprechen auch Fragen der Festigkeit und der Größe mit. Es können auch andere Anordnungen denselben Dienst leisten wie die Luftschrauben; so werden besonders halbkugelige Schalen an radialen Armen sowohl als Windmühlen als auch als Anemometer benützt; sie bilden jedoch eine besondere, von den Luftschrauben verschiedene Klasse.

Wenn eine Luftschraube einen großen Durchmesser oder eine hohe Drehzahl besitzt, dann kann die Spitzengeschwindigkeit bis zu Werten ansteigen, die von derselben Größenordnung wie die

Schallgeschwindigkeit sind; dann beeinflußt die Kompressibilität der Luft die Kräfte, die auf das Blattelement ausgeübt werden. Die Wirkung wird erst beträchtlich, wenn die Spitzengeschwindigkeit $\pi n D$ den Wert 250 m/sec überschreitet; bei der Entwicklung der Theorie der Luftschraube wollen wir deshalb annehmen, daß die Wirkung der Kompressibilität der Luft vernachlässigt werden kann. Es besteht bis jetzt noch keine Theorie, die die Wirkung der Kompressibilität berücksichtigt; man muß deshalb die Änderung der Kenngrößen einer Luftschraube infolge hoher Spitzengeschwindigkeit aus besonderen Versuchen schätzen.

15.2. Einfache Impulstheorie.

Eine einfache Methode, die Wirkungsweise einer Luftschraube zu erklären, die sich auf die Arbeit von Rankine und Froude aufbaut, gründet sich auf die Betrachtung des Impulses und der kinetischen Energie des Systems. Die Lauftschraube soll dabei eine große Anzahl von Blättern besitzen, so daß sie ihrer Wirkung nach zu einer kreisförmigen Scheibe wird; weiter wird angenommen, daß sich der Schub gleichmäßig über die Scheibe verteilt. Die Rotation des Schraubenstroms infolge der Wirkung des Drehmoments wird vernachlässigt[1], und die Axialgeschwindigkeit der Flüssigkeit muß beim Durchgang durch die Luftschraube stetig bleiben, damit die Stetigkeit der Strömung gewahrt bleibt. Andrerseits erhält der Flüssigkeitsdruck einen plötzlichen Zuwachs p', der gleich dem Schub pro Flächeneinheit der Scheibe ist, so daß hinter der Luftschraube ein Schraubenstrom mit erhöhter Axialgeschwindigkeit gebildet wird. Man kann nun durch Betrachtung des Impulses und der Energie des Schraubentroms eine Reihe interessanter Ergebnisse ableiten.

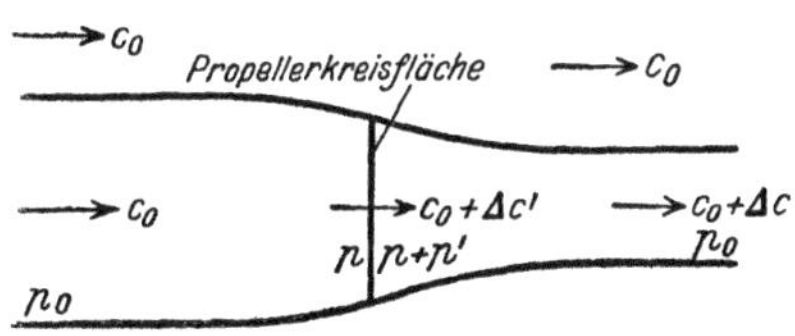

Abb. 106.

Wir betrachten eine solche idealisierte Luftschraube in einem Strom von der Geschwindigkeit c_0, für die das allgemeine Strombild in Abb. 106 dargestellt ist. Bei der Annäherung an die

[1] Eine Erweiterung der Impulstheorie einer Luftschraube, welche die Rotation einschließt, ist von H. Betz gegeben worden: Eine Erweiterung der Schraubenstrahltheorie. ZFM 1920.

Scheibe steigt die Axialgeschwindigkeit auf $c_0 + \Delta c'$, und der Druck fällt von p_0 auf p. Die Axialgeschwindigkeit bleibt beim Durchgang durch die Scheibe konstant, steigt aber im endgültigen Schraubenstrom auf $c_0 + \Delta c$; der Druck steigt unmittelbar hinter der Scheibe auf $p + p'$ und fällt dann wieder auf seinen ursprünglichen Wert p_0. Die ganze Strömung wird mit Ausnahme des Drucksprungs beim Durchgang durch die Scheibe als wirbelfrei angesehen; wir sind deshalb berechtigt, die Bernoullische Gleichung auf die Bewegung vor und hinter der Scheibe gesondert anzuwenden. Der Gesamtdruck in den beiden Gebieten hat die Werte

$$H_0 = p_0 + \tfrac{1}{2}\varrho c_0^2 = p + \tfrac{1}{2}\varrho (c_0 + \Delta c')^2\,,$$
$$H_1 = p_0 + \tfrac{1}{2}\varrho (c_0 + \Delta c)^2 = p + p' + \tfrac{1}{2}\varrho (c_0 + \Delta c')^2\,;$$

damit ergibt sich

$$p' = H_1 - H_0 = \varrho (c_0 + \tfrac{1}{2}\Delta c)\Delta c\,.$$

Wenn wir den Zuwachs an axialem Impuls in der Zeiteinheit betrachten, erhalten wir für den Schub:

$$S = F\varrho (c_0 + \Delta c')\Delta c\,,$$

wo F die Propellerkreisfläche ist; da p' den Schub pro Flächeneinheit der Scheibe darstellt, so wird

$$p' = \varrho (c_0 + \Delta c')\Delta c\,.$$

Durch Vergleich der beiden Ausdrücke für p' folgt

$$\Delta c' = \tfrac{1}{2}\Delta c\,.$$

Die Hälfte des Geschwindigkeitszuwachses des Schraubenstroms stellt sich also vor der Luftschraube, die andere Hälfte hinter ihr ein, und der Schub der Luftschraube wird

$$S = 2F\varrho (c_0 + \Delta c')\Delta c'.$$

Die Erhöhung der kinetischen Energie der Flüssigkeit pro Zeiteinheit ist

$$\begin{aligned} E &= \tfrac{1}{2}F\varrho (c_0 + \Delta c')\{(c_0 + \Delta c)^2 - c_0^2\} \\ &= 2F\varrho (c_0 + \Delta c')^2 \Delta c' \\ &= S(c_0 + \Delta c')\,. \end{aligned}$$

Das ist die Arbeit, die durch den Schub der Luftschraube an der Flüssigkeit geleistet wird. Wenn ω die Winkelgeschwindigkeit und M das Drehmoment der Luftschraube darstellen, dann ist die gesamte, von der Luftschraube geleistete Arbeit auch gleich $M\omega$; es folgt daraus:

$$M\omega = S(c_0 + \Delta c') .$$

Wir wollen jetzt den nächsten Fall betrachten, wo die Hauptmasse der Flüssigkeit in Ruhe ist und die Luftschraube mit der Geschwindigkeit c_0 vorwärtsschreitet. Der Zusammenhang zwischen Schub und Geschwindigkeit wird nicht geändert, die vom Schub geleistete Arbeit ist jedoch jetzt Sc_0 an der Luftschraube und $S\Delta c'$ an der Flüssigkeit; dieser zweite Ausdruck ist gleich der Erhöhung der kinetischen Energie der Flüssigkeit in der Zeiteinheit:

$$\begin{aligned} E &= \tfrac{1}{2} F \varrho (c_0 + \Delta c') \Delta c^2 \\ &= 2 F \varrho (c_0 + \Delta c') \Delta c'^2 \\ &= S \Delta c' . \end{aligned}$$

15.2.1. Idealer Wirkungsgrad. Der Wirkungsgrad der Luftschraube, definiert als Verhältnis der nutzbaren zur gesamten Arbeit, wird:

$$\eta = \frac{S c_0}{M\omega} = \frac{c_0}{c_0 + \Delta c'} .$$

Es ist gebräuchlich, $\Delta c' = a c_0$ zu schreiben, und damit wird der Wirkungsgrad

$$\eta = \frac{1}{1 + a} .$$

Dieser Ausdruck stellt den idealen Wirkungsgrad einer Luftschraube dar, der in Wirklichkeit niemals erreicht wird. Er wurde mit Hilfe der Annahme gewonnen, daß der einzige Energieverlust durch die kinetische Energie der Axialgeschwindigkeit des Schraubenstroms verursacht wird. Es sind jedoch noch folgende weiteren Energieverlustquellen vorhanden:

1. Reibungswiderstand der Blätter der Luftschraube,
2. Kinetische Energie der Rotation des Schraubenstroms,
3. Periodizität der Strömung und Schubverlust gegen die Enden der Blätter, so daß der Schub nicht gleichmäßig über die Scheibe verteilt ist.

Die wichtigste dieser Zusatzwirkungen ist meist der Reibungswiderstand der Luftschraubenblätter. Unter gewöhnlichen Betriebsverhältnissen ist der wirkliche Wirkungsgrad einer Luftschraube etwa 85% des idealen Wirkungsgrades. Eine Untersuchung des idealen Wirkungsgrades ist deshalb ein nützlicher Anhalt für den wirklichen Wirkungsgrad, den man von einer Luftschraube erwarten kann.

Mit

$$S = 2F\varrho c_0^2(1+a)a\,,$$

$$\sigma = \frac{S}{\varrho c_0^2 D^2} = \frac{\pi}{2}(1+a)a$$

wird

$$1+2a = \sqrt{1+\frac{8}{\pi}\sigma} = \sqrt{1+\frac{8}{\pi^3}\frac{k_s}{\lambda^2}}\,,$$

wo diejenige Wurzel der quadratischen Gleichung eingesetzt wurde, die a mit dem Schub verschwinden läßt. Wenn c_0 gleich Null ist, wird a unendlich groß; die Geschwindigkeit der Strömung durch die Luftschraube hat jedoch den endlichen Wert $\Delta c'$:

$$\frac{\Delta c'}{n D} = \frac{a c_0}{n D} = \sqrt{\frac{2}{\pi} k_s}\,.$$

Es werde nun angenommen, daß in eine Luftschraube vom Durchmesser D eine Leistung N hineingesteckt werde. Wenn wir ηN der vom Schub in der Zeiteinheit geleisteten Arbeit gleichsetzen, wird

$$\eta N = S c_0 = \frac{\pi}{2} D^2 \varrho c_0^3 (1+a)a$$

oder

$$\frac{1-\eta}{\eta^3} = \frac{2}{\pi}\frac{N}{\varrho c_0^3 D^2}\,.$$

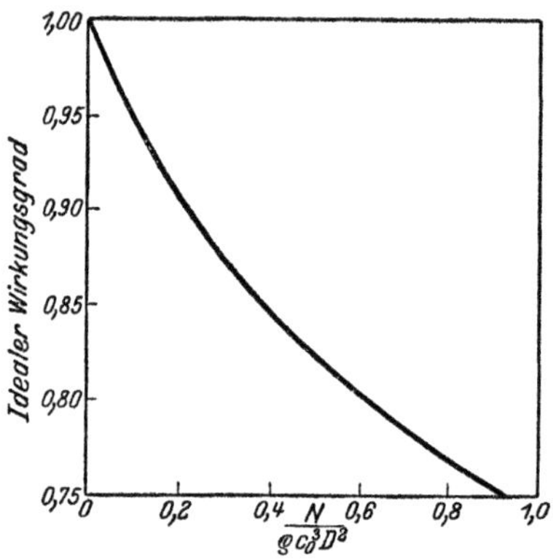

Abb. 107.

Diese Gleichung bestimmt den idealen Wirkungsgrad durch die Leistung, den Luftschraubendurchmesser und die Geschwindigkeit. Die Leistung ist dabei in Einheiten einzusetzen, die denen der anderen Größen entsprechen. Die Beziehung zwischen dem Wirkungsgrad und dem Kraftbeiwert geben Tabelle 20 und Abb. 107. Der Wirkungsgrad fällt rasch ab, wenn der Kraftbeiwert ansteigt; dieser Abfall stellt den Verlust dar, der auftritt, wenn man eine große Leistung durch eine Luftschraube mit kleinem Durchmesser abgibt.

Tabelle 20. Leistung und idealer Wirkungsgrad.

η	$\frac{N}{\varrho c_0^3 D^2}$	η	$\frac{N}{\varrho c_0^3 D^2}$	η	$\frac{N}{\varrho c_0^3 D^2}$
100	0	90	0,216	80	0,614
$97^1/_2$	0,042	$87^1/_2$	0,294	$77^1/_2$	0,759
95	0,092	85	0,384	75	0,932
$92^1/_2$	0,149	$82^1/_2$	0,490	$72^1/_2$	1,133

Die von einer Maschine abgegebene Leistung ist für gegebene Druck- und Temperaturverhältnisse eine einfache Funktion der Drehzahl; es ist deshalb für manchen Zweck vorteilhaft, den Ausdruck für den idealen Wirkungsgrad in die Form

$$\frac{1-\eta}{\eta^3} = \frac{2}{\pi^4} \frac{1}{\lambda^3} \frac{N}{\varrho n^3 D^5}$$

zu bringen. Dabei ist n die sekundliche Drehzahl der Luftschraube, die von jener der Maschine verschieden ist, wenn ein Vorgelege verwendet wird. Wir können jetzt die Kurve von η in Abhängigkeit von λ für jeden bestimmten Wert von $\frac{N}{\varrho n^3 D^5}$ auftragen; diese Kurve stellt dann den idealen Wirkungsgrad einer Luftschraube dar, die durch Änderung der Blattsteigung immer auf eine konstante Drehzahl eingestellt werden kann. Abb. 108 zeigt typische Kurven, die die Änderung des idealen Wirkungsgrades mit dem Fortschrittsgrad der Luftschraube darstellen. Der ideale Wirkungsgrad steigt mit λ zuerst rasch, dann langsamer an und erreicht im Grenzfall den Wert Eins.

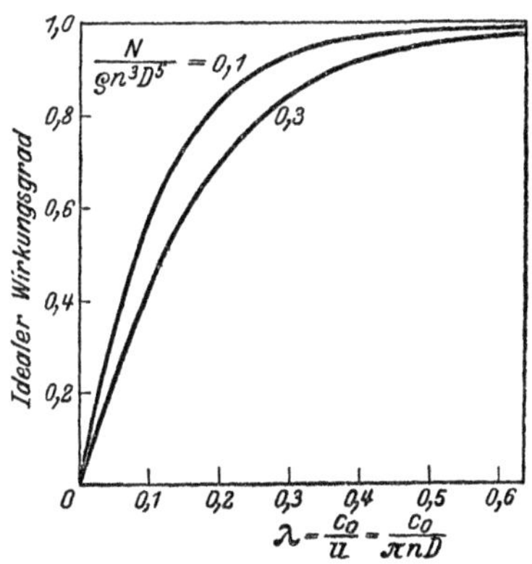

Abb. 108.

15.2.2. Windmühlen. Die einfache Impulstheorie können wir auch anwenden auf das Problem einer Windmühle, die aus ihrer Bewegung relativ zur Flüssigkeit Leistung entnehmen soll. Die Windmühle erfährt einen negativen Schub oder Widerstand, und die Flüssigkeit im Schraubenstrom wird verzögert. Es ist deshalb zweckmäßig, $\Delta c_1' = -\Delta c'$ zu schreiben. Die Gleichung, die diese Geschwindigkeit mit dem Widerstand R verknüpft, lautet:

$$R = 2F \cdot \varrho (c_0 - \Delta c_1') \Delta c_1'.$$

Wir wollen zunächst den Fall einer Windmühle auf einem Flugzeug betrachten. Die von der Windmühle in der Zeiteinheit an die Luft abgegebene Energie ist

$$E = 2F\varrho(c_0 - \Delta c_1')\Delta c_1'^2,$$

während die Arbeit des Flugzeugs an der Windmühle gleich Rc_0 ist. Es folgt, daß man aus der Windmühle die Leistung entnehmen kann:

$$N = M\omega = Rc_0 - E = 2F\varrho(c_0 - \Delta c_1')^2\Delta c_1'.$$

Den Wirkungsgrad der Windmühle können wir definieren:

$$\eta' = \frac{M\omega}{Rc_0} = \frac{c_0 - \Delta c_1'}{c_0}.$$

Das ist gerade das Reziproke des Wirkungsgrades einer Luftschraube.

Die Beziehung zwischen dem Wirkungsgrad und der Leistung der Windmühle wird

$$\eta'^2(1 - \eta') = \frac{2}{\pi}\,\frac{N}{\varrho c_0^3 D^2}.$$

Für einen gegebenen Durchmesser ist die Leistung ein Maximum, wenn $\eta' = \frac{2}{3}$ und $\Delta c_1' = \frac{1}{3}c_0$ ist, und zwar hat die maximale Leistung den Wert

$$N_{\max} = \frac{2\pi}{27}\varrho c_0^3 D^2 = 0{,}232\,\varrho c_0^3 D^2.$$

Der Fall einer Windmühle auf der Erde stellt sich etwas anders dar, da der Widerstand jetzt unwesentlich ist. Die von der Windmühle abgegebene Leistung hat denselben Wert wie vorher; der Wirkungsgrad erfordert jedoch eine neue Definition. Wenn die Windmühle keine Störung der Strömung hervorbrächte, dann wäre die in der Zeiteinheit durch die Windmühlenfläche hindurchgehende Energie:

$$E = \tfrac{1}{2}F\varrho c_0^3.$$

Wir können nun den Wirkungsgrad passend definieren als das Verhältnis der von der Windmühle abgegebenen Leistung zu dieser Größe. Der Wirkungsgrad wird dann

$$\eta'' = \frac{4(c_0 - \Delta c_1')^2\Delta c_1'}{c_0^3}.$$

Er besitzt den Maximalwert

$$\eta''_{\max} = \frac{16}{27} = 0{,}593.$$

XVI. Die Luftschraube: Tragflügeltheorie.

16.1.

Um eine genauere Kenntnis des Verhaltens einer Luftschraube zu erlangen, als sie die einfache Impulstheorie vermittelt, müssen wir die auf die Luftschraubenblätter ausgeübten Kräfte untersuchen und zu diesem Zweck jedes Blattelement als einen Tragflügel betrachten, der sich in geeigneter Weise bewegt. Für die Entwicklung der Theorie ist es zweckmäßig, eine gewöhnliche Treibschraube bei normalen Betriebsverhältnissen zu betrachten. Die Verhältnisse bei anderen Luftschraubentypen und anderen Betriebsbedingungen kann man dann als Sonderfälle der allgemeinen Theorie untersuchen.

Die Luftschraube habe eine Winkelgeschwindigkeit ω um ihre Achse und befinde sich in einem Parallelstrom mit der Geschwindigkeit c_0 in Richtung der Drehachse. Die Querschnitte der Blätter der Luftschraube haben die Form von Tragflügelprofilen, und die von einem Blattelement bei seiner Bewegung relativ zur Flüssigkeit aufgenommenen Kräfte müssen deshalb mit einer Zirkulation der Strömung um das Blatt verknüpft sein. Infolge der Änderung dieser Zirkulation längs des Blattes von der Nabe bis zur Spitze werden vom Blatt Wirbelenden abgehen und annähernd schraubenförmig stromabwärts laufen. Diese Wirbel sind besonders an den Spitzen und an der Nabe angehäuft; der Schraubenstrom der Luftschraube besteht also aus einem Gebiet von in Rotation befindlicher Flüssigkeit mit einer starken Wirbelanhäufung auf der Achse und an den Grenzen des Slipstroms. Aus der allgemeinen Tragflügeltheorie folgt, daß das Blattelement als Tragflügel im zweidimensionalen Strom zu betrachten ist, der außerdem noch den Induktionswirkungen des Systems der abgehenden Wirbelenden unterworfen ist. Die genaue Bestimmung der Induktionswirkungen ist sehr verwickelt wegen der Periodizität der Strömung; für die meisten Zwecke ist es jedoch genügend genau, die in Wirklichkeit vorhandene periodische Strömung durch ihren Mittelwert zu ersetzen. Dieser Schritt entspricht der Annahme, daß es für die Schätzung der Induktionswirkungen des Systems der abgehenden Wirbelenden genügt, den Schub und das Drehmoment, die in einer bestimmten Entfernung von der Achse auf eine endliche Zahl von Blattelementen verteilt sind, zu ersetzen durch eine gleichmäßige Verteilung von Schub- und Drehmoment über den ganzen Umfang des Kreises von gleichem Radius.

Für die Entwicklung der Theorie wollen wir ferner annehmen, daß die Winkelgeschwindigkeit der Luftschraube nicht so groß wird, daß die Umfangsgeschwindigkeit der Blattspitzen sich der Schallgeschwindigkeit zu sehr nähert; denn über die Wirkung der Kompressibilität der Luft auf die Kennzahlen eines sich mit hoher Geschwindigkeit bewegenden Tragflügels ist nur wenig bekannt, und es sind sowohl in der Theorie als auch im Experiment noch Fortschritte zu machen, ehe man in der Theorie der Luftschraube diese Wirkung berücksichtigen kann.

16.1.1. Bei der Besprechung der Strömung um eine Luftschraube verwenden wir zweckmäßig folgende Bezeichnungen:

Zustrom: Die Strömung unmittelbar vor der Luftschraube.

Abstrom: Die Strömung unmittelbar hinter der Luftschraube.

Wirbelgebiet: Die Strömung im Schraubenstrom weit hinter der Luftschraube.

Induktionsstrom: Das Geschwindigkeitsfeld, das vom System der abgehenden Wirbelenden an den Blättern induziert wird.

Wenn wir zunächst die Drehbewegung betrachten, so ist klar, daß das Drehmoment der Luftschraube im Schraubenstrom eine Rotation der Strömung um die Achse bewirkt, während vor der Luftschraube oder außerhalb der Grenzen des Schraubenstroms keine Drehung auftreten kann[1]. Diese Drehbewegung ist teils dem System der abgehenden Wirbelenden, teils der Zirkulation um die Blätter zuzuschreiben. Infolge der abgehenden Wirbelenden wird die Strömung in der Luftschraubenebene eine Winkelgeschwindigkeit $\Delta\omega$ von gleichem Drehsinn wie die Luftschraube besitzen, und die Zirkulation um die Schraubenblätter wird gleich große, aber entgegengesetzt gerichtete Winkelgeschwindigkeiten des Zustroms und des Abstroms verursachen. Die Summe dieser beiden Komponenten muß im Zustrom Null sein, da keine Drehung möglich ist, ehe die Strömung das von der Luftschraube erzeugte Wirbelsystem erreicht hat. Hieraus folgt, daß die Winkelgeschwindigkeit des Abstroms $2\Delta\omega$ ist, und daß der Induktionsstrom, der nur von

[1] Dieses Ergebnis folgt sofort aus dem allgemeinen Satz in 4.3.1. S. auch G. I. Taylor: The rotational inflow factor in propeller theory. RM Nr 765, 1921.

dem System der abgehenden Wirbelenden herrührt, die Winkelgeschwindigkeit $\Delta\omega$ besitzt.

Der Drall des Abstroms ist eng mit dem Drehmoment der Luftschraube verknüpft. Wir wollen die Blattelemente dr mit dem Achsenabstand r betrachten; es sei dM das Drehmoment dieser Elemente und c_z die Axsialgeschwindigkeit durch den kreisförmigen Querschnitt der Luftschraube. Wenn wir dann das Drehmoment gleich der Zunahme des Dralls in der Zeiteinheit setzen, so ergibt sich

$$dM = 2\pi r dr \cdot \varrho c_z \cdot 2\Delta\omega r^2,$$

oder

$$\frac{dM}{dr} = 4\pi r^3 \varrho c_0 \omega (1 + a) a',$$

wo

$$c_z = c_0(1 + a),$$

$$\Delta\omega = \omega a'.$$

Die Größen a und a' stellen den Induktionsstrom dar und heißen Induktionsfaktoren für die Axial- bzw. Drehströmung.

16.1.2. Die Axialgeschwindigkeit muß beim Durchgang durch die Luftschraubenscheibe stetig sein und im Zu- und Abstrom denselben Wert c_z besitzen. Die Zunahme von c_z gegenüber der Geschwindigkeit c_0 des ungestörten Stromes ist nur dem Einfluß des Systems der abgehenden Wirbelenden zuzuschreiben. Die Axialkomponente der induzierten Geschwindigkeit ist $(c_z - c_0)$ oder $a c_0$. Um die Größe dieses axialen Induktionsstromes abzuschätzen, nehmen wir an, daß die abgehenden Wirbelenden in regelmäßigen Schraubenlinien stromabwärts laufen. Diese Annahme entspricht einer Vernachlässigung der Kontraktion des Schraubenstromdurchmessers, die tatsächlich auftritt und unter Umständen eine Berücksichtigung erfordert, wenn der Induktionsfaktor a nicht mehr klein ist. Die von diesem idealen Wirbelzylinder induzierte Geschwindigkeit in einem Punkt des Wirbelgebiets wird doppelt so groß sein wie die induzierte Geschwindigkeit in der Schraubenscheibe, die sich am Ende des Zylinders befindet. Damit ergibt sich die Axialgeschwindigkeit im Wirbelgebiet zu $c_0(1 + 2a)$. Dieses Ergebnis stimmt mit dem Schluß überein, den wir aus der einfachen Impulstheorie gezogen haben.

Wir können jetzt unmittelbar die Axialimpulsgleichung für die Blattelemente schreiben

$$\frac{dS}{dr} = 4\pi r \varrho c_0^2 (1 + a) a .$$

Diese Gleichung gilt nicht streng. Sie gründet sich auf die Annahme, daß die Kontraktion des Schraubenstromes für die Induktionswirkung vernachlässigbar ist, und berücksichtigt auch nicht die Tatsache, daß sich infolge der Drehbewegung im Wirbelgebiet ein geringerer Druck einstellt. Der durch diese Vereinfachungen hervorgerufene Fehler ist für eine Treibschraube unter gewöhnlichen Arbeitsbedingungen vernachlässigbar; es kann sich jedoch in gewissen Sonderfällen als notwendig erweisen, diese Impulsgleichung durch eine genauere Beziehung zu ersetzen, z. B. wenn eine Luftschraube beim Fortschrittsgrad Null arbeitet.

16.1.3. Eine Betrachtung des Systems der abgehenden Wirbelenden führt zu dem wichtigen Schluß, daß der Induktionsstrom, den die Blattelemente mit dem Achsenabstand r erfahren, nur von den Kräften abhängt, die auf diese Elemente ausgeübt werden; er wird dagegen nicht beeinflußt von den Blattelementen mit größerem oder kleinerem Achsenabstand. Wir wollen die Wirkung der Blattelemente dr mit dem Achsenabstand r betrachten, während der übrige Teil jedes Blattes wirkungslos zu denken ist. Die Wirbelenden, die von den Endpunkten des Elementes abgehen, liegen auf zwei Kreiszylindern mit den Radien r und $r + dr$; wir können dann die Wirbelstärke in zwei Komponenten aufspalten, von denen die Achse der einen der Luftschraubenachse parallel ist, während die andere in Umfangsrichtung liegt und einer Folge von Wirbelringen entspricht. Die erste Komponente der Wirbelstärke wirkt als Kugellager zwischen der rotierenden Luftschale, die durch die zylindrischen Oberflächen und die Hauptluftmasse begrenzt ist. Die Hauptmasse der Luft kann aber keine Zirkulation um die Achse annehmen; die durch das Drehmoment der Blattelemente hervorgerufene Drehung ist also auf das Gebiet zwischen den zwei Zylinderflächen beschränkt. Es wirkt also auch die vom Wirbelsystem induzierte Umfangskomponente nur auf die Blattelemente, die die Wirbel verursachen.

Ähnlich kann man bei der zweiten Komponente der Wirbelstärke vorgehen; damit ist dann die Unabhängigkeit der Blattelemente mit verschiedenem Achsenabstand nachgewiesen. Dieses theoretische Ergebnis ist von großer Wichtigkeit und ist für die Abschnitte eines Luftschraubenblattes, die den Hauptteil der Arbeit leisten, durch besondere Versuche nachgewiesen[1]. Gegen die Enden der Luftschraubenblätter können die Verhältnisse durch die Radialströmung der Luft, die in der Theorie vernachlässigt wurde, geändert werden.

16.2.

Wir wollen jetzt die aerodynamischen Kräfte betrachten, die das Blattelement mit dem Achsenabstand r erfährt. Das Blattelement ist einer Axialgeschwindigkeit $c_0(1+a)$ und einer Umfangsgeschwindigkeit $r\omega(1-a')$ ausgesetzt, so daß die resultierende Geschwindigkeit w um den Winkel φ gegen die Drehebene geneigt ist, wo

$$tg\varphi = \frac{c_0}{r\omega}\,\frac{1+a}{1-a'}.$$

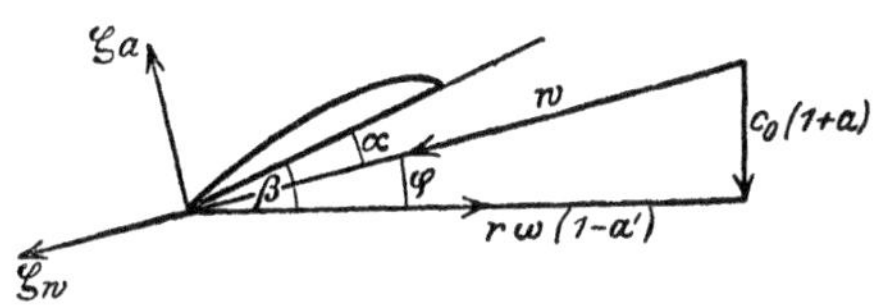

Abb. 109.

Wenn β den Blattwinkel bezeichnet, dann arbeitet das Element bei einem Anstellwinkel $\alpha = \beta - \varphi$ und ergibt die entsprechenden Auftriebsbeiwerte ζ_a und ζ_w wie ein Tragflügel im zweidimensionalen Strom. Die Komponenten dieser Kraftbeiwerte in Richtung von Schub und Umfangskraft sind bzw.:

$$\lambda_1 = \tfrac{1}{2}(\zeta_a\cos\varphi - \zeta_w\sin\varphi),$$
$$\lambda_2 = \tfrac{1}{2}(\zeta_a\sin\varphi + \zeta_w\cos\varphi);$$

die Elemente von Schub und Umfangskraft, die das Blattelement mit der Fläche $t\,dr$ ergibt, sind also:

$$dS = \lambda_1 \varrho w^2 t\,dr,$$
$$dM = \lambda_2 \varrho w^2 t r\,dr.$$

Diese Ausdrücke sind mit der Blattzahl i zu multiplizieren, um die Elemente des Schubs und des Drehmoments für die ganze Luftschraube zu bekommen; statt der Sehne führt man dabei eine dimensionslose Größe $\varkappa$ ein, die durch die Gleichung definiert ist:

$$\varkappa = \frac{it}{2\pi r}.$$

[1] Lock, Bateman and Townend: Experiments to verify the independence of the elements of an airscrew blade. RM Nr 953, 1924.

Diese Größe $\varkappa$ stellt das Verhältnis der Summe aller Blattbreiten zum Kreisumfang dar und kann als Völligkeitsgrad bezeichnet werden.

Die Elemente von Schub und Drehmoment der Luftschraube können wir jetzt folgendermaßen ausdrücken:

$$\frac{dS}{dr} = 2\pi\varkappa r\varrho c_0^2(1+a)^2\lambda_1\frac{1}{\sin^2\varphi},$$

$$= 2\pi\varkappa r^3\varrho\omega^2(1-a')^2\lambda_1\frac{1}{\cos^2\varphi},$$

$$\frac{dM}{dr} = 2\pi\varkappa r^2\varrho c_0^2(1+a)^2\lambda_2\frac{1}{\sin^2\varphi},$$

$$= 2\pi\varkappa r^4\varrho\omega^2(1-a')^2\lambda_2\frac{1}{\cos^2\varphi}.$$

Wir haben aber schon zu Beginn dieses Kapitels Ausdrücke für die Elemente des Schubs und des Drehmoments erhalten durch Betrachtung des Axialimpulses und des Dralls; wenn wir die verschiedenen Formen einander gleich setzen, bekommen wir folgende Gleichungen für die Axial- und Drehinduktionsfaktoren:

$$\frac{a}{1+a} = \frac{\varkappa\lambda_1}{1-\cos 2\varphi},$$

$$\frac{a'}{1-a'} = \frac{\varkappa\lambda_2}{\sin 2\varphi}.$$

Der Fortschrittsgrad der Luftschraube wird schließlich gegeben durch die Gleichung

$$\lambda = \frac{c_0}{nD\pi} = \frac{r}{R}\cdot\frac{c_0}{r\omega} = \frac{r}{R}\,\frac{1-a'}{1+a}\,tg\varphi,$$

und die Elemente des Schubs und des Drehmoments lassen sich in den dimensionslosen Formen ausdrücken:

$$R\frac{dk_s}{dr} = \frac{1}{2}\pi^3\left(\frac{r}{R}\right)^3\varkappa(1-a')^2\lambda_1\frac{1}{\cos^2\varphi},$$

$$R\frac{dk_M}{dr} = \frac{1}{4}\pi^3\left(\frac{r}{R}\right)^4\varkappa(1-a')^2\lambda_2\frac{1}{\cos^2\varphi}.$$

16.2.1. Die Methode für die Berechnung der Kenngrößen einer Luftschraube besteht darin, eine Anzahl Elemente längs des Blattes zu wählen, wo für jedes Element die Werte $\frac{r}{R}$, $\varkappa$, β und die Profilkenngrößen (α, ζ_a, ζ_w) bekannt sind; wenn man bei jedem Element mit einer Reihe von α-Werten anfängt, dann kann man dazu

Tabelle 21. Rechnungen für ein Blattelement.

$\frac{r}{R} = 0{,}70, \qquad \varkappa = 0{,}10, \qquad \beta = 24^\circ.$

α	φ	λ_1	λ_2	a	a'	$\pi\lambda$	$R\left(\frac{dk_S}{dr}\right)$	$R\left(\frac{dk_M}{dr}\right)$
4°	20°	−0,006	0,018	−0,003	0,003	0,80	−0,004	0,0038
6	18	0,102	0,044	0,056	0,007	0,67	0,059	0,0089
8	16	0,205	0,066	0,156	0,012	0,54	0,115	0,0130
10	14	0,305	0,082	0,353	0,017	0,40	0,166	0,0156
12	12	0,390	0,089	0,820	0,021	0,25	0,207	0,0166
14	10	0,482	0,093	4,00	0,026	0,08	0,250	0,0169
16	8	0,568	0,090	−3,13	0,032	−0,14	0,288	0,0160

die entsprechenden Werte von a, a', λ, dk_S und dk_M ausrechnen. Ein Berechnungsbeispiel für ein typisches Blattelement zeigt Tabelle 21. Dann zeichnet man für jedes Element die Kurven von dk_S und dk_M in Abhängigkeit von λ und trägt schließlich die Werte von dk_S/dr und dk_M/dr für die verschiedenen Blattelemente bei irgendeinem gewählten Wert von λ in Abhängigkeit vom Achsenabstand auf, um die Kurven für die Zunahme des Schubs und des Drehmoments längs des Blattes zu bekommen. Die Integration dieser Kurven liefert den gesamten Schub und das Gesamtdrehmoment der Luftschraube, wobei jedoch noch eine kleine empirische Korrektur am Schub anzubringen ist, die den Widerstand der Nabe berücksichtigt.

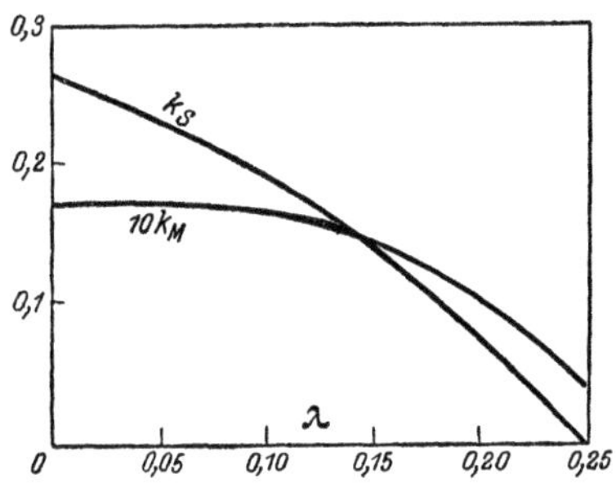

Abb. 110.

16.2.2. Wegen der Änderung des Blattwinkels, der Sehne und des Profils längs des Blattes ist es nicht möglich, einfache analytische Ausdrücke für den Schub und das Drehmoment einer Luftschraube zu erhalten; wir können jedoch die allgemeine Natur der Luftschraubenkenngrößen durch Betrachtung eines typischen Blattelements erkennen.

Bei dem Fortschrittsgrad Null ($\lambda = 0$) wird der Axialinduktionsfaktor a unendlich groß, da die Axialgeschwindigkeit durch die Luftschraubenscheibe endlich bleibt, während die Geschwindigkeit c_0 gegen Null geht. Dies tritt ein, wenn

$$\varkappa \lambda_1 = 2 \sin^2 \varphi;$$

da φ ein kleiner Winkel ist, können wir näherungsweise schreiben

$$\varkappa \zeta_a = 4 \varphi^2 ,$$

wo ζ_a für den Anstellwinkel $(\beta - \varphi)$ zu nehmen ist. Dieser Zustand entspricht für eine gewöhnliche Treibschraube einem positiven Wert von φ.

Die andere Grenze des Arbeitsbereichs einer Luftschraube tritt dann auf, wenn der Schub verschwindet; dieser Punkt wird durch die Gleichung gegeben:

$$\zeta_a = \zeta_w \operatorname{ctg} \varphi .$$

Das Blattelement erfährt also noch eine kleine positive Auftriebskraft. Das Drehmoment ist in diesem Punkt positiv; es verschwindet bei einem etwas größeren Fortschrittsgrad, der der Bedingung

$$\zeta_a = - \zeta_w \operatorname{ctg} \varphi$$

entspricht. Zwischen diesen beiden Punkten wirkt die Luftschraube als Bremse; jenseits des Punktes, in dem das Drehmoment negativ wird, wirkt die Luftschraube als Windmühle.

Der Wirkungsgrad des Blattelements ist

$$\eta = \frac{c_0 \, d S}{\omega \, d M} = \frac{c_0}{r \omega} \cdot \frac{\lambda_1}{\lambda_2} = \frac{1 - a'}{1 + a} \, \frac{\operatorname{tg} \varphi}{\operatorname{tg} (\varphi + \gamma)} ,$$

wo

$$\zeta_w = \zeta_a \operatorname{tg} \gamma .$$

Diesen Ausdruck können wir mit dem idealen Wirkungsgrad $\frac{1}{1+a}$ vergleichen, den wir mittels der einfachen Impulstheorie ableiteten; es zeigt sich, daß noch zusätzliche Verlustquellen vorhanden sind, die herrühren von

1. a', der Wirkung der Drehung des Schraubenstroms,
2. γ, der Wirkung des Profilwiderstands der Blätter.

Der erste dieser Einflüsse ist im Hauptarbeitsbereich einer Luftschraube gering, der Profilwiderstand dagegen erhält große Bedeutung, besonders wenn sich die Blattelemente der Nullage nähern. Abb. 111 zeigt den Wirkungsgrad des Blattelements, dessen Kennzahlen in Tabelle 21 gegeben wurden; die gestrichelte

Kurve stellt den Wirkungsgrad dar, der auftreten würde, wenn der Profilwiderstand Null wäre.

Wir können den Verlust an Wirkungsgrad auch durch die Betrachtung des Energiegleichgewichtes des Blattelementes veranschaulichen. Die in der Zeiteinheit am Blattelement geleistete Arbeit ist ωdM; diese Energie zerfällt in folgende Anteile:

$c_0 dS$, die Nutzarbeit des Schubs,

$ac_0 dS$, die kinetische Energie der Axialströmung,

$a'\omega dM$, die kinetische Energie der Drehbewegung,

dE, der Verlust infolge des Blattwiderstandes.

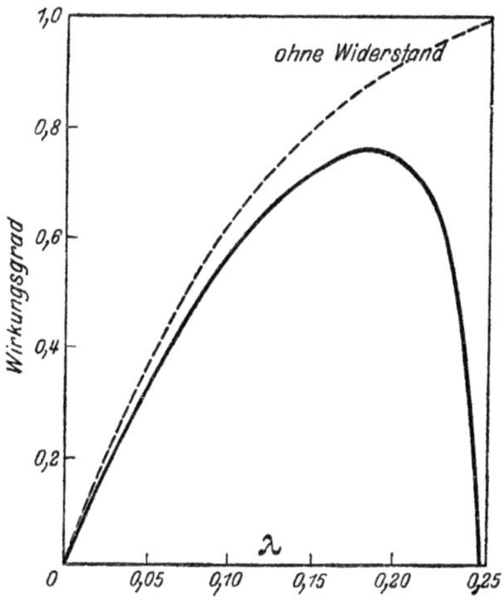

Abb. 111.

Den Wert von dE erhalten wir als

$$\begin{aligned} dE &= (1-a')\omega dM - (1+a)c_0 dS \\ &= \varrho w^2 i\cdot t dr\{(1-a')\omega r\lambda_2 - (1+a)c_0\lambda_1\} \\ &= \varrho w^2 i \cdot t dr w(\lambda_2\cos\varphi - \lambda_1\sin\varphi) \\ &= \tfrac{1}{2}\zeta_w \varrho w^2 i t dr\cdot w. \end{aligned}$$

Das ist aber offenbar die gegen den Blattwiderstand geleistete Arbeit, wenn sich die Blattelemente mit der Geschwindigkeit w relativ zur Flüssigkeit bewegen.

Von Interesse ist auch der Zusammenhang zwischen der Zirkulation um die Blattelemente und der Rotation des Schraubenstroms. Die Zirkulation um ein Blattelement muß gleich $\frac{1}{2}\zeta_a t w$ sein; die entsprechende Zirkulation des Schraubenstroms ist dann

$$Z = \tfrac{1}{2} i t w \zeta_a = \pi \varkappa r w \zeta_a,$$

während die Gesamtzirkulation des Schraubenstroms ist:

$$\begin{aligned} Z' &= 2\pi r\cdot 2\omega a' \\ &= 4\pi r^2\omega(1-a')\varkappa\lambda_2\frac{1}{\sin 2\varphi} \\ &= \pi\varkappa r w(\zeta_a + \zeta_w \operatorname{ctg}\varphi). \end{aligned}$$

Hieraus folgt

$$\frac{Z'}{Z} = \frac{\zeta_a \sin\varphi + \zeta_w \cos\varphi}{\zeta_a \sin\varphi}.$$

Die Zirkulation des Schraubenstroms rührt her teils von der Zirkulation um die Blattelemente, die mit der Auftriebskraft zusammenhängt, und teils von dem Widerstand der Blattelemente, der die Luft in Richtung der Bewegung des Blattes mitzureißen strebt. Diese zwei Wirkungen werden im selben Verhältnis stehen wie die Elemente der Umfangskraft, die vom Auftrieb und vom Widerstand herrühren, d. h. im Verhältnis $\zeta_a \sin\varphi$ zu $\zeta_w \cos\varphi$; diese Wirkung des Widerstandes der Blattelemente erklärt die Verschiedenheit der Zirkulationen Z und Z'. Die Wirbelverteilung in der Luftschraubenscheibe ist also ziemlich verwickelt; sie besteht teils aus der Zirkulation um die Blätter und teils aus freien Wirbellinien, die vom Blattwiderstand herrühren.

16.2.3. Die Rechnungen für ein typisches Blattelement können wir auch benützen, um die Änderung der Kenngrößen einer Luftschraube mit der mittleren Steigung zu zeigen. Abb. 112 gibt die Wirkungsgradkurven für ein Blattelement, wenn der Blattwinkel gegenüber dem ursprünglichen Wert um 4° vergrößert oder verkleinert wird; wir sehen daraus, daß eine Vergrößerung der Steigung auch eine Vergrößerung des maximalen Wirkungsgrades bedeutet. Aerodynamische Erwägungen zeigen also den Vorteil von Luftschrauben mit großem Durchmesser und hoher Steigung, konstruktive Erwägungen beschränken jedoch die Ausnützungsmöglichkeit dieser Vorteile. Eine Luftschraube wird so ausgelegt, daß sie bei einer bestimmten Drehgeschwindigkeit ein bestimmtes Drehmoment aufnimmt; eine Vergrößerung des Durchmessers oder des Blatt-

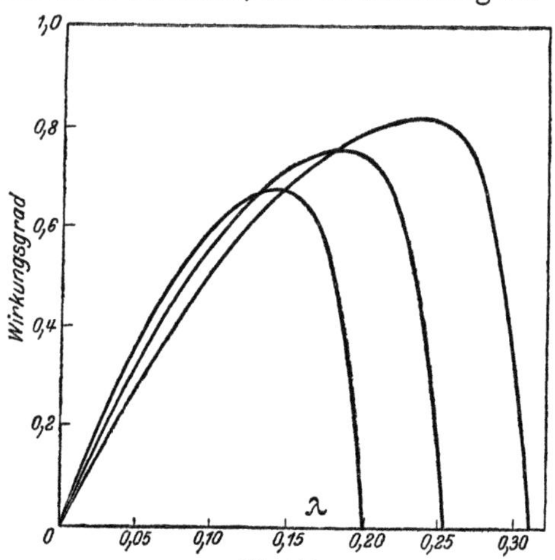

Abb. 112.

winkels erfordert also eine Verringerung der Blattbreite; diese Maßnahme ist aber beschränkt durch die Bedingung, daß das Blatt stark genug sein muß, um den auftretenden Zentrifugal- und Torsionskräften standzuhalten; der Luftschraubendurchmesser wird auch dadurch beschränkt, daß es wünschenswert ist, die Spitzengeschwindigkeit beträchtlich unter der Schallgeschwindigkeit zu halten. Man kann diese Schwierigkeiten teilweise vermeiden, wenn man ein Vorgelege zwischen Maschine und Luftschraube einschaltet, so daß die Luftschraube mit kleinerer Drehzahl als die Maschine läuft. Die Aufgabe wird jedoch durch das Gewicht und den Wirkungsgrad des Vorgeleges erschwert. Eine ausführliche Besprechung der Wahl der besten Luftschraube in irgendeinem gegebenen Fall überschreitet indessen den Rahmen dieses Buches.

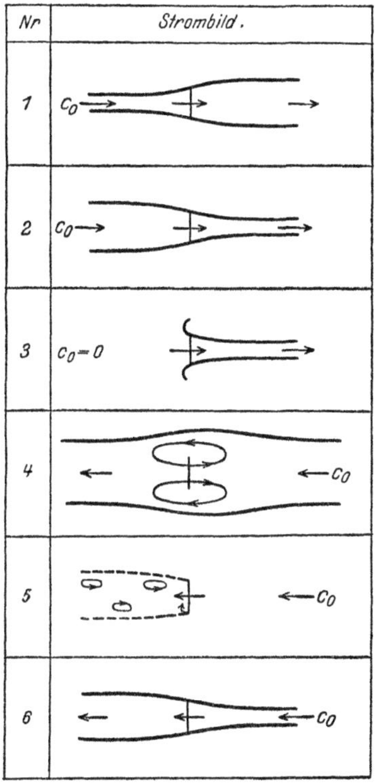

Abb. 113.

16. 3.

Die aerodynamische Theorie wurde für eine Treibschraube entwickelt, die einen Schub in Richtung ihrer Axialbewegung ergibt; wir müssen nun untersuchen, ob die Theorie auch auf andere Betriebsverhältnisse einer Luftschraube anwendbar ist. Abb. 113 zeigt schematisch die verschiedenen Stromtypen, die bei einer gewöhnlichen Treibschraube bei verschiedenen positiven und negativen Fortschrittsgraden vorkommen können. Type (2) stellt den normalen Betriebszustand dar; wenn die Axialgeschwindigkeit c_0 wächst, geht die Luftschraube in den Zustand (1) über, wo sie zuerst als Bremse und dann als Windmühle wirkt. Ein anderes Strombild stellt sich ein, wenn die Luftschraube negativen Fortschrittsgrad besitzt. Type (3) stellt die Strömung für den Fortschrittsgrad Null dar, der einen Grenzfall der normalen Type (2) bildet; sobald jedoch die Axialgeschwindigkeit c_0 negativ wird, bildet sich ein Wirbelring um die Luftschraube, wie Type (4) zeigt. Für größere negative Geschwindigkeiten kann die Strömung den Typen (5) und (6) entsprechen. Die erste stellt den Fall dar, daß die Luftschraube eine Wirbelbewegung wie hinter einem stumpfen Körper ergibt; die zweite bildet eine Rückkehr zur Type (1), nur sind jetzt die Richtungen umgekehrt.

Die Theorie nimmt einen Schraubenstrom der üblichen Art an und ist auf die Typen (1) und (2) anwendbar. In dem Wirbelringstadium verlieren die Impulsgleichungen ihre Gültigkeit sowohl für die Axial- als auch für die Drehbewegung, und der Schub und das Drehmoment werden hauptsächlich von der Energiezerstreuung im Wirbelring abhängen. Die Theorie gilt ebenfalls nicht für die durch Type (5) dargestellte Strömung und ist für Type (3) wahrscheinlich nur eine rohe Annäherung an die Wirklichkeit, da sie ja den Übergang vom Wirbelringstadium zum normalen Betriebszustand darstellt. Der letzte Zustand (6) gleicht der Type (1), und die Theorie sollte eigentlich darauf anwendbar sein; es sind jedoch gewisse Änderungen an den Impulsgleichungen anzubringen, die der Tatsache Rechnung tragen, daß die Strömung durch die Luftschraubenebene in umgekehrter Richtung erfolgt. Bei der Entwicklung dieser Gleichungen stellt die Geschwindigkeit $c_0\,(1+a)$ die Geschwindigkeit der Strömung durch die Luftschraubenscheibe dar und muß immer als positiv betrachtet werden. Für negative Fortschrittsgrade ist also das Vorzeichen von Schub und Drehmoment umzukehren; dies entspricht einer Umkehr des Vorzeichens der Ausdrücke $\frac{a}{1+a}$ und $\frac{a'}{1-a'}$ in 16.2. Mit dieser einfachen Abänderung kann man die Theorie auch auf eine Luftschraube mit negativem Fortschrittsgrad anwenden, vorausgesetzt, daß hinter der Luftschraube ein Schraubenstrom der üblichen Art gebildet wird. Die Bedingung für die Gültigkeit der Theorie ist also, daß der Wert des Axialinduktionsfaktors a die Ungleichung $a > -\frac{1}{2}$ erfüllt. Mit dieser Einschränkung ist die Theorie auf jede Luftschraubenart anwendbar, ohne Rücksicht auf den Zweck (Propeller, Windmühle, Ventilator usw.), für den sie ausgelegt wird.

XVII. Die Luftschraube im Windkanal.

Ein Luftschraubenmodell im Windkanal stört die vom Umwälzventilator erzeugte Parallelströmung und verursacht Geschwindigkeitsänderungen, die sich bis zu beträchtlichen Entfernungen von der Luftschraube auswirken. Die Strömung wird durch die Kanalwände beeinflußt; die gleichförmige Axialgeschwindigkeit c_0, die im Kanal in genügender Entfernung vor der Luftschraube auftritt, ist deshalb verschieden von der Geschwindigkeit, die sich in der freien Luft einstellen würde. Man muß deshalb eine entsprechende freie Luftgeschwindigkeit c_0' bestimmen, die der Geschwindigkeit c_0 im Kanal entspricht, bei der die Luftschraube bei gleicher Winkelgeschwindigkeit wie im Kanal denselben Schub und dasselbe Drehmoment ergibt[1]. Eine theoretische Lösung des Problems kann man ableiten, wenn man die einfache Impulstheorie auf den Fall einer in einem Windkanal rotierenden Luftschraube erweitert. Die entsprechende freie Luftgeschwindigkeit wird definiert als die Geschwindigkeit, die dieselbe Axialgeschwindigkeit durch die Luftschraubenscheibe ergibt wie im Kanal, denn diese Bedingung erhält für die Luftschraubenblätter dieselben Betriebsverhältnisse aufrecht, wenn man die Beeinflussung der Drehgeschwindigkeit vernachlässigen kann. Die entsprechende freie Luftgeschwindigkeit ist bei den gewöhnlichen Betriebsverhältnissen einer Luftschraube kleiner als die Kanalgeschwindigkeit.

Die Annahme, daß die Drehgeschwindigkeit nicht beeinflußt wird, erscheint begründet; die Darstellung der Beeinflussung durch den Übergang von der Bezugsgeschwindigkeit im Kanal zur freien Luftgeschwindigkeit bedingt gleiche Axialgeschwindigkeit über die ganze Luftschraubenscheibe. Diese Bedingung ist im Hauptarbeitsgebiet der Luftschraubenblätter erfüllt, versagt aber gegen die Blattspitzen. Infolgedessen kann die Form der Schub- und Drehmomentverteilung längs des Luftschraubenblattes in der Nähe der Spitzen in freier Luft etwas anders sein als im Windkanal, obgleich die Korrektionsmethode für den Gesamtschub und das gesamte Drehmoment der Luftschraube genügend genau ist. Die Korrektionsmethode wird auch beim Fortschrittsgrad Null der Luftschraube unzuverlässig, da das in der Theorie vorausgesetzte übliche Schraubenstrombild dann nicht mehr zutrifft.

[1] Wood and Harris: Some notes on the theory of an airscrew working in a wind channel. RM Nr 662, 1920.

Das in der Untersuchung angenommene Strombild zeigt Abb. 114. c_0 ist die Kanalbezugsgeschwindigkeit, c die Geschwindigkeit durch die Luftschraubenebene, c_1 die Schraubenstromgeschwindigkeit und c_1' die Geschwindigkeit im Kanal außerhalb des Schraubenstroms. Der Druck steigt vom ursprünglichen Wert p auf den Wert p_1 im Schraubenstromgebiet.

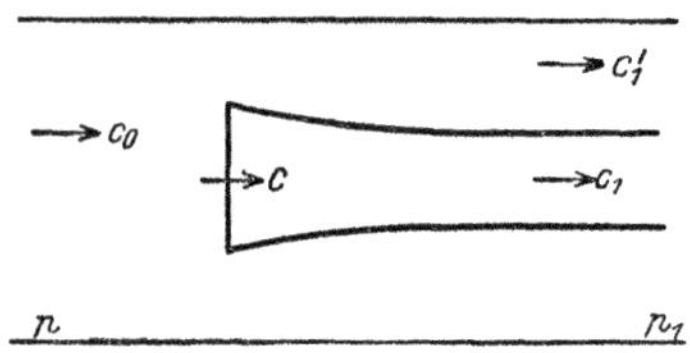

Abb. 114.

Es sei F die Fläche der Luftschraubenscheibe, F_1 der Querschnitt des Schraubenstroms und F_0 der des Kanals. Dann ergibt die Kontinuitätsbedingung:

$$F_1 c_1 = F c$$
$$(F_0 - F_1) c_1' = F_0 c_0 - F c\,.$$

Mit Hilfe der Bernoullischen Gleichung wird

$$\frac{S}{F} = \left(p_1 + \frac{1}{2}\varrho c_1^2\right) - \left(p + \frac{1}{2}\varrho c_0^2\right)$$
$$= \left(p_1 + \frac{1}{2}\varrho c_1^2\right) - \left(p_1 + \frac{1}{2}\varrho c_1'^2\right)$$
$$= \frac{1}{2}\varrho (c_1^2 - c_1'^2)\,.$$

Die Gleichung für den Axialimpuls liefert schließlich

$$S = F_1 \varrho c_1 (c_1 - c_0) + (F_0 - F_1)\varrho c_1'(c_1' - c_0) + F_0(p_1 - p)$$
$$= F_1 \varrho c_1 (c_1 - c_0) + (F_0 - F_1)\varrho c_1'(c_1' - c_0) + \tfrac{1}{2} F_0 \varrho (c_0^2 - c_1'^2)\,.$$

Wir setzen nun
$$\tau = \frac{S}{F\varrho c_0^2} = \frac{4}{\pi}\sigma;$$

wenn wir c_1 und c_1' mittels der Kontinuitätsgleichungen eliminieren, erhalten wir für die beiden Ausdrücke für den Schub:

$$2\tau F_1^2 (F_0 - F_1)^2 c_0^2 = (F_0 - F_1)^2 F^2 c^2 - F_1^2 (F_0 c_0 - F c)^2$$
$$= 2F_0 (F_0 - F_1) F c (F c - F_1 c_0) - F_0^2 (F c - F_1 c_0)^2$$

und

$$2\tau F F_1 (F_0 - F_1)^2 c_0^2 = 2(F_0 - F_1)^2 F c (F c - F_1 c_0)$$
$$- 2F_1 (F_0 - F_1)(F_0 c_0 - F c)(F c - F_1 c_0)$$
$$+ F_0 F_1 \{(F_0 - F_1)^2 c_0^2 - (F_0 c_0 - F c)^2\}$$
$$= 2F_0 (F_0 - F_1) F c (F c - F_1 c_0) - F_0 F_1 (F c - F_1 c_0)^2\,.$$

Hieraus folgt sofort

$$2\tau F_1 (F - F_1)(F_0 - F_1) c_0^2 = F_0 (F c - F_1 c_0)^2$$
$$\tau F_1 (F_0 F - F_1^2) c_0^2 = F_0 F c (F c - F_1 c_0)\,.$$

Die entsprechende freie Luftgeschwindigkeit c_0' muß für c und S dieselben Werte liefern. In freier Luft ist aber

$$S = 2F\varrho c(c - c_0')$$

oder

$$(2c - c_0')^2 = \frac{2S}{\varrho F} + c_0'^2$$
$$= 2\tau c_0^2 + c_0'^2$$

Wir setzen

$$c_0 = \lambda c_0'$$
$$x^2 = 1 + 2\tau\lambda^2$$

und erhalten dann die Bedingung für freie Luft:

$$c = \frac{(x+1)c_0}{2\lambda}$$

Wir setzen ferner

$$F = \alpha F_0$$
$$F_1 = \beta F\,,$$

wo α gewöhnlich klein ist und β zwischen 1,0 und 0,5 liegt. Dann erhalten wir für die beiden Windkanalgleichungen:

$$4(x^2 - 1)\beta(1 - \beta)(1 - \alpha\beta) = (x + 1 - 2\beta\lambda)^2$$
$$2(x - 1)\beta(1 - \alpha\beta^2) = (x + 1 - 2\beta\lambda)\,.$$

Hieraus können wir λ sofort eliminieren und erhalten eine Gleichung für x in Abhängigkeit von α und β, während die zweite Gleichung den Wert von λ bestimmt.

Die Aufgabe der Bestimmung der entsprechenden freien Luftgeschwindigkeit ist jetzt mittels der Hilfsgrößen x und β zurückgeführt auf die Bestimmung von λ für gegebene Werte von α und τ. Zu diesem Zweck schreiben wir die drei Gleichungen in der Form

$$\frac{x-1}{x+1} = \frac{(1-\beta)(1-\alpha\beta)}{\beta(1-\alpha\beta^2)^2}$$
$$\lambda = 1 + (x-1)\alpha\beta^2 - \frac{(2\beta - 1)x - 1}{2\beta}$$
$$\tau = \frac{(x+1)(x-1)}{2\lambda^2}\,.$$

Wir können jetzt eine Methode allmählicher Annäherung benützen, indem wir verschiedene Werte von β einsetzen, bis wir den richtigen Wert für τ bekommen. Als Anhalt für den Wert von β kann dienen, daß β in freier Luft durch die Gleichungen bestimmt wäre:

$$x^2 = 1 + 2\tau$$
$$\beta = \frac{x+1}{2x}\,.$$

In diesen Gleichungen ist α das Verhältnis der Fläche der Luftschraubenscheibe F zum Kanalquerschnitt F_0, τ ist die beobachtete Größe $\frac{S}{\varrho F c_0^2}$. Die entsprechende freie Luftgeschwindigkeit erhält man schließlich, wenn man die Kanalbezugsgeschwindigkeit c_0 durch die Größe λ dividiert. Kurven von $\frac{c_0}{c_0'}$ in Abhängigkeit von $\frac{S}{\frac{1}{2}\varrho F c_0^2}$ für eine Anzahl von Werten für $\frac{F}{F_0}$ zeigt Abb. 115. Die gewöhnliche Größe einer Modelluftschraube für die Untersuchung im Windkanal entspricht etwa einem Wert von $\frac{F}{F_0} = 0{,}15$.

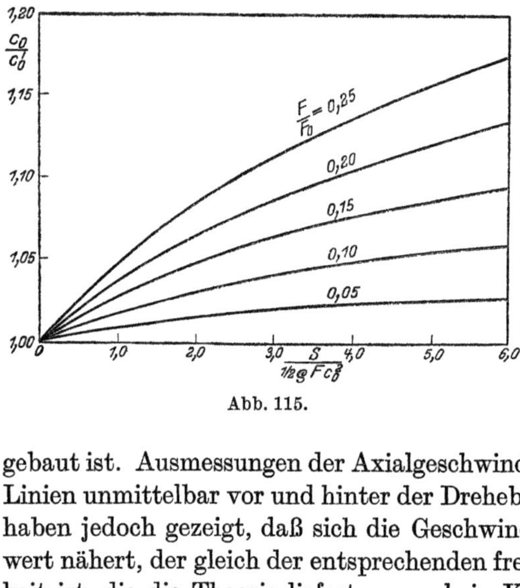

Abb. 115.

Die theoretische Korrektur kann man für Prüfungen von Luftschraubenmodellen in einem Windkanal benützen; es ist jedoch nicht möglich, die Theorie auf eine Luftschraube auszudehnen, die vor einem Körper von halbwegs beträchtlicher Größe eingebaut ist. Ausmessungen der Axialgeschwindigkeit[1] längs radialer Linien unmittelbar vor und hinter der Drehebene der Luftschraube haben jedoch gezeigt, daß sich die Geschwindigkeit einem Grenzwert nähert, der gleich der entsprechenden freien Luftgeschwindigkeit ist, die die Theorie liefert, wenn kein Körper vorhanden ist. Diese Untersuchungsmethode wurde angewandt für Zusammenstellungen von Luftschrauben und Körpern und wurde durch besondere Windkanalversuche bestätigt[2].

[1] Fage, Lock, Bateman and Williams: Experiments with a family of airscrews, Part 2. RM Nr 830, 1922.

[2] Lock and Bateman: The effect of wind tunnel interference on a combination of airscrew and tractor body. RM Nr 919, 1924.

Sachverzeichnis.

Vier Abhandlungen zur Hydrodynamik und Aerodynamik (Flüssigkeit mit kleiner Reibung; Tragflügeltheorie, I. und II. Mitteilung; Schraubenpropeller mit geringstem Energieverlust). Von **L. Prandtl** und **A. Betz.** Neudruck aus den Verhandlungen des III. Internationalen Mathematiker-Kongresses zu Heidelberg und aus den Nachrichten der Gesellschaft der Wissenschaften zu Göttingen. Mit einer Literaturübersicht als Anhang. IV, 100 Seiten. 1927. RM 4.—

Hydro- und Aeromechanik nach Vorlesungen von L. Prandtl. Von Dr. phil. **Oskar Tietjens,** Pittsburgh. Band I. Mit etwa 180 Textabbildungen. Etwa 270 Seiten. Erscheint Ende Mai 1929.

Einführung in die Mechanik mit einfachen Beispielen aus der Flugtechnik. Von Professor Dr. **Th. Pöschl.** Mit 102 Textabbildungen. VII, 132 Seiten. 1917. RM 3.75

Beiträge zur Theorie des Segelns auf Grund der neueren durch Versuche und Erfahrungen der Luftfahrt gewonnenen aerodynamischen Erkenntnisse über die Strömungsvorgänge an Flächen. Von Dipl.-Ing. **H. Croseck.** Mit 58 Abbildungen. V, 70 Seiten. 1925. RM 4.80

Mathematische Strömungslehre. Von Privatdozent Dr. **Wilhelm Müller,** Hannover. Mit 137 Textabbildungen. IX, 239 Seiten. 1928. RM 18.—; gebunden RM 19.50

Strömungsenergie und mechanische Arbeit. Beiträge zur abstrakten Dynamik und ihre Anwendung auf Schiffspropeller, schnelllaufende Pumpen und Turbinen, Schiffswiderstand, Schiffssegel, Windturbinen, Trag- und Schlagflügel und Luftwiderstand von Geschossen. Von Oberingenieur **Paul Wagner,** Berlin. Mit 151 Textfiguren. XI, 252 Seiten. 1914. Gebunden RM 10.—

Widerstandsmessungen an umströmten Zylindern von Kreis- und Brückenpfeilerquerschnitt. Von Dr.-Ing. **F. Eisner,** Regierungsbaumeister, Privatdozent an der Technischen Hochschule, Berlin. („Mitteilungen der Preußischen Versuchsanstalt für Wasserbau und Schiffbau, Berlin", Heft 4.) Mit 63 Textabbildungen. VI, 98 Seiten. 1929. RM 10.—

GPSR Compliance

The European Union's (EU) General Product Safety Regulation (GPSR) is a set of rules that requires consumer products to be safe and our obligations to ensure this.

If you have any concerns about our products, you can contact us on ProductSafety@springernature.com

In case Publisher is established outside the EU, the EU authorized representative is:

Springer Nature Customer Service Center GmbH
Europaplatz 3
69115 Heidelberg, Germany

Batch number: 10682421

Printed by Printforce, the Netherlands